化工过程安全管理与技术
——预防重特大事故的系统方法

牟善军　主编

中国石化出版社

内 容 提 要

　　本书简要介绍了安全管理、HSE 管理体系、化工过程安全管理、责任关怀的发展历程，系统讲解了化工过程安全管理的要素内容和实施要求，重点阐述了化工工艺安全技术、安全仪表与功能安全、生产过程异常预警与诊断、泄漏检测与管理技术、设备完整性管理技术、验证与模拟、系统化过程风险分析等化工过程安全技术的主要内容、研究进展、研发成果及应用案例，旨在帮助读者理解化工过程安全管理的内涵及相关技术的要点，在应用中识别大风险、消除大隐患、杜绝大事故。

　　本书可作为企业安全管理人员及专业技术人员的日常读物或指导材料，也可作为高等院校相关专业的学习教材。

图书在版编目 (CIP) 数据

　　化工过程安全管理与技术：预防重特大事故的系统方法 / 牟善军主编 . —北京：中国石化出版社，2018. 3 (2023. 6 重印)
　　ISBN 978 - 7 - 5114 - 4816 - 3

　　Ⅰ . ①化… Ⅱ . ①牟… Ⅲ . ①化工过程-安全管理 Ⅳ . ①TQ02

　　中国版本图书馆 CIP 数据核字 (2018) 第 041536 号

中国石化出版社出版发行

地址：北京市东城区安定门外大街 58 号
邮编：100011　电话：(010)57512500
发行部电话：(010)57512575
http://www.sinopec-press.com
E-mail：press@sinopec.com
北京科信印刷有限公司印刷
全国各地新华书店经销

*

787×1092 毫米 16 开本 19. 25 印张 448 千字
2018 年 5 月第 1 版　2023 年 6 月第 2 次印刷
定价：78. 00 元

编 委 会

主　　编：牟善军

编写人员：姜春明　　苏国胜　　张卫华　　王廷春　　邹　兵
　　　　　袁纪武　　丁晓刚　　党文义　　陶　彬　　肖安山
　　　　　屈定荣　　王　正　　董国胜　　厉建祥　　李　欣
　　　　　万古军　　张树才　　孙德青　　姜　杰　　姜巍巍
　　　　　王春利　　李　磊　　张晓华　　林　晖　　张　帆
　　　　　孙　峰　　金满平　　李荣强　　牟洪祥　　李传坤
　　　　　丁德武　　许述剑　　邱志刚　　赵祥迪　　武志峰
　　　　　张　毅　　王洪雨　　周日峰　　高少华　　朱胜杰
　　　　　刘　璇　　郎需庆　　赵英杰　　赵　鑫　　王　涛
　　　　　刘静如　　朱红伟　　陈国鑫　　张广文　　刘　刚

前　言

　　化工行业是国民经济的基础，为社会进步、经济发展以及民生改善做出了重要贡献。然而，化工生产装置通常具有易燃易爆、高温高压、有毒有害等特点，容易引发火灾爆炸、中毒窒息、环境污染等恶性事故。目前中国已是世界上产量最大的化工产品生产国，出口化学品占世界贸易量的50%以上，其中很多是危险化学品。近几年危险化学品重大事故时有发生，尤其是山东"11·22"东黄输油管道泄漏爆炸事故、天津滨海新区"8·12"危险货物仓库爆炸事故等，造成了巨大的经济损失、惨重的人员伤亡和重大的公共安全舆情。这些事故普遍反映出化工危险工艺的本质安全化水平低，生产装置与设施的安全保障条件差，企业的安全管理工作落后，以及相关部门的监管体系存有漏洞等。

　　事故是风险不受控的具体表现。事故通常不是由某一个原因或某一类因素引发的，而是多方面因素相互关联、互相作用的结果。调查发现，越是重大事故，事发企业存在的安全问题越多，且都是长期积累所致。这些问题涵盖人员、管理、技术、设备等多个方面，例如人员对风险缺乏基本认知、管理凭经验靠习惯、技术"靠能人""欠专业"等。对于化工企业而言，以事故为导向的安全管理已不能满足企业的发展和时代的要求。安全是企业生存的前提，是企业发展的底线。因此，如果想从根本上避免事故，就需要采用系统的方法，来识别、评估、控制风险，对生产的全过程、涉及的各要素实施风险管理。

　　化工过程安全管理是基于风险管理的理念，以预防重大安全生产事故为目标，通过专业化的技术手段和系统化的管理方法，对化工企业整个生产过程进行风险管控，包括识别、评估、规避和控制风险，具体工作涉及工艺、设备、仪表、电气、物料、人事、财务等多个方面，是防范重大事故的有效途径。化工过程安全管理为企业提供了全新的发展思路和系统化的管理模式。一方面，从多个角度、多种路径识别出与生产活动密切相关的风险。另一方面，以减少风险为主线将不同专业、不同层级、不同类别的安全措施交织重叠，构筑多重防线、搭建层层壁垒，并通过定期排查治理隐患，将隐患根除或把隐患通向事故的道路截断，最大程度上降低风险，从而避免和消除事故。

本书由中国石化青岛安全工程研究院、化学品登记中心及化学品安全控制国家重点实验室等单位的相关领域专家编写。基于系统思维，本书阐述了预防火灾、爆炸、有毒物暴露等重特大安全事故的有效途径，旨在帮助读者理解化工过程安全管理内涵及技术要点，并在应用过程中识别大风险、消除大隐患、杜绝大事故。书中介绍了安全管理、HSE 管理体系、化工过程安全管理、责任关怀的发展历程，讲解了化工过程安全管理的要素内容和实施要求，阐述了化工工艺安全技术、安全仪表与功能安全、生产过程异常预警与诊断、泄漏检测与管理技术、设备完整性管理技术、验证与模拟、系统化过程风险分析等化工过程安全技术的发展趋势、研究成果及应用案例，可作为企业安全管理人员及专业技术人员的日常读物或参考材料，也可作为高等院校相关专业的学习教材。

由于编者水平有限，时间紧促，书中难免存在谬误之处，欢迎读者朋友批评指正。

目 录

第一章 化工过程安全管理的由来 …………………………………………… 1

第一节 安全管理的诞生和发展 …………………………………………… 1

第二节 系统安全管理 ……………………………………………………… 3

第三节 化工过程安全管理与 HSE 管理 ………………………………… 7

第二章 过程安全管理概况 …………………………………………………… 13

第一节 过程安全管理要素综述 ………………………………………… 13

第二节 过程安全管理要素实施 ………………………………………… 17

第三章 化工工艺安全技术 …………………………………………………… 21

第一节 工艺安全现状分析 ……………………………………………… 21

第二节 工艺安全技术方法和研究进展 ………………………………… 23

第三节 应用案例 ………………………………………………………… 46

第四章 安全仪表与功能安全 ………………………………………………… 59

第一节 安全仪表与功能安全现状 ……………………………………… 59

第二节 安全仪表系统功能安全技术 …………………………………… 62

第三节 安全仪表系统生命周期解决方案 ……………………………… 67

第四节 应用情况 ………………………………………………………… 74

第五章 生产过程异常预警与诊断 …………………………………………… 76

第一节 异常工况与异常工况管理 ……………………………………… 77

第二节 异常工况诊断技术与验证平台 ………………………………… 87

第三节 报警管理规范与技术 …………………………………………… 96

第四节 安全运行监测与指导系统及应用案例 ………………………… 109

第六章 泄漏检测与管理技术 ………………………………………………… 116

第一节 泄漏检测与管理技术现状 ……………………………………… 116

第二节 石化企业常用泄漏检测技术 …………………………………… 120

第三节 泄漏事故应急检测技术 ………………………………………… 123

第四节　泄漏检测与修复技术 ···················· 128

第七章　设备完整性管理 ···················· 135

第一节　我国炼化企业设备管理存在的问题 ···················· 135

第二节　国外炼化企业设备管理的发展趋势 ···················· 136

第三节　炼化企业设备完整性管理 ···················· 138

第四节　炼化企业设备完整性管理应用 ···················· 143

第八章　模拟与验证 ···················· 150

第一节　化学事故模拟与验证技术 ···················· 151

第二节　验证和确认基本流程 ···················· 152

第三节　化学事故模拟与验证常用技术方法 ···················· 157

第四节　V&V 技术分析及应用案例 ···················· 166

第九章　系统化过程风险分析 ···················· 174

第一节　概述 ···················· 174

第二节　HAZOP 分析技术 ···················· 177

第三节　保护层分析方法 ···················· 190

第四节　QRA 技术 ···················· 197

第十章　安全水平量化评估 ···················· 213

第一节　概述 ···················· 213

第二节　国内外量化评估工具介绍 ···················· 214

第三节　石化企业安全水平量化评估技术 ···················· 219

第四节　量化评估技术应用范例 ···················· 233

第十一章　仿真安全培训 ···················· 241

第一节　化工企业安全培训现状 ···················· 241

第二节　仿真安全培训技术进展与要求 ···················· 244

第三节　仿真安全培训应用案例 ···················· 257

第十二章　应用实例——罐区安全 ···················· 267

第一节　罐区安全技术现状 ···················· 267

第二节　大型罐区安全防护成套技术 ···················· 275

参考文献 ···················· 295

第一章 化工过程安全管理的由来

第一节 安全管理的诞生和发展

20世纪30年代，美国安全工程师海因里希提出的1∶29∶300事故法则和以多米诺事故因果连锁论为代表的事故致因理论，奠定了安全管理学的基础。1962年美国空军提出了系统安全工程理论，首次运用系统论的观点和方法研究安全生产问题。20世纪90年代中后期，现代安全管理的理论和技术逐渐形成。

1. 安全管理理论

安全管理理论经历了四个发展阶段，如表1-1所示。

表1-1 安全管理理论的发展阶段

安全管理层次	19世纪末期至20世纪上半叶	20世纪50年代至70年代	20世纪80年代至21世纪初	跨世纪以来
管理理论	事故学理论	技术危险学理论	系统风险学理论	本质安全学理论
管理模式	经验型管理	制度型管理	系统型管理	人本型管理
管理手段	随机控制	外部控制	系统控制	自我控制
管理重心	事后	事前、事中	事前、事中、事后	事前
管理特点	人治	法治	全治	文治
管理方式	师傅型	指挥型	能动型	育才型
管理对象	事故	人、机	人、机、环、管	观念、意识、人-机-环
管理理念	问题导向	政策导向、规范导向	规律导向、理论导向	理论导向、目标导向
激励方法	外部激励为主	内部激励为主	系统激励	主动激励

第一阶段：工业发展初期，基于事故致因理论、事故规律而形成的事故学理论，将事故、事件作为管理对象，推行经验型安全管理模式。

第二阶段：工业化发展中期，在上一阶段的基础上发展出技术危险学理论，以技术系统危险性分析为理论基础，将缺陷、隐患、不符合作为管理对象。这一阶段提出了标准化、规范化管理的概念。

第三阶段：后工业化时代，形成了风险学理论。该理论建立在风险控制原理基础之上，以系统风险因素为管理对象，具有系统化管理的特征。这一阶段提出的风险辨识、风险评价、风险管控，具有定量、分级分类管控的特点，同时应用了预测、预警、预控的技术方法。

第四阶段：信息化时代，本质安全学理论得以发展。随着工业信息化的进一步发展以及高新技术的不断涌现，需要发展一套以本质安全为目标，能够有效推进"强科技"的物本安全和人本安全相结合的管控体系，以实现更为科学、合理、有效的安全管理理想境界。

因此，在不同层次理论的指导下，安全管理经历了三次大的飞跃。第一次是从经验管理到制度管理，第二次是从制度管理到科学管理，第三次是从科学管理到文化管理。目前我国多数企业已经完成了安全管理的第一次飞跃，部分企业正在尝试第二次飞跃，少数优秀企业则在探索第三次飞跃。

2. 安全管理技术

20世纪80年代以来，世界范围内安全管理技术的发展主要表现在：结果管理向过程管理转变；经验管理向科学管理(变事后型为预防型)转变；制度管理向系统管理转变；静态管理向动态管理转变；纵向单因素管理向横向综合管理转变；管理的对象向管理的动力转变；成本管理向价值管理转变；效率管理向效益管理转变。

现代安全管理技术的特点：

（1）安全管理理论：事故致因理论→风险管理理论、安全系统原理；

（2）安全管理方式：静态的经验型管理→动态全过程预防型管理；

（3）安全管理对象：事故单一对象管理→全面风险要素(隐患、危险源、危害因素)管理；

（4）安全管理目标："老三零"结果性指标(零死亡、零伤害、零污染等)→"新三零"预防性指标(零问题、零隐患、零三违等)；

（5）安全管理体系：从事故问责体系→OHSMS、HSE管理体系、企业安全生产标准化体系；

（6）安全管理技巧手段：单一行政手段→法制、科学、经济、文化等综合对策手段；技术制胜→文化兴安。

由此，依从安全管理的发展脉络，安全管理技术的发展经历了四个层次(如表1-2所示)：①迫于教训的经验型安全管理；②依据法规的制度化安全管理；③基于系统理论的科学化安全管理；④基于人本物本协调机制的本质型安全管理。

表 1-2　安全管理技术的发展规律

发展阶段	理论基础	管理模式	核心技术	技术特征
低级阶段	事故理论	经验型	凭经验	感性、生理本能
初级阶段	危险理论	制度型	用法制	责任制、规范化、标准化
中级阶段	风险理论	系统型	靠科学	理性、系统化、科学化
高级阶段	安全原理	本质型	兴文化	文化力、人本与物本协调

第二节　系统安全管理

一、系统安全管理模式

企业安全管理模式是为实现企业安全目标，在国家的法律法规、技术标准、管理体制等外部环境，以及企业自身安全管理资源和安全生产实际状况等内部环境下，建立的管理组织形式和生产行为方式。企业安全管理模式由安全管理组织、安全管理制度、安全管理方法、安全文化等基本要素构成。

系统安全管理模式基于系统科学理论，以全过程、全生命周期的风险因素为管控对象，应用系统分析理论和风险分级方法，运行全面系统、超前预防、分级管控的"预测、预警、预控"管理机制，实现风险最小化和风险可接受的安全管理目标。

系统管理模式的关键技术步骤(图 1-1)：

全面风险辨识→风险评价分级→确定风险控制方案→风险实时预报→风险适时预警→风险及时预控→风险消除或削减→风险控制在可接受水平

这种模式的特点是管理对象全面系统、过程动态实时、人员主动参与、分级科学合理、有效预警预控等，其缺点是专业化程度较高、应用难度大、需要不断深化和改进等。

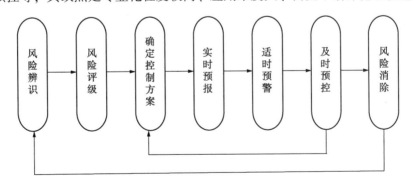

图 1-1　系统管理模式的关键技术步骤

系统安全管理模式强调由"事故应对型"向"风险管理型"的转变，即把安全管理的重点放在事故预防上，全过程控制各类风险，把安全管理的幅度拓展到可能存在危险因素的各个方面，实现事故预防的整体效应。系统安全管理模式逻辑结构见图 1-2。

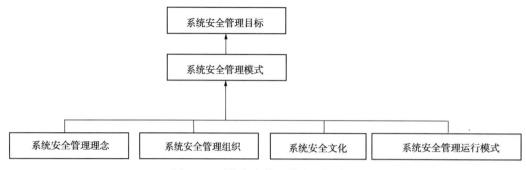

图 1-2　系统安全管理模式逻辑结构

1. 系统安全管理目标

系统安全管理追求清晰明确的安全方针与量化的安全目标。在安全方针的制定中，将员工的健康、安全保障作为企业压倒一切的庄严承诺。在安全目标定位上，以"一切事故都是可以预防的"为基本安全理念。系统安全管理不能仅仅满足于零伤害、零事故，而要以追求风险最小化为最高的安全目标。

最高领导层对安全的重视与承诺，是实现安全方针和目标的关键。只有在最高领导层承认、重视、全力支持且亲身参与的前提下，安全方针和目标才可能成为全体员工的意志，这是系统安全管理模式的最高原则。

2. 系统安全管理理念

系统安全管理理念主要是：①以目标为中心，始终强调系统化、可量化、可比较的客观效果，而不是"坐井观天"式的主观印象；②以责任为中心，每个管理人员都承担着一定的安全责任，确保可量化考核；③以人为中心，每位员工都肩负挑战性的工作，根据其业绩予以奖罚。

3. 系统安全管理组织

系统安全管理组织应使安全管理的权、责与人员及部门对应，同时具有很强的水平影响和垂直作用。水平影响是指通过安全管理部门的管理协调，以及安全小组、委员会等实施检查和监督，使安全管理成为一个有机的整体。各部门具有明确的安全责任，确保各部门"一把手"成为安全管理工作的第一责任人。垂直作用主要是指企业内部不同岗位的安全管理制度和控制措施，将每项工作标准化、规范化、可控化，同时安全管理信息通道使安全管理指令可以顺畅下达，风险隐患问题迅速上传。

4. 系统安全文化

安全文化是融于企业员工内心的安全意识、安全情感和安全行为习惯。系统安全文化是将"以人为本，关爱生命"作为精髓的安全文化。以人为本、保护人的身心健康、尊重人的生命、实现安全价值的文化，是企业安全形象的重要标志。通过宣传、培训以及安全活动，提升企业的安全文化层次，营造良好的安全文化氛围，使员工将每一个强制性的安全管理规定和规范，转化为自觉的安全行为，并能关注周围同事的行为是否符合安全要求。

5. 系统安全管理运行模式

系统安全管理运行模式遵循 PDCA 原理，它是循环发展和持续改进型管理模式。该模式不但是企业安全管理的意愿，也是实施国际标准化管理体系的要求。

二、系统安全管理标准体系

标准化管理是企业管理的发展趋势。为了全面提升管理水平、规范生产经营行为、提升安全管理绩效、在全球经济一体化进程中保持企业竞争力，企业就必须依据社会认可的一系列标准和管理体系来组织、指导生产运行和经营管理活动。

系统安全管理标准体系是以系统安全管理理论和方针为指导的一系列标准化安全管理的总称。系统安全管理标准体系遵循戴明管理原则。在组织承诺的基础上，通过开展计划、实施、检查、改进等一系列活动，持续不断地提升组织管理水平，达到组织管理目标。

通常所说的系统安全管理标准体系是由国际社会认可的、组织颁布的系统安全管理标准和体系。

1. 职业健康安全管理体系标准（GB/T 28001）

20 世纪 90 年代以来，一些发达国家率先建立职业健康安全管理体系。1996 年美国工业卫生协会制定了《职业健康安全管理体系》的指导性文件，同年英国颁布了国家标准BS 8800《职业健康安全管理体系指南》。1997 年澳大利亚、新西兰提出了《职业安全健康管理体系原则、体系及支撑技术通用指南》草案，日本工业安全卫生协会发布了《职业健康安全管理体系守则》的指导性文件，挪威船级社发布了《职业健康安全管理体系认证标准》。1999 年 4 月英国标准协会（BSI）、挪威船级社（DNV）、国际质量保证局、国际安全管理组织、国际认证服务机构、南非标准局等 13 个组织发布了 OHSAS 18001《职业安全卫生管理体系规范》、OHSAS 18002《职业安全卫生管理体系实施指南》和 OHSAS 18003《职业安全卫生管理体系审核》，2007 年 7 月 1 日发布了 OHSAS 18001：2007《职业健康安全管理体系 要求》。

1995 年 1 月中国国家技术监督局开始向有关部门征求意见，4 月派代表加入 ISO/OHS 特别工作组，并参加了 1995 年 6 月、1996 年 1 月 ISO 召开的职业健康安全特别小组会。1997 年中国石油天然气总公司颁布了 SY/T 6276—1997《石油天然气工业健康、安全与环境管理体系》等 3 个标准。1998 年 10 月原国家经贸委颁布了《职业安全卫生管理体系试行标准》，并下发了开展职业健康安全管理体系认证工作通知，2001 年 12 月颁布了《职业安全健康管理体系审核规范》和《职业健康安全管理体系指导意见》，同时废止了《职业安全卫生管理体系试行标准》。2001 年国家质量监督检验检疫总局颁布了由中国标准研究中心、中国合格评定国家认可委员会和中国进出口评定认可中心共同制定的国家标准 GB/T 28001《职业健康安全管理体系规范》。2011 年国家标准化管理委员会发布并开始实施 GB/T 28001—2011《职业健康安全管理体系 要求》。作为全球首个国际标准化组织（ISO）职业健康安全标准，2018 年发布的 ISO 45001《职业健康安全管理体系》将帮助企业为员工及其他人员提供安全、健康的工作环境，防止发生死亡、工伤和健康问题，并致力于持续改进职业健康安全绩效。

2. HSE 管理体系标准

HSE 是健康（Health）、安全（Safety）、环境（Environment）英文首字母的缩写，HSE 管理体系的形成和发展是石油化工行业多年管理工作经验累积的成果，它完整地体现了一体化管理思想。

1991年第一届油气勘探开发行业健康、安全与环境国际会议在荷兰海牙召开。在会上HSE的完整概念被各国所接受。1994年油气勘探开发行业健康、安全与环境国际会议在印尼雅加达召开，全球各大石油公司和服务商都积极参会。1994年7月，壳牌石油公司为勘探开发论坛制定了《开发和使用健康、安全与环境管理体系导则》，同年9月壳牌石油公司HSE委员会制定并颁布了《健康、安全与环境管理体系》。

石油天然气勘探开发行业健康、安全与环境研讨会的召开，加快了HSE管理标准化的进程。在一些成员国的推动下，ISO的TC67分委会于1996年1月发布了《石油天然气工业健康、安全与环境管理体系》标准。

2004年7月，中国国家发展和改革委员会发布石油天然气行业标准《环境、健康和安全(EHS)管理体系模式》(SY/T 6609—2004)，为国内石油化工行业实施HSE管理体系提供了参照。中国石油化工集团公司于2001年2月正式发布了HSE管理体系标准，并于2018年修订、发布《中国石化HSSE(生产安全、环境、职业健康和公共安全)管理体系》新版标准。2004年中国石油天然气集团公司发布了《健康、安全与环境管理体系　第1部分：规范》(Q/CNPC 104.1—2004)，并于2007年重新修订并发布了《健康、安全与环境管理体系　第1部分：规范》(Q/SY 1002.1—2007)。

三、HSE管理体系示例

化工企业涉及的专业种类复杂、面对的HSE问题较为严峻，HSE管理工作具有一定难度，例如：油田作业面广，对底层和地表植被破坏很大；滩海和海上作业易受风暴袭击；长距离管输极易发生油气泄漏；炼化企业具有高温高压、易燃易爆、有毒有害的特点；销售企业点多面广、遍布城乡等。因此推广HSE管理体系对于化工企业意义重大，不但能有效预防重大灾害事故的发生，降低企业成本、节约能源，而且还能树立企业形象，改善企业和所在地政府、居民的关系，吸引投资者，实现社会效益、环境效益和经济效益。

中国石油化工集团公司在2001年2月8日正式发布了HSE管理体系10个标准，包括1个体系、4个规范和5个指南。1个体系是指《中国石化集团公司环境、健康、安全管理体系》。HSE管理体系标准明确了中国石油化工集团公司HSE管理的十大要素，各要素之间紧密相关、互为补充，不能随意删减，以确保体系的系统性、统一性和规范性。4个规范是在管理体系十大要素的基础上，依据公司已颁布的制度、标准和规范，分别编制的油田、炼化、销售和施工企业的HSE管理规范。4个规范突出专业特点，更具可操作性。作为HSE管理体系实施的最终落脚点，5个指南即油田、炼化、销售、施工和职能部门HSE实施程序指南，为基层组织(如生产装置、基层队等)落实HSE管理体系的各项措施提供具体指导。

针对安全管理面临的突出问题，中国石油化工集团公司于2015年12月发布了《中国石化安全管理手册》。该手册以问题为导向，从安全组织、安全责任、安全风险与隐患管理、变更管理、职业健康管理等19个方面提出了安全管理的总体要求，为中国石化所属企业提升安全管理、强化安全监管等工作提供保障。

2018 年中国石油化工集团公司发布并实施《中国石化 HSSE 管理体系》。该体系包含生产安全、环境、职业健康与公共安全四个领域的准则和要求。这些准则和要求是依据国家近期有关法律法规和开展安全生产标准化、化工过程安全管理的要求，考虑责任关怀体系、环境管理体系、职业健康安全管理体系的相关要求，结合中国石化的实际情况而提出的。该体系是中国石化 HSSE 管理的纲领性、强制性文件，是公司全体员工在生产经营活动中必须遵循的准则。

第三节　化工过程安全管理与 HSE 管理

一、化工过程安全管理标准

国际上最早的过程安全管理(PSM)标准是美国职业安全与健康管理局(OSHA)于 1992 年发布的强制性联邦法规——《高度危险化学品过程安全管理(29 CFR 1910.119)》。该法规明确要求涉及规定的化学品且超过临界量的生产或处理过程(油品零售、油气开采及其服务运营等领域除外)必须执行过程安全管理。OSHA 的 29 CFR 1910.119 法规包括 14 个要素，即员工参与、过程安全信息、过程危害分析、操作规程、变更管理、教育培训、承包商管理、试生产前安全审查、机械完整性、事故调查、动火作业许可、应急预案与响应、符合性审查和商业秘密。

早在 1988 年，美国化学工程师协会(AIChE)所属的化工过程安全中心(CCPS)发布了《化工过程安全管理——对承诺的挑战》，首次提出了化工过程安全管理体系的理念和内容，倡导企业执行化工过程安全管理，同时明确了所包含的 12 个要素，即责任、目的与目标；过程知识和文档；投资项目审查和设计程序；过程风险管理；变更管理；过程和设备完整性；事故调查；培训和绩效；人员因素；法律法规和标准；审核和整改；过程安全知识强化。2007 年 CCPS 出版了《基于风险的过程安全(RBPS)》，开始推行 RBPS 管理体系，主要包含四大事故预防原则，即对过程安全的承诺、理解危害和风险、管理风险、吸取经验教训，以及 20 个要素：过程安全文化、标准符合性、过程安全能力、人员参与、与风险承担者沟通、过程知识管理、危害识别与风险分析、操作程序、安全作业规程、资产完整性及可靠性、承包商管理、培训与绩效考核、变更管理、开车准备、操作守则、应急管理、事件调查、衡量及指标、审查、管理审核及持续改进。

国家安全生产监督管理总局于 2010 年发布了《化工企业工艺安全管理实施导则》(AQ/T 3034—2010)，该导则参考了美国 OSHA 的《高度危险化学品过程安全管理(29 CFR 1910.119)》法规的内容，提出了中国化工过程安全管理体系的框架和基本要求，导则包含 12 个要素，即工艺安全信息、工艺危害分析、操作规程、培训、承包商管理、试生产前安全审查、机械完整性、作业许可、变更管理、应急管理、工艺事故/事件管理、符合性审核。

中美化工过程安全管理体系要素对比见表 1-3。

表 1-3　中美化工过程安全管理体系要素对比

美国 CCPS《基于风险的过程安全(RBPS)》要素	美国 OSHA《高度危险化学品过程安全管理(29 CFR 1910.119)》要素	中国《化工企业工艺安全管理实施导则》(AQ/T 3034)要素
过程安全文化	—	—
标准符合性	—	—
过程安全能力	—	—
人员参与	员工参与	—
与风险承担者沟通	—	—
过程知识管理	过程安全信息	工艺安全信息
危害识别与风险分析	过程危害分析	工艺危害分析
操作程序	操作规程	操作规程
安全作业规程	动火作业许可	作业许可
资产完整性及可靠性	机械完整性	机械完整性
承包商管理	承包商管理	承包商管理
培训与绩效考核	教育培训	培训
变更管理	变更管理	变更管理
开车准备	试生产前安全审查	试生产前安全审查
操作守则	—	—
应急管理	应急预案与响应	应急管理
事件调查	事故调查	工艺事故/事件管理
衡量及指标	—	—
审查	符合性审查	符合性审核
管理审核及持续改进	—	—
—	商业秘密	—

二、化工过程安全管理体系示例

目前大部分国外石油化工公司都在执行与美国 29 CFR 1910.119 法规一致的化工过程安全管理体系，并与现有的 HSE 管理体系或商业运营相融合。

杜邦公司将 HSE 管理分为行为安全管理与过程安全管理，过程安全管理包括独立的 12 个要素，见图 1-3。巴斯夫公司责任关怀系统则包括环境保护、过程安全等 9 个方面，见图 1-4。壳牌石油公司于 2009 年将 HSSE 管理体系分为 10 个部分。过程安全即为其中之一，见图1-5。

陶氏化学公司在全球所有工厂推行操作守则管理系统(Operating Discipline Management System，ODMS)，整合了安全环保、生产、应急响应、物流、设备维护和保安等 8 个方面的要求、标准和最优实践。

陶氏化学公司参照美国 OSHA 的 29 CFR 1910.119 法规，建立了过程安全管理的 14 个要素，但是在 ODMS 中并未单独列出，而是分布于通用管理系统和责任关怀系统中，见

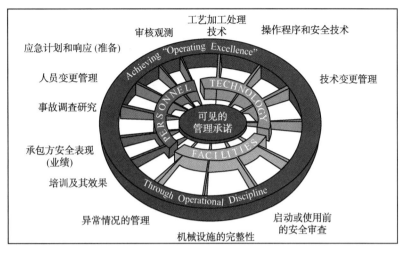

图 1-3 杜邦过程安全管理体系

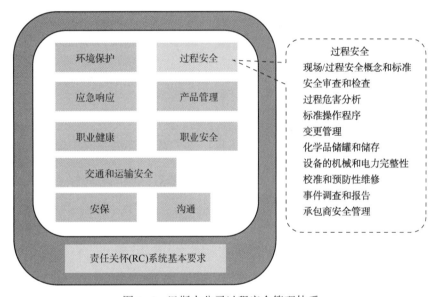

图 1-4 巴斯夫公司过程安全管理体系

图 1-6。陶氏化学公司过程安全管理主要包括风险管理、设备的机械完整性管理、防损原则等。在执行过程中，公司要求过程安全管理的相关内容在工艺设计、生产运行、设备维护保养等过程中必须彻底贯彻执行。陶氏化学公司认为，风险管理的目的是对工厂或装置可能存在的风险进行评估，包括火灾爆炸指数(FEI)、化学品暴露指数(CEI)的计算，保护层分析(LOPA)等。而机械完整性是对设备进行管理的完整体系，包括设备选型、制造、安全、检测、维护保养等。

三、化工过程安全管理和 HSE 管理

作为安全管理的重要组成部分，化工过程安全管理是预防化学品泄漏、火灾爆炸、中毒窒息等重大安全事故的管理系统，而且还包含减小危害、管控风险的过程安全技术。

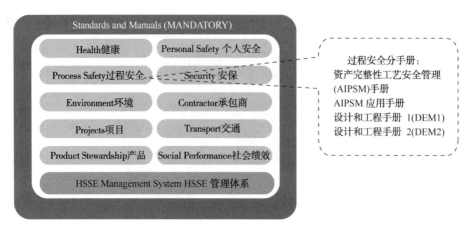

图 1-5　壳牌石油公司的 HSSE 管理体系

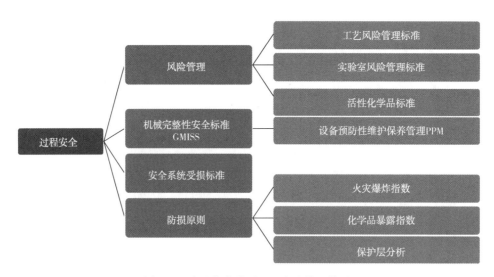

图 1-6　陶氏化学公司过程安全管理体系

　　基于相关法规和标准，化工过程安全管理的主要内容包括：收集和利用化工过程安全生产信息，风险辨识和控制，不断完善并严格执行操作规程，通过规范管理确保装置安全运行，开展安全教育和操作技能培训，对新装置试车和试生产进行安全管理，保持设备设施完整性，执行作业安全管理、承包商安全管理、变更管理、应急管理、事故和事件管理，确保管理的持续改进等。

　　HSE 管理是企业管理的重要内容，与企业的质量管理、财务管理、生产管理、运营管理、信息管理、人事管理等共同组成了企业总体管理的框架。HSE 管理遵循 PDCA 循环的方法，即策划（Planning）、实施（Do）、检查（Check）、处置或改进（Action）。HSE 管理主要包含过程安全管理、职业安全管理和环保管理，即 HSE 管理＝过程安全管理＋职业安全管理＋环保管理等，例如壳牌石油公司的 HSE 管理包括过程安全管理、职业安全管理、环保管理、个人安全管理、安保管理、承包商管理、项目管理和交通安全管理等内容。HSE 管理与过程安全管理的关系如图1-7所示。

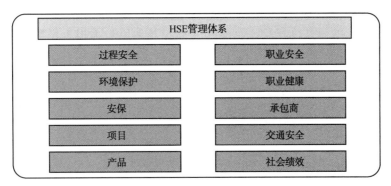

图 1-7　HSE 管理与过程安全管理的关系图

在其他工业领域，安全生产主要关注的是机械伤害、高处坠落、触电等职业安全管理。这类事故一旦发生，受到影响的大多是直接参与作业的人员，很难影响到其他员工或厂外公众。而化工过程安全管理是以预防化学品泄漏、火灾爆炸、中毒窒息等重大安全事故为目标的化工过程全生命周期安全管理，与化学品生产工艺、装置设备及操作规程等密切相关。对于企业来说，大部分安全事故是职业安全事故，如高处坠落、吊车倾翻、触电、坍塌等。虽然化工过程安全事故并不常见，属于小概率事故，但是后果却相当严重，如意大利塞维索化学污染事故、印度博帕尔毒气泄漏事故等。

职业安全管理体系侧重行为安全和作业安全，而化工过程安全管理关注化工装置设计、建造、生产、储运、废弃等过程的安全。通过对化工过程整个生命周期中各个环节的管理，从根本上减少或消除事故隐患，降低发生重大安全事故的风险。但是，随着现代化工装置规模的逐步扩大，一旦发生事故，就可能对厂区周围人员及环境造成灾难性的后果，甚至引发社会问题，因此建立起管理范围更加广泛、公众参与性更高的综合管理系统意义重大、势在必行。

四、责任关怀是化工过程安全管理的最高要求

责任关怀是 20 世纪 80 年代国外工业化国家开始推行的一种企业管理理念。1985 年至 1988 年间，为了重新获取公众对化工行业的信任，加拿大化工协会（CIAC，前身是加拿大化学品制造商协会）起草了第一部责任关怀规范（Responsible Care Code），旨在指导企业进一步强化完善化学品安全和环境管理，要求各会员单位必须执行。2010 年，CIAC 对责任关怀规范进行了修订和完善，增加了更加严格的可持续发展标准。目前，责任关怀规范已发展成全球性的行动倡议，60 多个国家接受并执行该规范。

1988 年，美国响应责任关怀的倡议，由美国化学理事会（ACC）在化工行业推广责任关怀管理系统（RCMS），旨在改善企业员工的安全绩效、提升社区人员的健康水平和环境保护，实现可持续发展。责任关怀管理系统是基于污染防治、销售、产品监管、过程安全、员工健康和安全、保卫、社区意识和应急响应七大领域的管理惯例规范。虽然责任关怀管理系统是自愿性的，但 ACC 要求其成员单位严格执行该系统，并通过责任关怀管理系统的认证或 RC 14001 认证。而 RC 14001 是一套技术规范，其整合了 ISO 14001 标准的内容和责任关怀的要素。

责任关怀的理念是化工企业与周围社区公众之间建立的一种和谐生态关系。企业的发展不能以损害其他人的利益为代价，企业有义务让其他风险承担者了解其所面对的风险。责任关怀主要原则有：

（1）不断提高化工企业在生产技术、生产工艺和产品中对环境、健康和安全的认知度和行动意识，从而避免产品生产的全周期对人类和环境造成损害；

（2）充分使用能源并使废物达到最小化；

（3）公开有关的行动、成绩和缺陷；

（4）倾听、鼓励并与公众共同努力，实现共同的期望；

（5）在相关法规、标准的制定和实施过程中，与政府及相关组织紧密合作；

（6）责任关怀是自律的、自发的行为，但在企业内部是制度化、强制性的行为；

（7）与供应商、承包商共享责任关怀的经验和荣誉，并提供帮助，促进责任关怀的推广。

责任关怀可以使企业周围的公众获得真实、可信的化工安全基本常识，消除化工企业可能对其造成潜在威胁的疑虑。责任关怀还是化工行业针对自身的发展情况，提出的一整套自律性的、持续改进性的管理系统。它不只是一个口号，而是通过信息分享、严格的检测体系、运行指标和认证程序，向世人展示化工企业在健康、安全、环境、质量等方面所作的努力。

实施责任关怀不是企业的负担，而是企业对过程安全、产品安全、职业安全的自信。从世界 500 强企业成功的经验可知，企业的发展需要得到社会各界的支持，实施责任关怀是企业发展壮大的需要。只有对社会负责任的企业才会得到社会的认可。而且企业应该为当地的发展做出贡献，因此实施责任关怀又是化工企业的责任。

近几年，我国陆续发生了多起因化工项目或事故引发的公众事件，如厦门漳州 PX 事件等，化工行业应对此进行深刻反思，并积极推进诚信建设和责任关怀，让责任关怀成为过程安全管理、企业安全文化的最高目标。

第二章

过程安全管理概况

第一节 过程安全管理要素综述

2007年美国化工过程安全中心(CCPS)出版了《基于风险的过程安全》。该书总结了以往过程安全管理体系实施的经验教训,提出了全新的过程安全管理框架——基于风险的过程安全(RBPS)。

一、基本含义

基于风险的过程安全管理的基本含义是过程安全管理和技术资源应依据不同的风险来进行分配。基于风险的过程安全管理策略是从基于合规性、基于持续改进策略发展而来的(参见图2-1),是对灾害事故教训的总结。采用基于风险的过程安全管理的相关理论方法,将主要在以下几个方面完善企业安全管理:

(1)改进事故预防方法,从基于事故的管理、基于合规性的管理升级为基于风险的管理策略;

(2)将风险评估准则运用到各类安全管理决策中,解决无章可循的决策难题;

(3)将资源集中应用在高风险活动中,避免灾害性事故。

图2-1 过程安全管理策略发展历程

基于风险的过程安全管理策略应落实在具体的管理要素和企业的全寿命周期中。如:

(1)设计过程应在概念设计时根据物料和工艺条件的安全分析提出安全设计策略,如阀门的防火防爆等级、密封策略、安全仪表等级、管道等级、设备材料要求等;

(2)工艺单元进行的HAZOP、LOPA、SIL等过程危害分析,能够识别到高风险的操作程序、关键设备、安全仪表，可以指导操作规程重点、培训重点、预防性维护重点等具体内容的确定；

（3）设备的故障失效分析、RBI 分析可用于指导及明确设备检测频率、大检修方案、预防性维护方案等。

二、管理策略

基于风险的过程安全管理的主要目的是帮助企业建立并实施更为有效的过程安全管理体系，保证企业在各项工作上投入适当的精力和资源，既能满足安全生产要求，又可优化资源，提高过程安全绩效和整体运营业绩。

在此策略下，装置或过程涉及的风险等级应作为策划和改进过程安全管理工作的主要指导依据，即资源必须适应风险需求，否则风险将演变成事故，事故造成的损失将远高于投入的资源。从这个角度来看，安全投入也会产生效益。而基于风险的过程安全管理将使效益最大化。

过程安全工作所耗费的资源主要包括设备投入、维修投入、人工投入等，而人工投入又包括培训投入、巡检投入、演练投入等。这些资源核算成经济指标是很困难的，因此用频率来衡量会更简单，比如高风险操作程序的培训频率、高风险工艺参数的巡检频率、高风险设备的在线监测达到每 5 分钟 1 次数据传输等。对高风险单元投入一个团队进行为期 2 个月的过程危害分析，这也是基于风险的资源投入。

（1）企业必须意识到基于风险的过程安全管理重要性。

引入基于风险的过程安全管理策略将促进企业：①全面、准确地识别和理解风险；②策划风险控制措施，合理分配资源；③避免灾害事故发生。

（2）基于风险要求企业必须了解风险。

准确了解一个过程或工作涉及的实际危害或风险存在一定的难度，建议从以下几方面寻找潜在危害或风险：

- 物质的特性，如闪点、毒性、反应活性、腐蚀性；
- 操作条件，如高温、高压，或接近失控反应温度的放热反应或其他活性反应；
- 危险物质数量；
- 暴露于潜在危险场所的人员数量、活动；
- 操作频率，如每天例行的高危作业、频繁使用安全性较差的工具设备等。
- 企业文化，一个不遵守程序的企业文化比执行力高的企业文化危险更高。

（3）基于风险的过程安全管理要素必须实现系统性。

CCPS 提出了 20 个过程安全管理要素。这 20 个要素不是独立存在的，每个要素都是围绕风险策划的。广义上风险包括经营风险、质量风险、安全风险、财务风险等，企业管理均是围绕这些风险来策划的，安全领域中的风险管理更为突出。

系统的每个要素是相互关联的。系统不存在孤立元素，所有元素之间相互依存、相互作用、相互制约，例如根据风险来确定操作程序，操作程序则是培训的需求，开车前应审查关键风险的操作程序和培训情况，绩效指标设计时需考虑关键操作程序的正确性及人员培训的效果等。可见各个要素基于风险策划又相互关联。

同时，系统是依靠信息而流动。所有要素的信息要流动、传递、反馈。发现隐患、报告隐患、分享经验、讨论措施、控制隐患，这个过程离不开信息的流动。如果信息滞后或反馈不及时都可能造成事故。

另外，系统还是动态的。由于原材料成分变化、设备老化、新员工引进、城市管网改变等情况的发生，导致风险处于动态变化中，有的风险消失，有的风险产生，有的风险加剧，有的风险递减，因此我们必须认识到这种变化，并及时改变系统，做出响应。

三、要素概述

CCPS过程安全管理体系的20个要素内容概述如下：

1. 过程安全文化

过程安全文化是决定过程安全管理方式的集体价值观、行为活动的综合体现。通俗地说，就是过程安全方面的理念、意识以及在其指导下的各项行为的总称。过程安全文化集中表述了"如何做事""期望值"以及"在没有任何监管时的行为准则"。

2. 标准符合性

标准符合性主要包含两方面工作。首先是识别、获取或者制定（参与制定）对过程安全造成影响的各种适用标准、规范、法规及法律，并评估其符合性。其次，对相关标准系统（标准、规范、法规及法律）进行广泛宣传、培训，并授权相关人员查阅标准系统的权限。

3. 过程安全能力

过程安全能力主要指开发和保持过程安全的能力（用于保持、提升或拓宽知识面与经验水平的人力与物力），包括三种有关联的活动：（1）不断完善知识和能力；（2）确保需要信息的人能够获得相关信息；（3）持续应用所学到的知识。

4. 人员参与

人员参与是指企业各级及各岗位的员工，包括承包商员工均有责任去加强并确保企业的生产安全。该要素不是要去创建一个所有员工或小组都有权力来制定基于风险的过程安全管理内容的机制，而是指员工有权提出自己的意见与想法，管理层应适当并公正地考虑员工的意见与想法。

5. 与风险承担者沟通

与风险承担者沟通是指与外部的企业风险相关方进行沟通、确认、约定，并保持良好关系的相关程序，主要包含：（1）找出可能受本企业相关设施运营影响的个人或组织（社区内的单位、公司等）；（2）与社区内的单位、公司、专业团队、当地政府等建立联系；（3）为风险相关方提供本企业有关产品、工艺、计划、危险及风险的准确信息，并与其就过程安全管理进行充分沟通。

6. 过程知识管理

过程知识管理是指对过程相关知识和信息的收集、组织、维护与管理，并以文档的形式进行记录，主要包含：（1）技术文件及规范；（2）工程相关图纸及设计文件、计算过程等；（3）工艺设备设计、制造和安装的技术规范；（4）物质的MSDS；（5）其他相关的书面文件。

7. 危害识别及风险分析

危害识别及风险分析是指在企业整个生命周期内，通过识别危害和评估风险，确保将员工、公众或者环境所面临的风险始终控制在企业风险容忍标准以内。

8. 操作程序

操作程序，也称为操作规程，是指完成给定任务所需执行的操作步骤，以及完成这些步骤所应采取的行动或活动的书面说明。规范的操作程序应包含工艺描述、危险性分析、工具和防护设施的使用及控制方法、故障排除、应急操作等内容。

9. 安全作业规程

安全作业规程是为了防止在非常规作业（不属于将原料转化为产品的正常流程）期间发生物料或者能量的突然释放，所规定的一系列操作程序、政策、制度等，通常辅以安全许可证的形式（如动火、临时用电、进入受限空间、高处作业、吊装、爆破等），来管理非常规作业的相关风险。

10. 资产完整性及可靠性

资产完整性及可靠性是指系统化地实施必要的作业活动（如检查与测试），以确保重要设备设施在其生命周期内实现预期用途。

11. 承包商管理

承包商管理是用于确保承包服务能够满足装置安全运行要求，并能够实现企业过程安全以及个人安全绩效目标的控制体系，通常包括承包商的选用、招投标、雇用以及对承包商工作的监控等。

12. 培训与绩效考核

培训是指对员工工作、任务要求以及执行方法的实践性指导。绩效考核是指对员工培训及实践应用效果进行测试，以了解员工对培训内容的理解和实践应用的情况。

13. 变更管理

变更管理是对系统（如工艺、工程设计、运行、组织机构或者活动）调整之前进行的风险评估及控制的程序，其目的是对变更可能带来的风险进行充分识别和评估，采取相应措施消除或控制风险，确保变更过程和变更后的风险始终控制在企业风险容忍标准以内。

14. 开车准备

开车准备是指在开车之前通过一系列的验证工作，来确保新建或者停车后装置处于可安全开工状态的活动。

15. 操作守则

操作守则是指圆满地完成一项任务或活动所必须遵守的准则，也称作"操作准则"或"操作纪律"。操作守则把执行的各项任务制度化，并减少执行过程中产生的偏差。

16. 应急管理

应急管理涉及应急计划相关的各项活动，主要包括如下内容：（1）为可能发生的紧急事件制定应急预案；（2）提供执行应急预案所需的资源；（3）贯彻并持续改进该预案；（4）培训或者告知员工、承包商、临近企业和地方政府，在事故发生时如何行动以及紧急事件的上报方式等；（5）在发生紧急事件后，如何高效联络风险承担者。

17. 事件调查

事件调查是指确定导致某一事件发生的原因，并提议如何针对原因解决问题，以防止此类事件再次发生，或者减少此类事件发生频率的系统方法及活动。

18. 衡量及指标

指标是用以衡量安全管理绩效或者效率的参数。衡量是对产品或作业活动效果及质量的度量。

19. 审查

审查是对基于风险的过程安全管理体系进行的评审，其目的在于确认此系统的适用性，并确认该系统是否可以有效贯彻实施。

20. 管理审核及持续改进

管理审核是指定期对过程安全管理要素进行例行审查，旨在确定企业是否照章执行并产生良好的预期效果。持续改进是指通过持续的努力，而非因为某一个偶然的原因或者具体的变化，来实现绩效、效率两个方面的进步与改善。

第二节　过程安全管理要素实施

一、前期策划

有意升级自身管理体系、考虑执行基于风险的过程安全(RBPS)管理体系的企业，可首先对自身状况进行全面审查，并编制一份采用 RBPS 管理体系的案例说明书。一份良好的案例说明书应能明确阐述采用该管理体系的益处，有据可查且切合实际。单凭感觉良好或一时兴起并不能成为企业持续努力执行新管理体系的动力来源。管理层通常是根据事实而非感觉来决定是否实施该体系或方法。

如果确定要对管理体系的一个或多个要素完全推翻重来的话，则需要考虑以下几点：

1. 获得管理层的承诺和支持

指定一名高级管理人员担任项目负责人。

2. 招募人手

从企业组织各层面及各职能部门招募调集专业能力突出、工作勤奋的人员组成一支项目团队。团队中需包含操作人员及维修工，他们在过程安全计划设计、执行过程中起着至关重要的作用。

3. 明确规定任务范围和目标

编制一份表格，明确说明范围、目标、预算、时间表、里程碑及工作成效等。

4. 划分职责

集众人之力方能取得最后的成功。管理层必须明确划分管理计划执行阶段及各项工作活动期间所有相关人员的职责。

5. 管理期望目标

即便是基于合规性的过程安全管理体系也不是一朝一夕就能建立的。因此，期望基于风险的过程安全管理体系在实施过程中不经历种种"成长的烦恼"也是不切实际的。

6. 沟通

沟通是所有问题都会涉及到的要素。在做出任何涉及广泛影响的变更时，有效沟通都起着至关重要的作用。通过沟通使所有可能受到变更影响的人员及时了解相关进度，确保他们做好准备迎接即将到来的变更。此外，加大沟通力度同等重要，确保阐明变更的必要性并宣传实施此类变更所带来的益处。

7. 保持简洁

开始实施项目时，切忌好高骛远、制订太过宏大但无法实现的目标，这远不及谨慎务实来得有效。

8. 获得广泛的承诺

了解员工的期望并解决他们的顾虑。

9. 提供足够培训

适当安排所有相关人员学习新版或修改版 RBPS 管理体系。培训过程中应强调员工的职责，并通过复训定期巩固员工对工作职责的认识。

10. 在正式执行体系前先进行现场测试

通过预先小规模测试可以找出并解决拟执行的 RBPS 管理体系中存在的问题，防止出现大规模故障及引起广泛排斥。

11. 创建工具，确保日后体系推行的相关工作顺畅执行

根据小规模测试及初次执行的结果，创建可供其他装置采用的通用执行计划，该计划应包含相关模版、指南及程序。

12. 运用经检验有效的项目管理工具及管理方法

始终以项目执行目标为导向，正确把握工作方向。

13. 灵活机动

在整个体系执行过程中以及执行之后，外部环境、企业自身也在不断发展与变化，新的管理体系必须与时俱进、跟上脚步，根据这些变化进行自我调整。

14. 不断强化承诺

向管理团队强调，对于体系执行小组的工作成败，他们的表率作用超过其他一切因素。

二、实施过程

所有新管理体系中都存在这样一个隐患，即系统执行小组不能抓住细节，尤其在他们进度计划非常紧张的情况下。虽然美国 OSHA 于 1992 年 2 月正式发布《高度危险化学品过程安全管理(29 CFR 1910.119)》时就强制规定相关企业须在 90 天内达到管理标准中规定的绝大多数要求，但是绝大多数企业还是花了数年之久才做到 PSM 计划的完善制定与全面实施。改变是艰难的，短时间内完成改变更容易使事态混乱，甚至让人不知所措。

而采用基于风险的过程安全管理体系就无需为此伤神，因为该系统没有必要在 90 天内完成体系的制定与执行。事实上，几乎所有案例都表明试图以如此之快的进度完成工作，这本身就是个错误。采用基于风险的过程安全管理体系执行过程安全管理时，可依据最大效益的原则将体系内容逐一分步实施。此外，并不强制要求执行全套 20 项要素。

图 2-2 使用事件树形象地勾勒出帮助企业确定要素实施优先次序的思路。图中需要回答三个问题。如果企业不存在(或存在较低)危险，此时只需执行最低限度的计划(图 2-2端点 A)。实际上，危险较低的企业最该注重的要素应是变更管理(MOC)要素。级别相对较

高的 MOC 计划可协助相关企业避免不慎将新危险引入厂内。此外，除了变更管理要素，危险较低的企业一般还可执行相关管理体系，其目的是：（1）确保遵守相关标准、规范及规定（标准要素）；（2）控制非常规作业以防人员受伤（安全操作要素）；（3）制定紧急预案（应急要素）；（4）从未遂事件及损失事件中吸取经验教训（事件要素）。

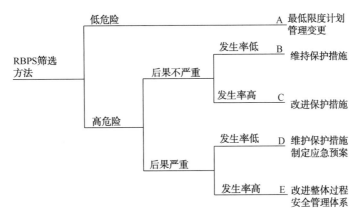

图 2-2　RBPS 要素执行的确定方法

危险较高的企业需执行更为全面的过程安全计划。比如综合风险评估结果表明某些高危企业的风险度相对较低，其原因就在于该企业所认定的那些事故情景（图 2-2 B 点）发生频率较低且后果也不严重。在这种情况下，找出有助于确保降低潜在事故发生频率并减轻其事故后果的关键安全措施就显得尤为重要。这通常涉及知识、风险、程序、培训、资产完整性及适用于上述低危企业的其他 RBPS 要素相关的工作活动。

如果通过三个基本问题的回答直接导致从 B 点移向 E 点，则需要采用更为全面、可靠的体系来管理相关风险。事实上，如果一家企业发现自身正处于 E 点，除非迅速做出重大改变以更有效的方式管理风险，否则该企业可能很快无法维持正常运营。而经营状况长期处于 D 点的企业就须做到：保持绩效良好并提高过程安全管理计划的警觉性，或改善过程，降低事故造成后果的严重性。

不论生产、储存或加工危险化学品的企业如何努力采用本质安全的方式降低风险，风险管理始终是企业取得成功的关键。此外，所有公司都须确认自身经营状况可承受的风险等级。图 2-2 并不是为企业推荐一种风险管理的特定策略，仅仅是为考虑着手执行 RBPS 管理体系的人员提供一个思路。

企业可通过扩大实施要素的范围、提高现有要素的绩效，或两者均有、双管齐下的办法来降低风险。例如由于担心存在人为失误方面的问题，企业加大程序要素及培训要素的执行力度。企业也可能将设备故障认定为主要风险，从而决定在资产完整性要素及事件调查要素方面加大执行力度。

显而易见，风险管理中没有"一刀切"万能式的解决方案，并不存在一个通用简单的公式来协助企业准确锁定工作活动以及工作活动的执行深度。此外需要引起重视的是，如果企业相应文化要素未规定采用可靠的管理措施，则执行任何过程安全管理体系也不会奏效。即便是最佳的 RBPS 管理体系，如果缺少了适当的过程安全文化依托，也不能保证执行的安全性及可靠性。

前五项要素属于"对过程安全的承诺"原则的内容，需强大的领导支持及坚定的承诺。实际上，领导支持及承诺是成就一切工作必须具备的条件，否则只能以失败告终。管理承诺是有效执行并保持良好绩效的首要因素。

"理解危害和风险"原则包含过程知识管理、危害识别及风险分析两个要素。管理层必须了解相关危害及风险。相关工作活动的实施力度应与风险（或已知风险）级别相吻合。随着风险级别持续上升，管理层应承担危害识别及风险分析方面的责任，并根据分析结果有效管理风险。员工、承包商、社区、投资者、客户及业内人士等风险承担者应承担主要管理责任。可见，专业知识及风险要素在执行 RBPS 体系中发挥着重要作用。实际上，为了降低成本，在未先了解风险影响的情况下就同意降低过程安全实施力度，就是一种不负责任的表现。

"管理风险"原则由接下来的九个要素组成，这九大要素旨在日常工作中实现风险管理，要素之间大都存在相互影响与相互制约的关系。例如，如果基本按照操作程序向操作人员提供培训，则在实施重大培训前需确保程序的准确性与时效性，否则就有轻率之嫌。但是，这九个要素间的关联通常易于识别，且此类大部分要素均得到广泛理解与应用。

最后四项要素均系"吸取经验教训"原则的组成部分，这四项要素是任何改进工作不可或缺的组成部分。缺乏事件调查或过程安全管理体系设计与实施的审查，则可能导致企业过程安全管理体系的效率低下与降级退化。所测即所得，指标能非常有效地反映情况，当管理层重视并关注某项指标时尤其如此。指标及管理审核要素的实施应恰当适量。指标太多及管理审核主题过多将会分散管理层的注意力。然而，如果企业仅局限于管理审核程序，就会导致企业只关注眼前，目光不够长远。

综上所述，RBPS 要素或计划的实施与执行是一个持续的过程，且没有终点。因此，执行基于风险的过程安全管理体系是以"更好地管理风险"为目标而长期实施的一项工作。随着企业生产工艺的持续发展变化，过程安全方面的最佳管理策略也将随之发展变化。但可以肯定的是：（1）风险承担者对灾难事故的容忍度将持续下降；（2）实现或超越风险承担者对安全生产的期望目标，将成为企业不断取得成功的关键所在。

第三章

化工工艺安全技术

第一节　工艺安全现状分析

危险化工工艺所涉及的原料、中间产品、催化剂、产品等物料，大多具有易燃易爆、反应活性高、稳定性差等危险特点，并且操作过程中普遍存在高温、高压、真空等苛刻工艺条件。在石化装置大型化的今天，单套装置能量更加集中，大量高能量危险化学品被约束在高温、高压、密闭的承压管道、容器、反应器中，火灾、爆炸事故风险大大增加。然而化工企业追求经济效益的同时，往往忽略了安全风险的控制，导致化工安全事故频繁发生。为提高国内化工装置的本质安全化水平，2009~2013年国家安全生产监督管理总局先后发布了光气化、电解（氯碱）、偶氮化等18种需要纳入重点监管的危险化工工艺的安全控制要求、重点监控参数及推荐的控制方案，以促进化工企业安全生产条件的进一步改善，确保化工装置安全稳定运行。国内化工行业安全技术与管理水平因此得到了一定程度的提高，安全形势也整体有所好转，事故频率逐年下降。但是重特大事故的势头却仍未得到遏制。

事故案例1：

2015年，某公司硝基复合肥车间发生硝酸铵燃烧爆炸事故，造成5人死亡，2人受伤。

事故教训：事故企业对硝酸铵的热稳定性不了解（纯硝酸铵 T_{D24} 为171 ℃），也未掌握1#混合槽中加入氯化钾作为混合原料会促进硝酸铵分解的情况（硝酸铵混合氯化钾后 T_{D24} 降到160 ℃）。事故发生前温度超过控制指标175℃长达1h（此时物料 TMR_{ad}<3h），致使硝酸铵受热分解，引起超温超压，造成1#混合槽浆料喷出，并发生爆燃。

事故案例2：

2012年，某公司硝酸胍装置发生重大爆炸事故，造成25人死亡、4人失踪、46人受伤。

事故教训：生产过程中，装置技术人员在未掌握硝酸胍合成的反应风险信息的情况下，将原料尿素改为双氰胺，并将导热油加热器出口温度设定高限由215℃提高至255℃，反应时间由 8~10h 缩短至 5~6h。这一改动使反应釜内物料温度更接近硝酸胍的热爆炸温度。事故发生前，导热油发生泄漏着火引起反应釜底部局部温度升高、热量积聚，进而导致釜内反应产物硝酸胍和未反应的硝酸铵发生急剧分解爆炸。

事故案例 3：

2015 年，某公司己二腈装置发生着火爆炸，事故造成 1 人死亡、9 人受伤。

事故教训：该公司对新开发化工项目"丙烯腈电解制己二腈"未进行系统的工艺安全评估，发生爆炸部位滗析器气相由氧气、丙烯腈、氢气组成，试生产过程中该混合气体氧含量最高达 70%，丙烯腈 14%~15%，氢气 0.2%~0.3%，处于爆炸极限范围内，最终因静电点火引发爆炸事故。

以上几个典型事故充分说明，近年化工企业重特大事故依然多发的一个重要原因是化工工艺安全方面的研究缺乏，对关键危险因素认识不足，未充分掌握危险反应的致灾机理及其影响因素，导致在工艺条件发生异常波动或工艺变更的情况下，采取的安全控制手段和措施不到位，安全控制系统不完善。对此，国家安全生产监督管理总局高度重视，于2017 年 1 月发布了《关于加强精细化工反应安全风险评估工作的指导意见》（安监总管三〔2017〕1 号），要求精细化工企业开展精细化工反应安全风险评估，以改进安全设施设计，完善风险控制措施，提升企业本质安全水平，有效防范事故发生。

化工工艺安全主要是针对化工新工艺和新技术研发过程、化工装置生产运行过程中存在的超温超压、燃烧爆炸等突出安全问题，从原料、中间产物、产品的危险特性出发，结合工况和操作条件分析，开展物质稳定性、化学反应危险性、爆炸危险性和安全泄放与处置等方面研究，确定工艺过程的关键安全控制参数、影响因素和危害后果，提出安全临界条件、安全操作方案及安全技术措施，实现工艺的本质安全化设计。开展化工工艺安全研究，可提高装置的本质安全化水平，为危险工艺重大事故的预防与控制提供技术支撑。化工工艺安全技术的开发需要在工艺过程危险辨识的基础上，结合物质稳定性、化学反应危险性、燃爆危险性和工艺安全泄放与处置几个方面的研究，将工艺过程构成危险的条件进行量化，在此基础上开发相应的工艺安全技术，改进工艺设计，实现对危险的控制与消除。

国外大型跨国石化公司，如英国帝国化学公司（ICI）、陶氏化学公司等，经过多年积累，都已建立了强大的工艺安全研发团队，在工艺开发、改造阶段就开展工艺安全研究，化工装置工艺安全事故日趋减少。国内化工企业对工艺安全重视不够，企业内部大都没有建立成熟的工艺安全研发团队，并且出于技术保密、节约成本等原因，难以有效借助企业外部力量开展工艺安全研究。另外，国内大部分工艺安全研究机构目前仍徘徊在理论研究阶段，如何系统全面地评估失控模式，进而得到有效抑制失控的应用技术，如何才能做到安全泄放和安全收集等技术问题仍然未能得到有效解决。因而难以与工艺装置的具体工况相结合，具有针对性地为装置全流程提供一整套的工艺安全解决方案。因此，国内化工领域工艺安全技术的整体发展水平相对落后。

针对上述问题，专家们经过十几年的探索，形成了一套成熟的工艺安全技术研究理论、方法及实验装备，研究成果已经在国内石化企业数十套危险化工装置上获得成功应用。本章分别从物质稳定性、化学反应危险性、气相燃爆危险性和安全泄放与处置四个方面介绍化工工艺安全技术的研究思路和成果，并列举典型工艺安全技术的企业实施案例。

第二节　工艺安全技术方法和研究进展

一、物质稳定性研究

对物质稳定性的了解是过程安全研究的基础，因此在反应过程安全研究的最初阶段就需要全面掌握物质的稳定性。物质稳定性与自身结构特点和外部环境密切相关，外部热能、光、电、磁等环境都有可能改变其稳定性。物质热稳定性产生的热危害程度主要受以下因素影响：①潜在能量——属热力学因素，与生产的化学品及反应有关，可通过文献、热化学计算及测试得到。②自反应速率——属动力学因素，与温度、压力、浓度、杂质等有关。自反应性是指物质自身具有较高的化学位能，它在生成为最终的、稳定的生成物过程中将伴随热能的释放。因此，自反应速率决定了能量的释放速率。此外，温度可以使反应速度呈指数增长；反应物和分解物的浓度减小能降低绝热温升；催化性杂质能起到催化或自催化作用。

物质热稳定性研究是化工过程安全技术研究的重点。用于表征物质热稳定性的参数主要为热量和温度参数，包括反应热、绝热温升、初始放热温度、自加速分解温度等参数。

反应热是指当一个化学反应在恒压以及不作非膨胀功的情况下发生后，若使生成物的温度回到反应物的起始温度，这时体系所放出或吸收的热量称为反应热。这种情况下反应热等于反应焓变。对于多数不稳定物质，易发生分解反应，所以也往往以分解反应热作为评估指标。

绝热温升（ΔT_{ad}）是指处于绝热环境中的物质发生反应后体系温度可能上升的最大幅度，绝热温升可以通过反应热和反应体系的热容数据直接求取，也可以通过绝热量热仪测量。当绝热温升很大时，反应体系会上升到一个很高的温度，造成反应物挥发或产物分解，甚至会产生气体，从而使得系统的压力升高，导致反应容器的破裂和严重破坏。

ΔT_{ad} 与反应危险严重程度的简单判断依据如表 3-1 所示。

表 3-1　ΔT_{ad} 与危险严重程度判据

严重度等级	$\Delta T_{ad}/K$	可能造成的后果
灾难性的	>400	工厂毁灭性损失
高	200~400	工厂严重损失
中	50~200	工厂短期破坏
低	<50	批量损失

初始放热温度（T_0）是指在一定条件下发生放热反应的最低温度，为放热曲线上升段斜率最大点切线与基线交点所对应的温度，它是衡量一种化学品发生化学反应难易程度的重要参数。如果反应具有发热特性，那么它也是衡量该化学品热危险性的一个重要指标。一般说来，初始放热温度越低，反应发生的可能性往往越大。反之，初始放热温度越高，反

应发生的可能性就越小。在评价化学品反应危险性时，不仅要考虑反应发生造成的危害后果，还要考虑反应发生的可能性，而初始放热温度就是从反应发生的可能性角度出发，反映化学品发生放热反应的难易程度，应将其作为化学品反应危险性表征参数之一。但必须要注意的是，初始放热温度的数值在科学上实际是不存在的，因为该温度的获得取决于实验条件，尤其是和所用热分析仪器的扫描速率、检测限密切相关。因此，该数值在使用时必须注意说明实验条件。

自加速分解温度($SADT$)是对有机过氧化物类不稳定物质的储存稳定性进行评价的重要指标，联合国危险物品运输专家委员会定义 $SADT$ 为有机过氧化物或自反应性物质在包装储存时，可能产生自加速分解的最低温度。实际上 $SADT$ 为允许有机过氧化物或自反应性物质于短时间储存可避免热危害的最高温度；长时间储存时，建议的安全储存温度必须同时考虑化学品不至于失去其反应活性，另外藉由 $SADT$ 的评估量化，也可了解化学物品运输过程是否须增设温度控制设备。联合国在关于危险货物运输的试验和标准手册中对 $SADT$ 的实验提出了标准方法，并针对 $SADT \leqslant 50℃$ 的有机过氧化物和 $SADT \leqslant 55℃$ 的自反应物质，提出了控制温度和危急温度推算方法(见表3-2)。

表 3-2 控制温度和危急温度推算

储存容器类型	$SADT$	控制温度	危急温度
单个容器和中型散货箱	$\leqslant 20℃$	比 $SADT$ 低 20℃	比 $SADT$ 低 10℃
	$>20℃$，$\leqslant 35℃$	比 $SADT$ 低 15℃	比 $SADT$ 低 10℃
	$>35℃$	比 $SADT$ 低 10℃	比 $SADT$ 低 5℃
便携式罐体	$<50℃$	比 $SADT$ 低 10℃	比 $SADT$ 低 5℃

到达最大反应速率时间(TMR)是指物质在绝热环境下进行反应，从某时刻起到达最大反应速率时刻所需的时间(感应期)。通过动力学数据可以计算出 TMR，在不同反应温度下的 TMR 值是不同的，温度越高，越容易到达体系的最大反应速率，其 TMR 值也越小；温度越低，越不容易到达体系最大反应速率，其 TMR 值越大。

TMR 为判断物质热失控可能性的参数，其判据规则见表3-3。

表 3-3 TMR 判断热失控可能性规则

简单分类	扩展分类	TMR_{ad}/h
高	经常	<1
	很可能	$1 \sim 8$
中	偶尔	$8 \sim 24$
	很少	$24 \sim 50$
低	非常少	$50 \sim 100$
	几乎不可能	>100

1. 物质稳定性的理论计算

理论分析方法，即利用物质分子所含有的不稳定基团、结构特征和已有化学热力学数据对物质的热自燃化学动力学特性参数进行估算。理论分析方法包括物质化学结构法、氧平衡计算法、反应焓计算法、生成焓推算法以及化学热力学与能量释放评价法等。这些方法必须有实验数据作为基础，且通常只适用于含有某些特定基团的物质。

　　一般说来，用理论计算的方法来估算反应性化学物质的危险性主要是从反应性化学物质的化学反应动力学和热力学角度入手。但是在不进行实验的前提下，通过理论计算来预测化学反应速率（活化能和指前因子），目前还有一定的困难，仅能从热和能量的角度来评价反应性化学物质的不稳定性。

　　由于化学反应热是重要的热力学数据，很多常用物质的反应焓可以通过公开文献或一些公共数据库查询。很多研究机构也基于化学键贡献法、基团贡献法等方法开发了计算软件，如斯坦福研究所开发的 TIGER、美国国家宇航局 Lewis 研究中心开发的 NASA-CET、美国材料与试验协会开发的 CHETAH 和日本吉田忠雄实验室开发的 REITP3 等。

　　其中，较为常用的是 CHETAH 软件。CHETAH（ASTM Chemical Thermodynamic and Energy Release Evaluation Program），即美国材料与试验协会从事化学品危险性研究的 E-27.07 委员会开发的化学热力学与能量释放评价程序。其主要功能有两方面：一是根据有机化合物的分子结构，利用 Benson 基团加和法推算该化合物气态时的热力学量，以及有机化合物的燃烧性与在空气中、25℃时的爆炸下限值。二是利用这些热力学量计算出若干个特性值，并按照标准评定其能量危险性。CHETAH 中有多个对危险性进行判定的标准，但最常用的是前三个：第一个标准是最大分解热 ΔH_{max}；第二个标准是燃烧热与分解热的差，即 $|\Delta H_C - \Delta H_{max}|$；第三个标准是氧平衡 OB 值。实际上第二个和第三个标准之间并不是完全独立的，而是具有相当好的相关性。只用第二个或第三个标准即可对物质的危险性做出大致判断。CHETAH 方法完全是基于热力学原理，即只有反应过程的 Gibbs 自由能 G 降低的反应（即 $\Delta G < 0$）才会自动进行，而 $\Delta G = \Delta H - T\Delta S$，$\Delta H$ 和 ΔS 分别为产物与反应物的焓差和熵差，$T\Delta S$ 一般很小，所以 ΔG 主要决定于 ΔH，只有放热反应（$\Delta H < 0$）才会自发进行；其自发进行的倾向随反应放热量的增加而增大，危险性就可能越大，这种预测基本上是符合实际的。

　　在反应动力学方面，理论计算的研究重点是热动力学数据分析，即依据热分析实验得到的数据进行深度分析，得到反应的动力学参数，目前较为常用的方法是 Flynn-Wall-Ozawa（FWO）法、Kissinger-Akahira-Sunose（KAS）法、Coats-Redfern 法、Friedman 法等几种典型的微积分等转化率处理方法。常用的计算软件有法国 SETARAM 公司的 AKTS 软件，俄罗斯 Cheminform St-Petersburg 公司的 CISP 软件。

　　理论分析方法一般用来对反应性化学物质的热危险性进行预测，并在实验之前对物质进行筛选，具有节省实验费用、安全等特点，但热力学计算一般不能给出能量释放速率等动力学参数的大小，必须由实验方法确定。

2. 物质稳定性的实验研究

　　实验方法，即采用全尺寸试验台或热分析仪器对实验样品进行测试并记录特性参数的变化（例如反应样品质量、温度、热量、质量损失、压力变化等参数），再根据相应的评价方法对样品的热自燃危险性进行分析。

　　化学物质的稳定性在经过文献调研、理论估算后，我们可以对其危险性有一个初步的了解，但较为精确的定量数据仍需要通过实验得到，对于缺乏文献资料的化学物质，实验便成了获得数据的唯一途径。物质稳定性的实验方法较多,若目的是为化学品安全管理提供依据,可参看政府或国际组织的相关规定,如《联合国关于危险货物运输的建议书:试验和标准手册》中,包含了大量与物质稳定性相关的实验方法。

很多情况下,研究人员进行物质稳定性实验的目的是要指导化工过程中的放大条件和安全操作条件,此时就需要得到较为精确的定量热动力学数据,这往往需要依靠一系列热分析实验仪器。

差示扫描量热仪(DSC)是最常用的量热仪之一,主要用于热稳定性筛选试验。可获取数据为 T_0、ΔH、动力学数据。差示扫描量热仪(DSC)分为热流式、热通量式和功率补偿式。热流式在给予样品和参比品相同的功率下,测定样品和参比品两端的温差 ΔT,然后根据热流方程,将温差(ΔT)换算成热量差(ΔQ)作为信号输出。热通量式 DSC 是在试样支架和参比物支架附近的薄壁氧化铝管壁上安放几十对乃至几百对互相串联着的热电偶,其一端紧贴着管壁,另一端则紧贴着银均热块,然后将试样侧多重热电偶与参比物侧多重热电偶反接串联。功率补偿式在样品和参比品始终保持相同温度的条件下,测定为满足此条件样品和参比品两端所需的能量差,并直接作为信号热量差(ΔQ)输出。

C80 微量热仪是法国 SETARAM 公司开发的一种 Calvet 热导式量热仪。它的特点是可测参量多、测试精度高、测试样品量大。被测样品及参比品置于由几百至几千对热电偶串联组成的环绕型检测器中,样品在实验过程中所产生的总热量有 95% 以上被检测出来,灵敏度非常高。由于 C80 微量热仪的感度非常高,并且其实验时所用试样量可达 0.1~1g,比普通 DSC 大 3~4 个数量级,其数据更为准确。C80 微量热仪可以通过设置不同的试验程序,测量各类化学以及物理过程的热效应,同时还可以测定诸如比热容、热传导系数等热物性参数。如果用测压专用反应容器,还可以测定各类物理化学过程的压力随时间的关系。通过解析测定得到的实验结果,可以求得各类热力学和动力学参数(动力学参数:化学反应级数、活化能及指前因子。热力学参数:化学反应热、比热容等),从而求解其化学反应动力学机理。

加速量热仪(Accelerating Rate Calorimeter,ARC)是由美国 Dow 化学公司研制、经美国哥伦比亚科学公司商业化的基于绝热原理的一种热分析仪器。它能够将样品保持在绝热的环境中,测得放热反应过程中的时间、温度、压力等数据,能够模拟潜在失控反应和量化某些化学品及混合物的热、压力危险性,可以为物质的动力学研究提供重要的基础数据。ARC 已经成为国际上评价物质热稳定性的常用测试手段之一,并逐步向标准测试方法方向发展。当不稳定物质在升温情况下要储存很长一段时间时,就要进行等温操作。ARC 的测试运行主要有加热-等待-搜寻(H-W-S)和等温(ISO)两种模式。加热-等待-搜寻模式为先设定一个初始温度(该温度一般要比反应开始温度低 20℃以上),仪器在该温度下等待一段时间,使试样和绝热炉体间达到一个热平衡。然后进入搜寻模式,如果没有探测到放热,仪器以设定的温升速率升温,开始另一轮的"加热-等待-搜寻",直到温升速率高于初始设置的温升速率(通常为 0.02℃/min),然后仪器自动进入"放热"方式,保持绝热状态直至反应结束,同时记录反应过程的温度和压力变化。利用 ARC 采集关于温度和压力的数据信息简便易行,运行一次即可得到如下数据:初始放热温度、绝热温升、最大温升速率、最大温升速率时间、温度-时间变化、压力-时间变化和温升速率-温度变化等热特性参数以及参数变化关系。其他如 VSP（Vent Sizing Package）、绝热杜瓦容器（ADCII）等仪器也具有绝热量热的功能。

随着技术的不断进步，热分析实验手段也愈加全面、完善，但是其基本测试原理没有太大改变。实验方法具有准确、直观等特点，但由于测试的样品一般具有一定起火、爆炸危险性及可能在实验过程中释放出有毒有害气体，因而在实验过程中存在一定的危险，同时一些实验方法还存在实验量大、测试时间长等不足。

二、化学反应危险性研究

对于化工过程的放热反应而言，如果反应放出的热量能及时移出，可以维持体系的热平衡，化工反应过程将在有效控制下平稳而安全地进行。但是化学反应本身受多种因素影响，当某些条件发生变化时，如反应物浓度发生变化、搅拌故障、冷却失效、引入杂质或催化剂等，往往会导致化工过程的反应失控（runaway reaction）或叫"自加速反应"（self-accelerating reaction）。化工过程的反应失控，就是反应系统因反应放热而使温度升高，在经历了连续的"放热反应加速——温度再升高"，以致超过反应器冷却系统的负荷，进入恶性循环后，热量累积加剧，压力温度急剧升高，最终导致喷料、反应器破坏，甚至发生燃烧、爆炸的现象。这种反应失控的危险不仅可以发生在反应单元，而且也可以发生在分离、存储等其他化工单元。化工反应的种类千差万别，其发生失控的原因与表现形式都比较复杂，这为认识并控制反应失控风险造成了很大的困难。

据美国化学品安全与危害调查委员会（CSB）对美国因反应引起的严重事故调查分析，由于反应失控或近于失控造成的事故在 167 起事故中占有 35%。日本间歇式工艺事故的统计分析结果显示，51%~58%的事故着火源来自反应热。英国间歇式化工过程的反应失控事故案例表明，由化学工艺问题、温度控制问题、搅拌问题及加料问题所引起的"失控反应"占所有事故的 79%。为此，国际上已把反应失控作为重要的安全课题开展研究。

国内外在放热反应系统热失控基础研究方面的发展趋势是：重视放热反应系统热失控规律研究，建立准确描述放热反应系统发生热失控的临界判据模型，开发有效的失控抑制技术，将其应用于指导具有强放热危险性的过程设计，并为反应系统的设计和放大提供参考。

1. 化学反应失控模型

化学反应失控是由于反应体系中产生热量的能力超过移出热量的能力，造成了热量累积，最终导致温度、压力升高引起爆炸。对于自加速放热现象，研究角度和假设条件不同，建立的数学模型也不同。基于不同的物性和反应过程条件，有三个最基本的热失控模型：

① Semenov 模型：建立在恒温反应与向环境散热平衡的基础上，并且向环境散热仅在换热表面有传热阻力。Semenov 模型是一个理想化的模型，该模型是一个均温系统，体系内温度均一，温度处处相等。

② Frank-Kamenetskii 模型：建立在传热阻力只存在于反应物内部的基础上。Frank-Kamenetskii模型是从实际情况出发而考虑的一个体系内具有温度分布的模型。该模型的特点是体系内的温度分布随空间位置及时间的变化而变化，它可以表示为空间坐标和时间坐标的函数。

③ Thomas 模型：有效融合了 Semenov 和 Frank–Kamenetskii 模型，假设传热阻力存在于反应物内部和其周边。Thomas 模型也是从实际情况出发而考虑的一个理论模型，它既考虑体系内的温度分布，又考虑体系与环境的温度突跃。该模型的特点是不仅体系内的温度分布随空间位置和时间的变化而变化，而且体系与环境的温度突跃也随时间的变化而变化。体系和环境的温度变化可表示为空间坐标和时间坐标的函数。

在实际生产中，物质的热传递既存在于体系内部也存在于体系与周边环境之间，所以 Thomas 模型最符合实际要求。Semenov 模型所提出的体系内部温度处处相等虽然很难实现，但是此模型处理问题比较简单直观，而且在工厂中的反应大部分是在气液相中进行，在很大程度上符合 Semenov 模型。因此，在研究过程中可以将反应系统简化为均温系统来处理。

2. 化工过程反应危险性分级

反应危险性评价主要围绕反应的热风险来进行，包括后果的严重度和发生的可能性的评估，参见表 3–1、图 3–3。不同的化工过程，其反应危险程度是不同的，有一些化工过程的工艺技术成熟完备，反应机理明晰，其反应是相对安全的。但是很多化工过程，甚至是一些具有成熟工艺水平的化工生产过程，其反应过程机理还不是十分清晰，这些化工过程的反应危险性往往具有很大的不确定性，所以对化工过程的反应危险性进行综合的评价分级也是实现化工生产安全管理的重要内容。

（1）化工过程反应危险性分级方法

基于冷却失效情形下的反应失控模型，综合考虑化工过程中的几个影响参数，可采用以下四个温度作为特征温度对化工过程反应危险性进行分级。

① 工艺操作温度（T_p）；

② 目标反应的最高到达温度 $MTSR$；

③ 二次反应绝热条件下最大反应速率的到达时间为 $TMR_{ad} = 24h$ 时的温度（T_{D24}）；

④ 技术原因的最高温度 MTT。该温度实际上对应的是系统的沸点或初沸点。对于开放体系而言即为沸点，对于封闭体系则是最大允许压力（泄放压力）对应的温度（泄放发生后封闭体系变为敞开体系）。

以上述四个温度为基准，将化工过程反应危险性从低到高分为 5 级。其中，1 级风险最低，如果达不到安全极限，这类反应过程是安全的；5 级风险最高，这类反应过程不应该在生产中出现。

化工过程反应危险性分级方法如图 3–1 所示。

1 级危险度：$T_p < MTSR < MTT < T_{D24}$

目标反应失控以后，最高温度没有达到系统的 MTT，且 $MTSR < T_{D24}$，不会引发二次反应。只有当反应物料在热累积状态下维持很长一段时间，才有可能达到 MTT，此时蒸发冷却能充当一个辅助的安全屏障。该类反应过程热风险低。

对于 1 级危险度的情形，不需要采取特殊的保护措施，但是反应物料不应长时间停留在热累积状态。只要设计合理，蒸发冷却和紧急泄压可起到安全屏障的作用。但是考虑到产生的气体可能导致密闭体系的压力增长，或开放体系的蒸气或气体的释放，应检测气体的产生情况。一般情况下，由于 $MTSR < T_{D24}$，气体的释放速率比较小，不会产生危害。

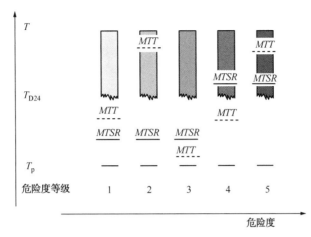

图 3-1　化工过程反应危险性分级

2 级危险度：$T_p<MTSR<T_{D24}<MTT$

目标反应失控以后，$MTSR<T_{D24}$，且 $MTSR<MTT$，与 1 级危险度情形相似，不会引发二次反应。但是，由于 MTT 高于 T_{D24}，如果反应物料长时间停留在热累积状态，会引发二次反应，并且达到 MTT，该过程会因气体、蒸气的释放引起缓慢但明显的压力增长。在这种情况下，如果沸点下的放热速率过大，可能会造成热危害。只要反应物料在热累积状态停留时间不长，则该类反应过程的热风险较低。

对于 2 级危险度的情形，如果可以避免热累积，该类反应过程不需要采取特殊的保护措施。如果累积的热不能被移走，蒸发冷却和紧急泄压最终可以起到安全屏障的作用，但应评估沸点下因气体、蒸气的释放引起的压力增长情况。对于物料累积由加料速率控制的半间歇反应，如果发生故障时不能立即切断进料，则反应危险性可能提高到 5 级，需要建立切断进料的联锁装置，避免出现非预期的反应物的累积。

3 级危险度：$T_p<MTT<MTSR<T_{D24}$

目标反应发生失控后，$MTSR>MTT$，系统会达到沸点，但由于 $MTSR<T_{D24}$，不会引发二次反应。这类反应过程的安全性取决于目标反应在沸点的放热速率，应对因气体、蒸气的释放而引起的压力增长进行必要的评估。

首先考虑的措施就是应用蒸发冷却或者减压使反应在受控状态下进行。以此来设计蒸馏装置，必须保证即使在公用工程发生失效的情况下装置也能正常运行。还可以设计备用冷却系统、紧急卸料或者骤冷等措施。也可以建立适用于两相流情形的压力泄放系统，并设置泄放物料收集系统，避免物料喷溅到设备之外，引发二次灾害。所有这些防护措施都必须保证在故障发生后能立即发挥作用。

4 级危险度：$T_p<MTT<T_{D24}<MTSR$

目标反应发生失控后，$MTSR>MTT$，系统会达到沸点，且由于 $MTSR>T_{D24}$，可能会引发二次反应。这类反应过程的安全性取决于目标反应和二次反应在沸点的放热速率。蒸发冷却或紧急泄压可以起到安全屏障作用，但如果技术措施失效，将引发二次反应。

所以，这种危险度的情形应当采取可靠的技术措施，设计思路与 3 级危险度情形一样，但应充分考虑二次反应附加的放热速率。这类反应过程热风险高，必须采取紧急卸料、投入反应抑制剂或骤冷等安全措施。

需要强调的是，由于该危险度情形 $MTSR$ 高于 T_{D24}，如果温度不能稳定在 MTT 水平，则可能引发二次反应。因此，二次反应的潜能不可忽略，必须包括在反应严重度的评估中。

5 级危险度：$T_p<T_{D24}<MTSR<MTT$

目标反应发生失控后，由于 $MTSR>T_{D24}$，且 $MTSR<MTT$，不存在沸腾冷却效应，因而将会引发二次反应，且温度在二次反应失控过程中将达到 MTT。这种情况下，蒸发冷却和紧急泄压很难再起到安全屏障的作用。这类反应过程的安全性取决于二次反应在沸点的热释放速率。

由于二次反应在 MTT 时的放热速率可能很大，会引起一个危险的压力增长。所以这是一种很危险的情形，危险级别最高，理论上不应该在生产中出现。

对于该危险度的情形，目标反应和二次反应之间没有安全屏障，因而只能采用骤冷或紧急卸料措施。由于多数情况下二次反应释放的能量很大，必须特别关注安全措施的设计。为了降低失控反应事故严重度或者减小触发二次反应的可能性，须对工艺进行重新设计。改进工艺设计，可以从以下几个方面考虑：降低反应物浓度；将间歇反应改为半间歇反应；优化半间歇反应的操作条件，如控制进料速率，并将其与温度和搅拌形成联锁关系，从而使物料累积保持在一个可接受的水平内；间歇反应改为连续操作；避免使用不稳定物料（提高 T_{D24} 水平）的合成路线等。

（2）化工过程反应危险性的其他判断方法

判断化工过程反应危险性的一般常用规则有：100℃规则、24h规则、50℃规则、沸点规则和冷却规则等。这类方法简单、方便，但是只是分别从严重度和可能性方面大体判断出化工过程反应危险性的程度，不能明确地作出分级。

3. 反应危险性实验技术

为了对一个化学反应过程的失控危险性进行分析，首先要研究原料、中间体、生成物的热稳定性；研究过程的主反应及可能的二次反应；掌握临界条件等。主反应危险性测试仪器主要有反应量热仪、C80 微量热仪；二次反应危险性采用的量热仪器和研究方法与物质热稳定性相同，只是测试样品为主反应产物。选择合适的量热仪模拟工况条件开展实验研究，可获得所需要的热危险性参数，用于反应过程的安全设计与操作。

（1）反应量热仪

反应量热仪，如 Mettler-Toledo 公司的 RC1e、ChemiSens 公司的 CPA，是工厂中反应釜的真实模型，可以模拟化学反应过程的情况。以 RC1e 反应量热仪为例，见图 3-2。在接近实际的条件下以立升规模模拟化学反应的具体过程或单个步骤，并测量和控制重要的过程变量，如温度、压力、加料方式、操作条件、混合过程、反应的热能、热传递数据及数据处理等。由该系统得出的结果可放大至工厂生产条件，或反过来，工厂中的生产过程能缩小到立升规模，从而利于开展反应危险性研究和安全条件优化。

（2）C80 微量热仪

C80 微量热仪除了常规的热扫描外，还可以根据实验需要，利用混合池、气体循环池、安全池等特殊反应池，实现反应物的隔离与混合、气相环境控制、压力控制等功能，从而开展特殊反应条件下的量热。

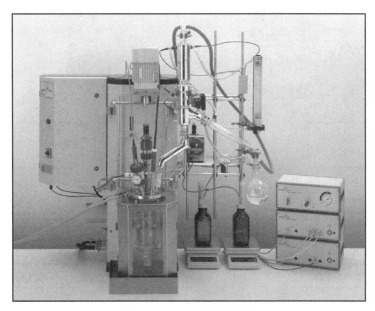

图 3-2　RC1e 实验装置图

4. 反应危险性评估

综合上述反应危险性的评估方法，以冷却失效情形下的反应失控模型为基础，有两套方法可以将反应危险性评估程序进行简化。

（1）简化法

利用潜在反应热进行初步判断，如果具有一定热危险，再获取相关数据，实施进一步的危险度分级。这种方法将问题尽量简化，把数据量减少到最小，快速、经济，用于初步的评价。

首先构建一个冷却失效情形作为评价的基础。图 3-3 提出的程序将严重度和可能性分开考虑，兼顾实验研究的经济性。其次，在所构建情形的基础上，确定危险度等级，作为选择和设计风险降低措施的依据。

（2）系统深入法

从最坏情形出发，进行更详细、更准确的评价。如图 3-4 所示，在评估流程的第一步假定最坏条件。例如对于一个反应，假设其物料累积度为 100%。评估的第一步是对反应物料的目标反应进行鉴别，考察反应热大小、放热速率的快慢，可以利用反应量热仪进行相关实验获得；对反应物料的热稳定性进行评估，可以通过不同阶段反应物料样品进行热扫描实验获得。在评估样品热稳定性时，较好的办法是选择具有代表性的反应物料进行研究。如果没有明显放热(绝热温升小于 50K)，且没有超压，评估工作可以到此结束。

如果放热显著，必须确定这些热量是来自目标反应还是二次反应：如果来自目标反应，必须研究放热速率、冷却能力、热累积等 MTSR 相关因素；如果来自二次反应，必须研究其动力学参数以确定 MTSR 时的 TMR_{ad}。

具体评估步骤如下：

① 首先考虑目标反应为间歇反应，此时物料累积度为 100%（按照最坏情况考虑问题），

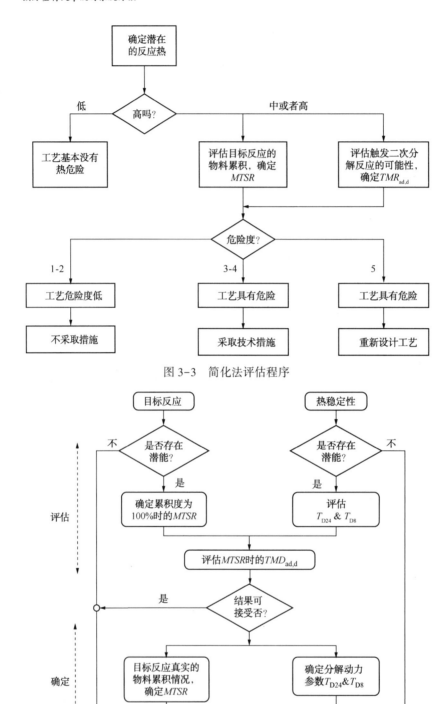

图 3-3　简化法评估程序

图 3-4　基于准确性递增原则的系统深入法评估流程

计算间歇反应的 $MTSR$。

② 计算二次反应 TMR_{ad} 为 24h 对应的温度 T_{D24}。如果所假设的最坏情况的后果不可接受，则必须保证所用参数的准确性。

③ 采用反应量热的方法确定目标反应中反应物的累积情况。反应量热法可以确定物料的真实累积情况。反应控制过程中要考虑最大放热速率与反应冷却能力相匹配、气体释放速率与反应器相匹配的问题。

④ 根据二次反应动力学确定 TMR_{ad} 与温度的函数关系，由此可以确定 TMR_{ad} 为 24h 对应的温度 T_{D24}。

5. 反应失控抑制技术

化工过程反应失控发生的原因较多，但主要可分为热化学原因、反应速率原因、传热原因及设备操作原因，具体如表 3-4 所示。

表 3-4　失控反应发生原因

主要原因	具体原因
热化学因素	（1）主反应或副反应大量放热； （2）反应失控时系统升温造成压力上升； （3）生成物受热分解
反应速率因素	（1）主副反应速率太快、放热太多； （2）达到失控反应的最大反应速率时间（TMR_{ad}）太短； （3）放热速率加速；加料过量、加料太快、不纯物污染、搅拌因素等
传热因素	（1）反应物质的比热小； （2）热传效果不佳； （3）系统的黏度升高； （4）生成物的比热变小
设备操作因素	（1）冷却方式不妥； （2）电源停止； （3）冷却系统故障； （4）紧急排放系统失效； （5）紧急情况的操作与训练不足

在化工过程预警、报警系统识别异常工况后，系统经过调整仍不能恢复正常运行，则失控风险增大。因此，应针对化工过程反应失控的危险性，建立多层次的反应失控抑制手段，有效降低反应失控发生的风险。反应失控的抑制手段可以是多层次、多种类的，主要包括：

① 控制加料。通过控制加料速率、加料方式来控制危险物料浓度。

② 应急冷却。一旦发生故障，可采用应急冷却以取代正常冷却系统。

③ 骤冷及稀释。有的反应可以通过加入适当的抑制剂或冷剂而被终止。例如，对于催化反应，可以加入催化剂失活剂使反应终止；对 pH 值敏感的反应，改变反应的 pH 值可以减缓或终止反应。这类反应只需要加入少量的抑制剂即可抑制失控的发生。对于无抑制剂的反应，则需注入大量惰性的冷剂稀释反应物料。

④ 紧急卸料。将危险物料紧急转移至装有抑制剂或稀释剂的容器中。

⑤ 控制减压。在失控初期，以及温升速率和放热速率相对较低时，可以采用减压措施。

以上失控抑制措施往往与报警、联锁措施相结合，抑制措施动作的判断条件一般根据失控反应研究所确定的安全临界条件提出。

分析以上反应失控的抑制手段可知，在失控反应即将发生时，最直接、最有效的抑制手段是注入反应抑制剂，来减缓或终止反应，将抑制剂注入动作与失控临界条件相关联，形成联锁，或者以此为工艺依据启动该措施。

三、气相燃爆危险性研究

化工生产装置中往往存在含有可燃气与氧化性气体的气相空间，化工生产过程的高温高压条件会使其燃烧爆炸性变得异常复杂。通过研究复杂气体燃烧爆炸影响因素、作用机理和预测技术，将其应用于作业场所动火前的安全条件分析、化工装置安全设计和安全条件论证，将会大大提高化工过程气相的本质安全。因此，化工过程中的气体燃爆危险性研究具有重要的现实意义。

气相爆炸最基本的三个条件为：有合适浓度的氧气、有合适浓度的燃料气体、有足够能量的点火源。由此三要素衍生出爆炸极限、氧平衡数、极限氧含量、最小点火能等多个与气相燃爆相关的指标参数，其中爆炸极限是衡量爆炸发生可能性的最重要指标。

1. 气体的爆炸极限

爆炸极限是指可燃气体与空气或氧化性气体混合后能发生燃烧或爆炸的最低和最高浓度。低浓度侧的极限值为爆炸下限(LEL)，高浓度侧的极限值为爆炸上限(UEL)，通常用可燃气体在空气中的体积分数(%)表示。

低精度的爆炸极限可以通过计算得到，通过安托万方程可以算出不同温度下的蒸气压数据，然后根据计算出的闪点温度下的蒸气压，再根据式(3-1)算出爆炸下限。

$$LFL = \frac{\text{闪点温度下的饱和蒸气压}}{101.325\text{kPa}} \qquad (3-1)$$

可采用式(3-2)来估算混合物的爆炸极限：

$$\frac{1}{L_{\text{mix}}} = \sum_{i=1}^{n} \frac{V_i}{L_i} \qquad (3-2)$$

式中 L_{mix}——混合气体的爆炸极限；

V_i——组分i的体积分数；

L_i——组分i的爆炸极限。

该式估算爆炸下限是较为准确，但估算爆炸上限时误差较大。真实的爆炸极限必须通过实验才能获得，通常在常温常压的初始条件下测试。相关实验方法在多个标准中都有明确规定。

爆炸极限范围越宽，爆炸危险性也就越大，但该参数并不是定值，而是受到温度、压力、点火能量等因素影响。

（1）压力的影响

混合气体的原始压力对爆炸极限有很大的影响，在增压的情况下，其爆炸区间也会扩大。按照 ASTM E918 高温高压下可燃性爆炸极限值的测定规程，对 $C_1 \sim C_4$ 烃类气体在初始压力分别为 0.1MPa、0.3MPa、0.5MPa 和 1.0MPa 时的爆炸上限进行了测试，如图 3-5 所示。

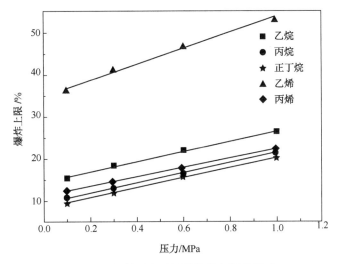

图 3-5 初始压力对烃类爆炸上限的影响

由图 3-5 看出，在初始压力为 0.1~1.0MPa 范围下，$C_1 \sim C_4$ 烃类气体爆炸上限与初始压力呈线性关系，并且在此范围内烃类气体爆炸上限随着初始压力升高而升高。从微观角度来说，由于系统压力增高，其分子间距更为接近，碰撞几率增高，因此燃烧反应的进行更为容易。压力降低，则爆炸极限范围缩小，待压力降至某值时，其下限与上限重合，将此时的最低压力称为爆炸的临界压力。若压力降至临界压力以下，系统就不爆炸。因此，在密闭容器内进行减压（负压）操作对安全生产有利。

（2）温度的影响

爆炸性气体混合物的初始温度越高，则爆炸极限范围越大，即爆炸下限降低而爆炸上限增高。因为系统温度升高，其分子内能增加，使更多的气体分子处于激发态，原来不燃的混合气体成为可燃、可爆系统，所以温度升高使爆炸危险性增大。例如瓦斯的爆炸极限受温度影响的情况如表 3-5 所示。

表 3-5 瓦斯在不同温度下的爆炸极限

温度/℃	爆炸下限/%（体积分数）	爆炸上限/%（体积分数）
20	6.0	13.4
100	5.5	13.5
300	5.4	14.3
600	3.4	16.4
700	3.3	18.8

（3）惰性介质及杂质的影响

若混合气体中所含惰性气体的含量增加，可使爆炸极限的范围缩小，直至不爆炸。如在甲烷的混合气体中加入惰性气体(氮气、二氧化碳、水蒸气等),随着混合气体中惰性气体量的增加,对上限的影响较之对下限的影响更为显著。因为惰性气体浓度加大,表示氧的浓度相对减少,而在上限中氧的浓度本来已经很小,故惰性气体浓度稍微增加一点,即产生很大影响,而使爆炸上限剧烈下降。图 3-6 给出了几种不同的惰性气体对甲烷爆炸极限的影响关系。对于有气体参与的反应,杂质也有很大的影响。例如如果没有水,干燥的氯就没有氧化的性能,干燥的空气也完全不能氧化钠或磷。干燥的氢和氧的混合气体在较高的温度下不会产生爆炸。痕量的水会急剧加速溴、氯氧化物等物质的分解。少量的硫化氢会大大降低水煤气和混合气体的燃点,并因此促使其爆炸。

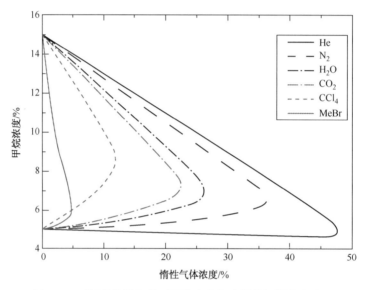

图 3-6　不同的惰性气体对甲烷在空气中爆炸极限的影响图

(4)容器尺寸、材质的影响

充装容器的尺寸、材质等,对物质爆炸极限均有影响。实验证明,容器管子直径越小,爆炸极限范围越小。同一可燃物质,管径越小,其火焰蔓延速度亦越小。当管径(或火焰通道)小到一定程度时,火焰即不能通过。这一间距称最大灭火间距,亦称之为临界直径。燃烧与爆炸是由自由基产生一系列连锁反应的结果,只有当新生自由基大于消失的自由基时,燃烧才能继续。但随着管道直径(尺寸)的减小,自由基与管道壁的碰撞概率相应增大。当尺寸减少到一定程度时,即因自由基(与器壁碰撞)消毁大于自由基产生速度,燃烧反应便不能继续进行。在大管径中燃烧的混合物在小管径中熄灭,这是由于管子直径减小增加了热损失的结果。

容器材料也有很大的影响,例如氢和氟在玻璃器皿中混合,即使放在液态空气温度下于黑暗中也会发生爆炸,而在银制器皿中,在常温以上时才能发生反应。

(5)点火能的影响

气体爆炸的最小点火能量 E_{min} 是模拟气体点火敏感度的一个参量。可燃气体的点火能量很低,只有几十到几百微焦耳量级,因此极易被点燃。常见碳氢化合物和空气混合气体的最小点火能约为 0.25mJ 量级,而氢与空气混合物的就更小,约为 0.017mJ。与此对比,常见粉尘云的最小点火能在50mJ量级。也就是说，可燃气体最小点火能比粉尘要小2~3个量级，即相对来说它们的点火敏感度要高得多，相应的危险性也大得多，这是气体爆炸的一个重要特点。

假设人体电容为200pF，化纤衣服静电电位为15kV，其放电能量为22.5mJ，这足以使混合气体点火。因此，对可燃气体场所，应特别加强点火源的控制。在防爆电气设计中，对气体的防爆等级明显高于粉尘防爆等级。

2. 气体的爆炸后果

气体爆炸后果可由火焰燃烧速度、火焰温度、爆炸压力、压力上升速率等参数表征。

火焰相对于前方已扰动气体的运动速度叫燃烧速度，它与反应物质有关，是反应物质的特征量。常温、常压下的层流燃烧速度叫标准层流燃烧速度，或基本燃烧速度。火焰速度则是相对于静止坐标系的速度，它不是燃料的特征量，而取决于火焰阵面前气流的扰动情况。混合气体的燃烧速度和火焰速度是与爆炸猛烈程度直接相关的参量，燃烧速度大的气体具有较大的危害性和破坏性。其中燃烧速度较难测量，而火焰速度则较易测量。在极端情况下，由于火焰加速而使燃烧转变为爆轰，达到最大破坏效应。

由于火焰温度对化学反应速率所起到的作用，火焰温度是燃烧最重要的一个性质。火焰温度既可以通过实验测量出来，又可以通过计算得到。为了方便起见，引入了绝热火焰温度的概念。绝热火焰温度指的是，在一定的初始温度和压力下，给定的燃料（包含燃料和氧化剂）在等压绝热条件下进行化学反应，此时燃烧系统（属于封闭系统）所达到的终态温度。在实际中，火焰的热量有一部分以热辐射和对流的方式损失掉了，所以绝热火焰温度基本上不可能达到。然而，绝热火焰温度在燃烧效率和热量传递的计算中起到很重要的作用。对于高温火焰（高于1800K），燃烧产物发生了分解反应，不但体积增大，还吸收了大量的热量。在低温时，混合物燃烧后的产物应该只有CO_2和H_2O，然而这些产物很不稳定，只要温度稍高一点，就可能部分转变为简单的分子、原子和离子形式。在相应转变过程中，能量被吸收，最大火焰温度也相应地被减小了。绝热火焰温度的影响因素很多，主要有空气/燃料比、初始温度和初始压力。

可燃性气体爆炸时对容器产生的压力为爆炸压力，它是对可燃性混合气体所含热能转化为做功能力或破坏力的一个量度。当爆炸压力超过容器的极限强度时，容器便发生破裂。所以爆炸压力是防爆设备强度设计的重要依据。可燃性混合气体的最大爆炸压力是在规定条件下，点燃该气体后，爆炸压力可以达到的最大值。理论上的爆炸最高温度可根据反应热进行计算，也可以根据燃烧反应方程式和气体的内能进行计算。平均爆炸压力上升速率定义为压力-时间曲线上升段的平均斜率，即压力差除以时间差的商。平均爆炸压力上升速率是衡量燃烧速率的标准，也就是衡量爆炸强度的标准。

可燃气体与空气混合形成可燃气云，可燃气云的性质不仅影响气云爆燃的强度，而且与气云的点火难易程度有关。可燃气云性质对爆炸后果的影响因素主要有以下几个方面。

（1）可燃气种类与含量

可燃气云爆燃的可能性及后果在很大程度上取决于可燃气体种类。在相同的外界环境中，不同种类的可燃气云爆燃强度不同，主要是因为可燃气体的活性不同。可燃气体反应活性越强，分子扩散快，则它爆燃产生的火焰速度和超压值越高，产生爆轰的可能性也越大。一般按反应活性高低，把可燃气体分为三类，如表3-6所示。

表3-6　可燃气体反应活性分类

反应活性	可燃气体
低	氨、甲烷、氯、乙烯
中	乙烷、丙烷、乙烯、正丁烷、高烷烃
高	氢、乙炔、苯

可燃气体密度虽然不影响气云爆燃强度，但对可燃气云的形成有重要影响。密度相对于空气小的可燃气体在空气中将向上飘移，不会在地面上形成很大的气云，这能够减小近地面物体所受爆燃的危害；密度较大的可燃气体泄漏时贴着地面运动，可进入隧道、地下沟槽及其他一些受到限制的区域，这有利于在地面上形成体积较大的气云，潜在的危害就比较大。

可燃气体含量越接近上、下可燃极限，燃烧速度越低，爆燃强度越低。在密闭容器中，当可燃气体以上、下可燃极限的比例与空气混合并且引爆，此时产生的压力是初始压力的4~5倍；当可燃气体与空气以化学计算浓度配比引爆时，产生的压力可达初始压力的7~8倍。可燃气体和空气混合物的燃烧速度和放热量均随浓度而变化，化学计量浓度的1.1~1.5倍为最危险浓度，其燃烧速度及相应的爆燃反应热也将达到极大值，在此浓度下爆燃强度最高，破坏效应最严重。

（2）爆燃空间结构

研究表明，如果在爆炸波传播的方向上没有障碍物时，低能量点燃的预混气体爆炸一般不会产生破坏性超压，形成的爆炸也容易得到控制。实际上，许多气体爆炸发生在可能含有隔板、隔墙、机器、通道、风门、换热管道、连通门等障碍物的地方。几乎所有的相关研究都表明：火焰传播方向上的障碍物可以增加火焰速度和超压。障碍物使爆炸波受到阻塞，火焰传播速度因此迅速提高，可能会诱导激波的产生，而激波的产生会大大加强对附近构筑物的破坏作用，即使不产生激波，这种爆炸波形变化幅度增大的现象对构筑物也是极为有害的，极易导致构筑物的破坏。

如果可燃气在有外部约束的区域形成，气体所受的外界约束越多、越大、越复杂，爆燃产生的超压就越高。在火焰到达障碍物之前，未燃混合物的平移流动就建立了速度梯度场和围绕障碍物的伴随流场；火焰到达障碍物后，随着火焰沿速度梯度场的聚汇，火焰表面被迅速拉伸，在尾迹流中剪切层使局部燃烧速度得到相当程度的增大。而随着火焰阵面在速度梯度场中传播，整个火焰阵面发生伸长和折叠。火焰的变形将在一个较大表面上消耗可燃气体和氧气，导致热释放率增加，燃烧速度增加；较高的燃烧速度又导致了火焰前面未燃混合物有较大的平移速度，引起速度梯度的进一步增大，导致了更强烈的火焰伸长和折叠，进而又使燃烧速度增加，从而使爆燃强度提高。

（3）点火能量与位置

点火能量对可燃气爆燃有重要影响。采用弱点火源时，可燃气云爆炸只能发生爆燃，超压在kPa量级，而采用强点火源(如高能炸药)点火时，则有可能直接引发爆轰，超压可达MPa量级，这主要用于军事目的，已超出工业可燃气云爆燃灾害研究范畴。

点火位置不同可以引起爆燃超压数量级的变化，在可燃气中心点火，爆燃超压要高于在气云边缘处点火；在局部受约束区域(如一端开口的容器)，在容器内部点火，超压要高于开口处点火。

四、工艺安全泄放技术

在化工生产、储存和运输过程中，由于工艺条件的波动、操作或控制失误等原因，可能造成物料或能量(或两者)在承压设备内的累积，致使物料的流动或其能量处于非平衡状态。若设备内部压力超过了设备的承压极限，将造成设备发生超压破坏，引发火灾、爆炸等严重事故。超压严重威胁压力设备的安全运行，在无法改变工艺、结构设计的情况下，超压安全泄放是最为有效而且经济的安全技术措施之一。

1. 超压类型

按引起物料或能量(或两者)发生累积的不同途径，可将超压分成物理超压和化学超压两大类，见图3-7。

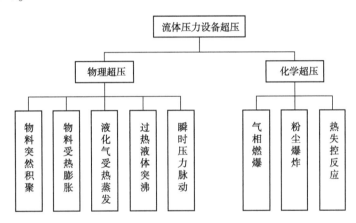

图3-7 流体压力设备的超压类型

(1) 物理超压

物理超压是指引起超压的介质其化学性质不发生变化，仅仅是由于外部原因导致系统内介质的压力、温度、体积等状态参数发生较大变化，并在一定时间内释放出一定的能量，对设备做功而引起设备超压破坏。产生物理超压的原因主要包括设备内物料的突然积聚、物料受热膨胀、过热液体突沸、瞬时压力脉动、饱和液化气受热蒸发等因素。

(2) 化学超压

化学超压包括气相燃爆超压、粉尘爆炸超压和化学反应失控超压，由于在化工生产过程粉尘燃爆超压较少见，下面介绍化工生产过程中较为常见的气相燃爆超压和化学反应失控超压。

① 气相燃爆超压

可燃气体(或蒸气)与空气等氧化性气体混合的浓度进入燃爆极限时，若被具备一定能量的点火源点燃则发生气体燃爆。在压力容器等受限空间发生气体燃爆，一般是由操作失误、控制失灵或机械原因引起，这是化工、石化行业中一种最危险的超压现象。

可燃气体燃爆超压是由于可燃性气体与氧化介质发生剧烈快速的化学反应放出大量的热，生成高温高压的气体产物而导致的超压，在极短的时间（毫秒级）内便可将压力升至初始压力的 10 倍左右。与物理超压不同，化学爆炸具有以下 3 个特征：反应过程放热，反应速度极快并能自动传播，反应过程中生成大量的气体产物。反应的放热性保证了反应在较小能量的引爆后能持续为反应提供所需的能量。爆炸的过程自动传播使反应能继续进行。高速反应使能量密度大，释放时具有强大的破坏力。

② 化学反应失控超压

化学反应热失控是指反应系统因反应放热而使温度升高，温度的上升又使反应速率加快，在经历了"放热反应加速温度再升高再加速再升高"的过程之后，超过了反应器冷却能力的控制极限，反应物、产物分解，生成大量气体，压力急剧升高，最终导致喷料，反应器破坏，甚至燃烧、爆炸的现象。

反应热失去控制是反应失控的根本原因。工业生产中，反应失控造成的事故时有发生，导致反应过程中发生失控的原因包括：工艺本身存在问题；物料分解等副反应放热量过大；催化剂失效或者催化剂使用不当；原料不纯被污染；溶剂的耗损，例如挥发性稀释剂的挥发；进料的错误，例如装料计量的错误或者装料顺序的错误；反应温度控制问题，温度过低，容易发生物料积聚，温度过高，反应速率过快；冷却能力不足或者失效，例如冷却水停止循环，因停电搅拌停止转动，造成局部过热；维护保养的问题，例如管线堵塞；人为误操作等。

2. 超压安全泄放基本原理

安全泄放是指密闭容器内一旦发生超压，承压设备的特定部位就会自动敞开，将引起设备超压的"多余的"物料或能量（或两者）排放到指定的安全位置，使设备内的压力始终保持在规定的范围之内，从而避免设备因超压造成过度的塑性变形甚至破裂。泄放是以容器的一定抗压强度为前提，通过合理设计泄放压力和泄压面积，及配备合适的泄放处理系统，便可达到安全泄放目的。

泄放装置动作后，能否将设备内的压力限制在某一规定压力下，取决于设备的安全泄放量和泄放装置的排放能力。前者指在维持设备内的压力不超过其规定压力值（通常是指容器的设计压力）的前提下，设备在单位时间内必须从泄放口泄放出去的流体量，通常由流体介质质量流量 W_S 表示；后者指在安全泄放装置处于泄放压力与泄放温度条件下的全开状态时，在单位时间内能够从泄放口排放出去的流体量，由泄放装置的泄放面积决定，用 W 表示。

根据安全泄放装置的泄放能力不同，可以将泄放分为平衡泄放和非平衡泄放（见图 3-8）。若泄放装置的排放能力正好等于承压设备的安全泄放量，则在泄放装置动作后，设备内的压力就不会再继续升高，这种情况称为平衡泄放。此时，泄放装置的动作压力可接近于容器的最大许用压力 p_{mawp}。如果泄放装置动作后的泄放能力小于容器所需的泄放量，尽管泄放已经开始，但容器内的压力还会继续上升至 p_m，这个压力高于安全泄放装置的动作

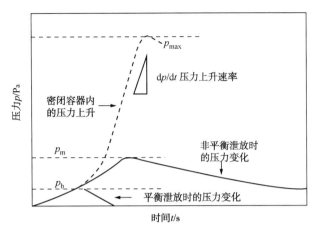

图 3-8　泄放过程中承压设备内的压力变化

压力 p_b，但不超过容器的最大许用压力 p_{mawp}，以保证设备安全，这种情况称为非平衡泄放。承压设备或管道的安全泄放设计一般选择平衡泄放，设计条件为：

$$W \geqslant W_S \qquad\qquad (3-3)$$

3. 超压安全泄放装置

安全泄放装置是安装在承压设备上的安全设施，当设备内压力超过泄放装置的设定值时，及时将设备内的压力泄放至安全范围内，防止承压设备发生超压破坏。安全泄放装置从功能上分，有阀型、断裂型、熔化型和组合型；从作用原理上分，有压力敏感型和温度敏感型；从使用角度分，有一次性使用型（非自动复位型）和可重复使用型（自动复位型）等。常见的安全阀和爆破片属于压力敏感型，是目前石油化工领域应用最广泛的两种安全泄放装置。安全阀和爆破片特点对比及适用范围如表 3-7 所示。

表 3-7　爆破片与安全阀特点及适用范围

对比内容			爆破片	安全阀
结构型式	1	品种	多	较少
	2	基本结构	简单	复杂
适用范围	3	口径范围	3~1000mm	4.5~200mm
	4	压力范围	0.001~500MPa	几百帕~几十兆帕
	5	温度范围	−250~500℃	约为−200~500℃
	6	介质腐蚀性	可选用各种耐腐蚀材料或可作简单防护	耐腐蚀材料有限，防腐结构复杂，成本高
	7	介质黏稠、有沉淀、结晶等	不影响动作	明显影响动作
	8	对温度敏感性	高温、低温均敏感	不很敏感
	9	工作压力与动作压力差额	较大	较小
	10	经常超压场合	不适用	适用

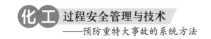

续表

	对比内容		爆破片	安全阀
防超压动作	11	动作特点	一次性爆破	泄压后复位，多次用
	12	灵敏性	惯性小，反应迅速（1ms）	不很及时（10ms 以上）
	13	正确性	一般±5%	波动幅度大
	14	可靠性	受损后爆破压力变化大	不起跳或不闭合
	15	密闭性	优良，无泄漏	一般，可能泄漏
	16	动作后的损失	较大，更换后恢复生产	较小，复位后正常生产
维护与更换	17		简单	较复杂

安全阀是一种安全保护用阀，它的启闭件受外力作用下处于常闭状态，当设备或管道内的介质压力升高，超过规定值时自动开启，通过向系统外排放介质来防止管道或设备内介质压力超过规定数值。安全阀属于自动阀类，主要用于锅炉、压力容器和管道上，控制压力不超过规定值，对人身安全和设备运行起重要保护作用。在石油化工应用领域，有关安全阀安全设施的标准包括：GB/T 12241《安全阀　一般要求》、GB/T 12242《压力释放装置 性能试验规范》、GB/T 12243—2005《弹簧直接载荷式安全阀》、SY/T 0525.1—1993《石油储罐液压安全阀》、JB/T 6441—2008《压缩机用安全阀》、ANSI/UL 132—2002《无水氨气和液化石油气的安全阀的安全标准》、JIS B8225—2012《安全阀——排放系数的测定方法》、JIS E7701—1992《高压气罐车用气罐安全阀》、JB/T 2203—2013《弹簧直接载荷式安全阀结构长度》、HG 3157—2005《液化气体罐车用弹簧安全阀》等。

爆破片是压力容器、管道的重要安全泄放装置。它能在规定的温度和压力下爆破、泄放压力，可以在黏稠、高温、低温、腐蚀的环境下可靠地工作，还是超高压容器的理想安全装置。爆破片泄放装置具有结构简单、灵敏、准确、无泄漏、泄放能力强等优点。被广泛用于引进的石油、化工、化肥、医药、冶金等大型承压设备、管道上。

自 1931 年世界上第一个爆破片诞生以来，美国 BS&B 公司就是爆破片及夹持器设计与生产领域中的技术领先者，制定了相关的技术标准，在工程中得到广泛应用。

从 20 世纪 70 年代末起，在大型石化装置成套引进的过程中，爆破片作为安全附件被引入后，国内在化工压力容器物理超压泄放领域的研究进入起步阶段。大连理工大学、华东理工大学等一些高校和科研院所对爆破片技术进行了大量研究，并取得了一系列成果。大连理工大学的安全装备厂在新型爆破片研发方面做了很多工作，并于 1989 年编写了我国第一部爆破片技术标准 GB 567—1989《拱形金属爆破片技术条件》。该标准中爆破片泄放能力的计算公式，是在对渐缩管的流体力学和热力学分析的基础之上，结合德国 Aachen 大学（RWTH）所做的实验工作而得出的，与国际同类标准相比较保守；但是由于没有对容器接管和排放管的长度做出限定，在某些场景下容易得出偏危险的结果。随后我国发布了 GB 567—1999《爆破片与爆破片装置》，扩大其适用范围，该标准适用于压力容器、管道或其他密闭空间防止超压或出现过度真空的爆破片和爆破片装置。爆破片的爆破压力最高不大于 500MPa，最低不小于 0.001MPa。

4. 超压安全泄放设计方法

（1）物理超压安全泄放设计方法

物理超压安全泄放的研究较为成熟，国内外有很多相关的设计标准，其中较有代表性和权威性的标准，如 ASME BPVC 第Ⅷ卷的附录 11、API 520、ISO 4126、GB 567—2012、GB/T 150 的附录 B、《压力容器安全技术监察规程》的附件五等。此外还有许多安全泄放装置的制造商，在设计、生产过程中积累了丰富的经验，其开发的设计方法在工程上得到了广泛的应用。例如，BS&B 公司开发了两种设计方法：第一种是表格法，分为气体、液体和蒸气三类，是一种近似的设计方法；第二种是利用简化的流量公式配合诺模图进行设计计算，得出的结果精度较高。

各标准提供的设计方法基本相同，使用的计算公式相近，仅在单位制和个别系数上有细微的差别。在这些标准中，API 520 除 4 种泄放介质的状态，还包含了两相流泄放，故其最为广泛。从标准满足的设计要求来看，API 520 考虑了安全阀和爆破片组合使用的情况，较其他标准全面。从提供的参数图、表、关联式的数量上来看，API 520 也是最多的。

（2）气相燃爆超压安全泄放设计方法

由于气相燃爆泄放过程是一个耦合了可燃介质流动与热化学反应的复杂的非定常态过程，受到燃料性质、容器形状、流动状态、泄爆口位置、面积、泄爆压力等诸多因素的影响，泄放过程中的压力变化极其复杂，迄今为止，还没有形成较为全面、有效的泄爆理论来指导燃爆泄放设计。近几十年来，国内外已进行了大量的工业气体泄爆实验研究，基于大量的实验资料和观测，逐渐形成了供工程应用的开口泄爆设计规范，如美国消防协会标准 NFPA 68 和原西德工程师协会标准 VDI 3673，但由于缺乏恰当的理论指导，虽然耗费了巨大的人力物力，而应用的适用性、通用性却不能让人很满意。

（3）化学反应失控超压安全泄放设计方法

① 化学反应失控泄放类型

在发生化学反应失控时，反应器（或承压设备内）的压力升高可能是由于蒸气、反应生成的不凝性气体或两者共同作用产生的。按照引起系统压力升高的介质类型不同，通常可将化学反应失控超压安全泄放分为蒸气型、气体型和混合型三种泄放类型，见图 3-9。

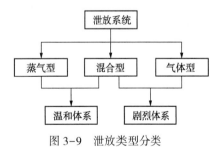

图 3-9　泄放类型分类

蒸气型：失控反应产生的压力完全是由于反应体系中的蒸气压产生，在热失控时系统内压力随着反应体系温度的增加而增加。蒸气型泄放较为温和，因为在足够的泄放速率下，由蒸气带出的潜热能够使容器内部的温度基本保持恒定。但在实际过程中，由于反应或易挥发组分的挥发导致的液相组分的变化会引起温度轻微波动。由于大多反应速率是温度的函数，这样便达到了控制反应的目的。然而，对于反应取决于 pH 值或自催化反应，即使温度恒定，其反应速率仍会增加。值得注意的是：若溶剂在失控过程中蒸干，温和型将转变为剧烈型。

气体型：失控反应产生的压力完全是由于化学反应过程中放出的不可凝性气体所致。气体型泄放为剧烈型泄放，因为压力的泄放不能控制温度或反应速率。

混合型：随反应体系温度的升高，系统内压力由反应过程产生的气体和蒸气共同作用的结果决定。混合型泄放有温和的也有剧烈的，取决于特定压力下蒸气与气体生成的相对速率。泄放过程中系统压力的逐步降低，增大了蒸气压在总压中所占的比例，因此泄放类型倾向于向温和型转变；但在某些情况下，也会增加溶剂蒸干的可能性。若蒸气压小于总压的10%，混合型可被当做剧烈型泄放。

除按失控反应原因分类之外，还可以按泄放后的流动状态和流体黏性进行分类。

流体的流动状态根据组分可以分为单相流和多相流。单相流是指经过管道或设备的流体仅由一个液相或一个气相组成，多相流是两种或两种以上不同相的流体混合在一起的流动。热失控反应造成的流动通常是气体/蒸气的单相流和气液两相流，其中绝大多数为两相流，其泄放过程见图3-10。

图3-10　两相流泄放示意图

根据反应体系流体的黏度，将泄放类型分为层流泄放和湍流泄放，如图3-11所示。黏性流体的流动特性由雷诺数的大小决定，利用雷诺数可以区分流体的流动是层流或湍流，也可以用来确定物体在流体中所受到的阻力。雷诺数小，意味着流体流动各质点间的黏性力占主要地位，流体各质点平行于管路内壁有规则地流动，呈现层流流动状态。雷诺数大，意味着惯性力占主要地位，流体呈湍流流动状态。

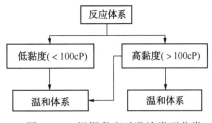

图3-11　根据黏度对泄放类型分类

② 化学反应失控超压安全泄放设计评估方法

目前，国内外关于化学反应失控超压安全泄放技术的研究还不是很成熟，对于化学反应失控超压安全泄放装置的设计和选型还没有形成统一的规范或标准。国外从20世纪70年代就开始了化学反应失控超压紧急泄放的研究，早期泄放系统的设计是建立在蒸气气体泄放和液体泄放的基础上，结果往往过于保守，具有一定的局限性。随着对反应失控的深入研究，美国紧急泄放系统研究所(Design Institute for Emergency Relief Systems，DIERS)研发出针对反应失控超压泄放的实验设备，针对蒸气体系、气体体系以及混合体系进行了紧急泄放面积的设计，提出了 DIERS 模型，经过 30 多年的发展，逐步形成了 DIERS 方法体系，代表着该领域的技术发展水平，其评估程序见图 3-12。

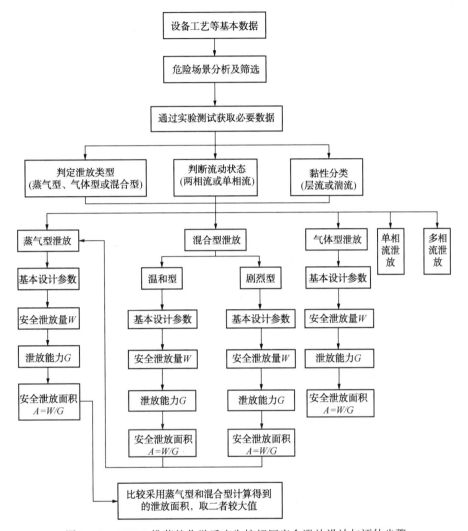

图 3-12　DIERS 推荐的化学反应失控超压安全泄放设计与评估步骤

5. 超压安全泄放研究的实验设备

超压安全泄放系统的设计需要直接应用到工业生产的反应器中，然而实验室规模的反应器的比表面积(反应器热交换面积与反应器体积的比值，m^{-1})往往与生产规模的反应器相差几个数量级。所以将实验室规模的研究结果比例放大到生产规模时，存在两个重要的影响因素：

（1）热散失

通常工业生产中的反应器都是隔热的，然而当温度较高时，热散失(heat loss)的影响越来越明显，很难实现真正的绝热状态。热散失通常需要考虑辐射热散失和自然对流热散失，可以通过比热散失系数 α[单位质量的热散失速率，W/(kg·K)]对其进行表征。表 3-8 列出了一些比热散失系数 α 的数值，并对比列出实验室规模设备的比热散失系数，这些数值是通过容器自然冷却，确定冷却半衰期得到的。工业规模的反应器和实验室规模的设备热散失可能相差几个数量级，这就解释了为什么放热化学反应在小规模试验中发现不了其热效应，而在大规模设备中却可能变得很危险。

表3-8 工业器和实验室设备的典型热散失

容器容量	比热散失系数/[W/(kg·K)]	容器容量	比热散失系数/[W/(kg·K)]
2.5m³反应器	0.054	10mL试管	5.91
5m³反应器	0.027	100mL玻璃烧杯	3.68
12.7m³反应器	0.020	1L杜瓦瓶	0.018
25m³反应器	0.005		

（2）热惯量

实验室规模的量热仪，反应中样品释放的热量有很大一部分不可避免地用来加热样品容器（如测试池等），而对于生产规模的反应器，这部分的热量很少。通常用热惯量（thermal inertia）ϕ因子来表征。

ϕ值是反应热安全中的一个重要参数，亦称绝热因子，用于表征容器本身吸收的热量占反应释放总能量的比例。在高值的测试系统中，反应所释放的大部分能量被容器吸收，从而影响体系自身温度升高的进程，并且会导致最终获取的绝热温升大大降低。在低值的测试系统中，反应释放的能量基本上被保留在体系中而没有热损失，这会最大限度地提高体系的绝热温升并加速其进程，从而更真实地表征反应放热量及危险性。

工业生产中反应器装有的反应物料质量较大，所以反应器吸收的热量实际只占整个系统放热量的很小一部分。而实验室规模的测试设备，由于样品量仅为克级，因此容器吸热量占整个系统放热量的比例相对较大。为了能够将实验室规模的研究结果比例放大到生产规模，并获取压力安全泄放设计的数据，反应量热设备必须具备两个基本条件：

① 绝热性能良好，热散失系数低；
② 测试容器能够达到较低的热惯量，范围在1.05~1.20之间。

目前，能够满足上述条件的安全泄放实验设备主要包括泄放尺寸量热仪（VSP2）、高性能绝热量热仪（Phi-TEC Ⅱ）、加速量热仪（ARC）、自动压力跟踪绝热量热仪（APTAC）以及绝热杜瓦量热仪（ADC）等。这些仪器的原理类似，即通过输入外部热量，使环境温度跟踪反应物温度以制造绝热环境，从而达到通过小剂量试验来模拟工业规模装置实际状况的目的。不同之处主要是由于试样剂量的差别，导致热惰性因子不同。其中，VSP2绝热量热仪的开发最初由美国紧急泄放系统设计所（DIERS）发起，最适用于超压安全泄放设计的研究。

第三节 应用案例

一、工艺安全技术研究成果

中国石化青岛安全工程研究院针对数十套典型危险工艺开展了工况条件下的工艺危险性研究与评估，并先后在众多企业进行了应用。在物质稳定性、反应失控危险性和气相燃爆危险性研究的基础上，将安全敏感性参数，如温度、pH 值、温升速率、压升速率等特征参数作为判定条件，实现反应失控早期诊断与预警，用以指导工艺过程的安全操作，防止工艺运行状态由异常工况向事故演变；并提出工艺过程危险部位的安全临界条件，与切断进料、紧急冷却、反应抑制等形成安全联锁，从而有效预防事故的发生。开展的典型研究如下：

（1）己内酰胺工艺重排反应；

（2）相转移法双氧水氧化氯丙烯制环氧氯丙烷；

（3）TS-1 固定床法双氧水氧化丙烯制环氧（氯）丙烷；

（4）合成气制乙二醇装置的亚硝酸甲酯分解；

（5）乙炔与醋酸合成醋酸乙烯；

（6）双氧水装置萃取、精馏过程的双氧水分解反应；

（7）过氧丙酸氧化环己酮制 ε-己内酯；

（8）环己烷氧化制环己酮；

（9）环己酮氨肟化反应；

（10）硝基苯精馏液分解反应；

（11）乙烯氧化制环氧乙烷；

（12）环氧乙烷精馏过程自聚反应；

（13）醋酸乙烯聚合反应；

（14）己内酯聚合反应；

（15）生产聚合物多元醇的聚合反应；

（16）多组分可燃气的变压吸附等。

二、物质稳定性的研究案例——偶氮二异丁腈（AIBN）的热稳定性实验研究

AIBN 是被广泛用于氯乙烯、醋酸乙烯、丙烯腈等单体聚合反应的引发剂，作为典型的自反应性物质，在生产、运输、储存或处置等过程中极易分解，曾发生过多起由其引发的重大事故。大部分聚合引发剂分子中含有不稳定的"—O—O—"、"—N＝N—"等化学键，化学性质不稳定。在运输、储存及使用聚合引发剂过程中，如果温度控制不当、未严格按照包装要求进行包装、与其他物质发生反应、产生撞击或摩擦、浓度控制不当等，极易引发火灾、爆炸等灾害性事故。因此，有必要了解 AIBN 的热稳定性，进而明确其生产、储运和使用过程中的安全控制条件。

研究人员利用微量热仪设计了一系列试验，研究其热稳定性，试验中其升温速率为 $0.2 \sim 2.0 \, ℃/min$，样品组成如表 3-9 所示。

表 3-9　试验样品的组成

序号	样品组成/mg	总质量/mg
1	纯 AIBN：229	229
2	AIBN：310，H_2O：36.3	346.3
3	AIBN：278.6，混合酸：34.5	313
4	AIBN：293，NaOH：39	332
5	AIBN：317.8，NaCl：29.3	347.1
6	AIBN：289.2，Fe：30.3	319.5

试验得到的热流-温度曲线如图 3-13 所示。

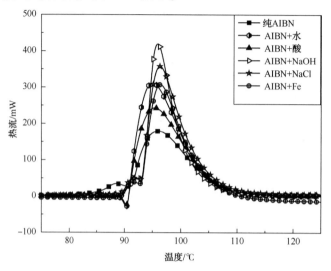

图 3-13   AIBN 及 AIBN 与不同杂质的混合物的热流-温度曲线

表 3-10 为 C600 测试得到的 T_o，C600 的温升速率变化对 AIBN 的 T_o 具有较大的影响，温升速率越小，C600 检测到的 T_o 就越低。

表 3-10   C600 测试得到的 T_o

样品名称	升温速率 $\beta/(K \cdot min^{-1})$	质量 m/g	$T_o/℃$
AIBN	0.2	0.170	85.02
	0.5	0.1966	88.13
	1.0	0.229	91.147
	2.0	0.2218	94.66

C600 可以直接测试物质的反应放热量 H，如表 3-11 所示。

表 3-11   C600 测试得到的 H

样品名称	升温速率 $\beta/$ ($K \cdot min^{-1}$)	质量 m/g	$H/(J \cdot g^{-1})$	平均值/$(J \cdot g^{-1})$	危险程度
AIBN	0.2	0.170	1106.8	1086.03	放热，不易燃爆
	0.5	0.1966	1096		
	1.0	0.229	1094.7		
	2.0	0.2218	1046.6		

C600 可以根据测试的 H 得到对应的温度得出 $T_{0.5}$ 的值，进而计算得到长期操作最高安全温度 T_{exo}，如表 3-12 所示。

表 3-12   C600 测试得到的 T_{exo}

样品名称	$T_{0.5}/℃$	$T_{exo}/℃$
AIBN	63.84	53

可以计算得到 C600 测试 AIBN 的 1h、8h、24h、50h 和 100h 对应的起始温度，结果见表 3-13。随着达到最大反应速率时间的增加，相对应的起始温度越来越低，其危险性也随之增大。

表 3-13 C600 测试 TMR_{ad} 对应的超始温度

TMR_{ad}/h	1	8	24	50	100
AIBN	73.52	68.19	65.77	64.25	62.77

根据上述研究，AIBN 储存、运输时的温度控制可按照表 3-14 中列举的温度。

表 3-14 AIBN 的控制温度和报警温度

物质名称	控制温度/℃	报警温度/℃
AIBN	35	40

当环境温度低于控制温度时，应密切监控聚合引发剂的内部温度，确保内部温度未出现升高，若内部温度出现升高，应采用合适的减敏物质对聚合引发剂进行稀释，同时启动冷却系统；当环境温度等于或高于控制温度但低于报警温度时，应立即采用相应的温度防控措施，降低环境温度，确保温度不超过控制温度；当环境温度等于或高于报警温度时，应严格控制环境温度，并采用有效的措施防止环境温度低于报警温度。

为增加温度控制能力，可采取的防止超过控制温度的方法有：

（1）在 AIBN 储存、使用等区域应严格控制和消除引火源，确保初始温度足够低于控制温度。

（2）配备带有冷却系统的热绝缘。

（3）储存、运输环境和冷却系统中所使用的电气配件应是防爆的，同时做好防雷和防静电接地等安全措施，以防止点燃 AIBN 产生的易燃蒸气。

（4）运输 AIBN 应使用配备制冷系统的专用汽车，汽车应装备温度记录仪，运输过程中和到达界区后，需检查温度计读数，以证实 AIBN 在整个运输过程中未受高温作用。

（5）输送 AIBN 溶液应尽量采用直径小的管道，热量通过管壁散热快，从而减少或防止爆炸。如必须采用直径大的管道时，该管道应有冷却措施，可以用水冷却管线、泵和压缩机。

（6）当 AIBN 着火或被卷入火中时，有导致爆炸的可能，人员应尽可能远离火场；灭火时，人员应做好防护措施后，再使用灭火剂或大量水灭火。

通过对 AIBN 的热稳定性研究，得出了基本热动力学参数，明确了温度控制条件，提出了安全防护建议措施。

三、化学反应危险性研究案例

以下主要介绍相转移法双氧水氧化氯丙烯制环氧氯丙烷工艺，并以双氧水氧化氯丙烯反应为例，说明热风险评价的过程及反应安全控制条件研究。

氯丙烯直接环氧化制环氧氯丙烷工艺是在催化剂的作用下，氯丙烯与双氧水发生放热反应，生成环氧氯丙烷。

基本反应：在催化剂的作用下，氯丙烯和双氧水在常压、泡点温度中直接反应生成环氧氯丙烷。

$$\underset{\underset{Cl}{|}}{CH_2-CH=CH_2} + H_2O_2 \longrightarrow \underset{\underset{Cl}{|}}{CH_2-CH-CH_2} + H_2O$$

1. 反应危险性评价过程

环氧化反应方程式：

$$C_3H_5Cl + H_2O_2 = C_3H_5ClO + H_2O$$

绝热温升：$\Delta T_{ad} = \dfrac{Q_R}{c_p m} = 378℃$

反应器内物料单位质量放热量：$Q = c_p m \cdot \Delta T_{ad} = 809 J/g$

故此环氧化反应失控的严重度为"灾难性的"。

工艺操作温度：$T_p = 44℃$

工艺反应可达最高温度：$MTSR = 428℃$

反应产物 TMR_{ad} 为 24h 时的温度：$T_{D24} = 70℃$

则 $MTSR > T_{D24}$，所以反应失控后足以引发二次反应。

产物氯丙烯与环氧氯丙烷的反应放热量：$Q' = 1469.5 J/g$

按照工艺的投料比，二次反应导致的绝热温升：$\Delta T'_{ad} = 500℃$

二次反应的严重度为"灾难性的"。

此反应体系为开放体系 T_p 略低于 MTT。

因此，特征温度的高低顺序为 $T_p < MTT < T_{D24} < MTSR$，此反应体系属于比较危险的"第 4 级"。

2. 反应各阶段危险性研究

测试环氧化反应系统的绝热升温曲线，实时从 RCl 量热仪中采集不同反应阶段的物料作为样品，利用 ARC 仪器进行绝热温升测试。所取样品的组成如表 3-15 所示。

表 3-15　ARC 量热仪测试样品的组成数据

样品编号	水相 H_2O_2 含量/(mol/L)	油相氯丙烯 百分含量/%	氯丙烯 转化率/%	TMR_{ad}/min			
				45℃	50℃	55℃	60℃
1	5.5	9.93	8.3	105	75	45	32
2	15.5	10.6	8.5	7	5.2	3.1	2
3	12.95	13.7	11.6	20	14	8.5	5.7

图 3-14～图 3-16 为样品的绝热升温曲线，由这三个图可以看出，随着双氧水含量的增加，样品绝热状态下到达最大反应速率所需要的时间 TMR_{ad} 是逐渐缩短的。而此处的 TMR_{ad} 则反映了系统反应失控后从某一工况下的温度系统到达最大反应速率所需要的时间，TMR_{ad}

越短，留给操作人员采取紧急措施的时间越短，反应的失控程度越不易控制。比较各样品 $45\sim60℃$ 范围的 TMR_{ad} 的变化率，并结合其绝热升温曲线，可以确定失控反应速率陡增的拐点在 55℃ 附近。

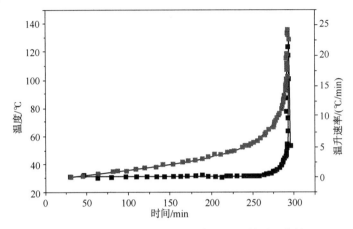

图 3-14　样品 1 在 ARC 量热仪上的绝热升温曲线

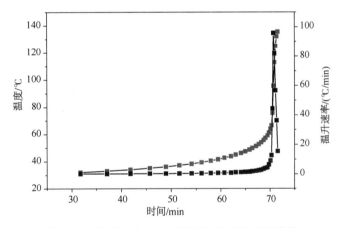

图 3-15　样品 2 在 ARC 量热仪上的绝热升温曲线

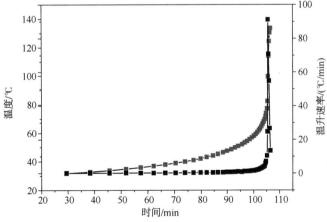

图 3-16　样品 3 在 ARC 量热仪上的绝热升温曲线

针对工艺的危险性特点，提出以下安全解决方案：

① 控制其危险性最根本的方法是控制反应器中的双氧水加入量，避免双氧水的累积。因此建议双氧水进料采取缓慢滴加的方式进行。

② 氯丙烯一方面是反应物，另一方面也起到"溶剂"的蒸发冷凝作用。反应过程中要防止氯丙烯从冷凝回流系统上方流失，尤其要避免冷凝回流系统的失效，防止失控反应的发生。

③ 循环冷却系统应设立备用泵，并设置独立于主电力系统的第三个备用泵，由独立于其他设施的应急供电系统供电。

④ 此反应体系是开放体系，要考虑溶剂蒸发的泄漏问题以及相应的气相燃爆问题。对于气相组成应进行相应的研究，确定极限氧含量。

3. 工艺改进方案

由危险性评估得知，此工艺危险等级为"第 4 级"，建议通过控制双氧水的进料速度来降低危险。

若要降低其危险等级，按照失控反应严重度的评价准则，体系中双氧水累积量应满足使反应器内物料单位质量放热量 $Q<100J/g$。由于反应起始时的物料量最少，随着双氧水加入量的增多，体系物料质量随之增加，这样对于相同的双氧水累积量，物料单位质量放热量 Q 将逐渐减小。因此取反应起始时的组成计算双氧水的允许累积量。

即 $c_{pm} \cdot \Delta T_{ad}<100$，设氯丙烯与双氧水按照 $x:1$ 的摩尔比投料，可得 $x>26.8$，换算成反应体系双氧水的质量分数为 1.6%。

即应保证反应体系中双氧水的累积量低于起始氯丙烯加入量的 0.037，双氧水的累计浓度应低于 1.6%。

四、气相燃爆危险性研究案例

以下以"叔丁醇-氧-氮"体系的燃爆特征研究为例进行说明。

叔丁醇(tert-Butanol)常代替正丁醇作为涂料和医药的溶剂，以及有机合成的中间体来生产甲基丙烯酸甲酯、叔丁基苯酚、叔丁胺等，用途十分广泛。由于叔丁醇的闪点和爆炸下限较低，在生产、运输、使用和储存的过程中一旦发生泄漏极易引发火灾和爆炸，所以针对涉及叔丁醇工艺操作条件下的叔丁醇爆炸极限的研究分析至关重要。

工业生产甲基丙烯酸甲酯(MMA)的一种工艺为异丁烯水合制叔丁醇，叔丁醇催化氧化制甲基丙烯醛(MAL)，MAL 氧化酯化制备甲基丙烯酸甲酯(MMA)。由于工艺过程中存在大量的叔丁醇、水蒸气和氧气，易于形成爆炸性混合气体，同时工艺生产过程中的高温、高压将导致叔丁醇的爆炸极限变宽，当点火源存在时，体系很可能进入爆炸极限区间，从而导致燃烧爆炸事故的发生。

研究人员依据工艺过程中可能出现的工况，设计了"叔丁醇-氧-氮"体系在绝压 0.15MPa 条件下，80℃和 170℃的燃爆实验，结果如表 3-16 和表 3-17 所示。

表 3-16 "叔丁醇-氧气-氮气"体系在 80℃、绝压 0.15MPa 条件下燃爆实验结果

氮氧混合物的氧含量	爆炸下限	爆炸上限	氮氧混合物的氧含量	爆炸下限	爆炸上限
15.1%	无燃爆现象	无燃爆现象	20.9%	2.2%	7.3%
17%	2.3%	7%	26.2%	2.2%	10.2%
18.0%	2.3%	6.7%	30.4%	2.1%	12.6%

注:%(体积分数)。

表 3-17 "叔丁醇-氧气-氮气"体系在 170℃、绝压 0.15MPa 条件下燃爆实验结果

氮氧混合物的氧含量	爆炸下限	爆炸上限	氮氧混合物的氧含量	爆炸下限	爆炸上限
15.1%	无燃爆现象	无燃爆现象	20.9%	1.7%	7.8%
17%	1.8%	6.6%	26.2%	1.6%	11.0%
18.0%	1.8%	8.5%	30.4%	1.3%	12.8%

注:%(体积分数)。

根据上述实验结果,绘制了三元相图,如图 3-17 和图 3-18 所示。

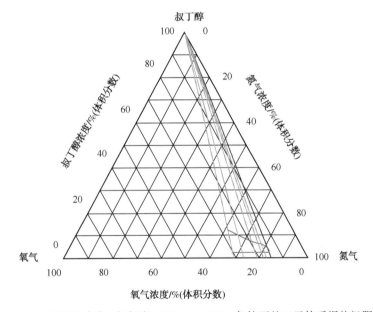

图 3-17 叔丁醇-氧气-氮气在 80℃、0.15MPa 条件下的三元体系爆炸极限图

测试叔丁醇在 280℃、0.1MPa 条件下,氧气含量(体积分数)为 20.9%、17.8%、15.1%、14.0%、13.0%的氧氮混合气中爆炸极限,如图 3-19 所示。可以看出,在 280℃、0.1MPa 条件下,随着氧氮混合气中氧气含量的逐步降低,叔丁醇的爆炸上限逐渐降低,爆炸下限基本保持不变,爆炸上下限差距变小,体系的 LOC 约为 13.5%。

图 3-20 为叔丁醇在不同浓度水蒸气的空气中的爆炸极限。由图可知,水蒸气含量的升高能显著地缩小叔丁醇的爆炸极限。在 80℃、0.15MPa 条件下,当水蒸气含量大于 27%时叔丁醇将不存在燃爆危险性;在 170℃、0.15MPa 条件下,当水蒸气含量大于 34%时叔丁醇将不存在燃爆危险性。

以上研究得出了不同工况条件下的安全临界值,在 80℃、绝压 0.15MPa 条件下,"叔丁醇-氧气-氮气"的三元体系中,随着空气中氧浓度的提高,叔丁醇的爆炸极限变宽,空

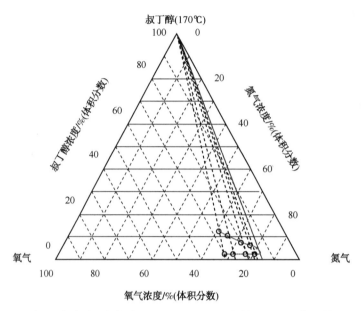

图 3-18 叔丁醇-氧气-氮气在 170℃、0.15MPa 条件下的三元体系爆炸极限图

气进气的氧浓度如果降低到 15.3%，则体系不会发生燃爆。该体系的极限氧含量约为 14.9%，若采用控制氧含量的方法保证体系的安全性，推荐将空气的氧含量控制在 8% 以下。在 170℃、绝压 0.15MPa 条件下，"叔丁醇-氧气-氮气"的三元体系中比 80℃条件下的爆炸极限同比拓宽，而随着氮氧混合气中氧浓度的减小，叔丁醇的爆炸极限变窄，氧浓度降低到 15.3% 后，体系不会发生爆炸。经计算可知该体系的极限氧含量约为 14.9%。叔丁醇在 80℃、0.15MPa 和 170℃、0.15MPa 空气中能达到抑爆效果的水蒸气含量分别为 27% 和 34%。

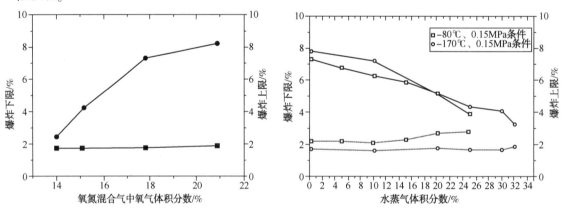

图 3-19 280℃，0.1MPa 下叔丁醇爆炸极限

图 3-20 叔丁醇在不同浓度水蒸气的空气中的爆炸极限

五、超压安全泄放研究案例

以下以己内酰胺组合工艺中重排反应失控过程为例，介绍化学反应失控超压安全泄放设计过程及安全泄放装置的可靠性分析方法。

己内酰胺组合工艺重排反应的反应原理为：在酰胺化溶液中三氧化硫和硫酸的存在下，环己酮肟发生贝克曼分子重排反应，形成己内酰胺硫酸溶液，并放出大量的热，放出的热量通过正己烷溶剂的蒸发带走。主反应式如下：

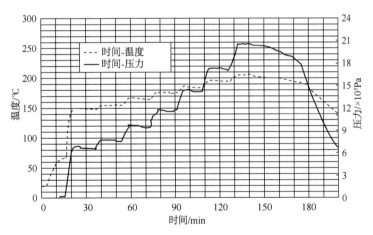

1. 危险场景分析

结合重排反应工艺流程、装置结构及控制措施等实际情况，确定出重排反应器可能存在的危险场景如下：

场景一：在开车阶段，酸液平衡已经建立，由于环己酮肟溶液进料速度过快，造成反应液突沸，重排反应器飞温、超压；

场景二：在正常生产阶段，环己酮肟进料速度保持不变，因误操作或仪表控制错误，造成酸液进料速度过快；

场景三：气相正己烷冷却装置冷却效率降低，正己烷蒸气无法冷却，发生气阻，造成设备升温超压；

场景四：在正常生产阶段，酸液进料速度保持不变，因误操作或仪表控制错误，造成环己酮肟进料速度过快；

场景五：环己酮肟的配置浓度大于正常的浓度值；

场景六：重排反应器搅拌装置失效。

2. 危险场景筛选试验测试

根据上述危险场景设计并制定对应的实验方案，测试得到不同反应条件下温度、压力随时间变化的基础数据，见图 3-21 ~ 图 3-26。

图 3-21　场景一测试得到温度、压力随时间变化曲线

可以看出，重排反应是一个快速的强放热过程，重排反应结束后，继续升高温度，没有检测到放热现象，场景一、场景二、场景三和场景五放热总量和放热速率较大，是危险性比较大的场景。

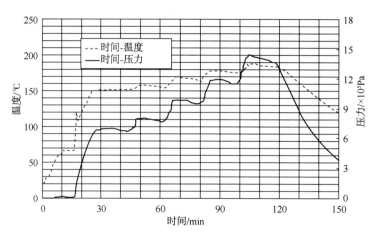

图 3-22 场景二测试得到温度、压力随时间变化曲线

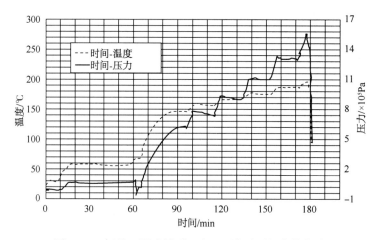

图 3-23 场景三测试得到温度、压力随时间变化曲线

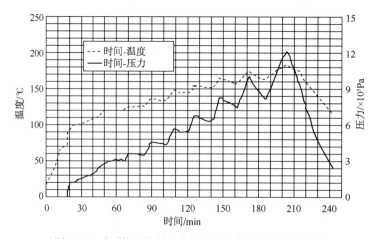

图 3-24 场景四测试得到温度、压力随时间变化曲线

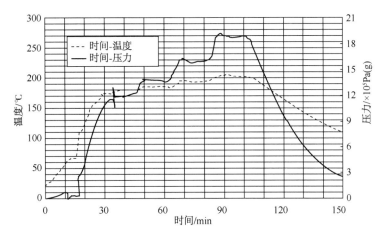

图 3-25 场景五测试得到温度、压力随时间变化曲线

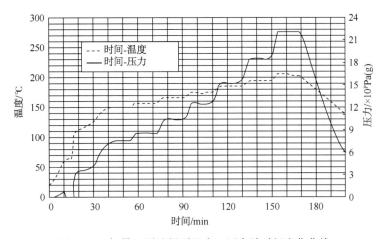

图 3-26 场景六测试得到温度、压力随时间变化曲线

3. 超压安全泄放装置可靠性分析

（1）基本设计参数确定

重排反应器的设计压力为 0.4MPa，爆破压力定为 0.278MPa，根据 GB 150 —2011，超压限度不大于设计压力的 10%，可将最大累计压力定为 0.44MPa。

（2）泄放类型的确定

由重排反应工艺过程可知，在整个反应过程没有气体的产生，只是产生大量的正己烷蒸气。因此，可将重排反应过程的超压泄放的类型确定为蒸气泄放，整个泄放体系属于温和体系。

（3）安全泄放面积的计算

① 场景一和场景二对应安全泄放面积

场景一、场景二失控类型相似，但由于环己酮肟的进料速度场景二比场景一大，因此针对场景二进行安全泄放面积计算。计算得到 10min 进料量情形下，重排反应器的安全泄放量 $W=404.4kg/s$，对应条件下泄放装置泄放能力 $G=4749kg/(m^2 \cdot s)$，进而可以确定出最小安全泄放面积 $A=0.131m^2$。

由于气相正己烷管线横截面积为 $0.8107m^2$（直径 $\phi=40in$），且安全泄放装置的总泄放面积为 $0.0912m^2$。可见，对应场景二，即在正常生产阶段，环己酮肟进料速度保持不变，因误操作或仪表控制错误，造成酸液进料速度过快的情形，正己烷气相管线不发生堵塞就可以满足泄放要求，因此安全泄放装置设计满足要求。

② 场景三对应安全泄放面积

计算得到 10min 进料量情形下，重排反应器的安全泄放量 $W=71.1kg/s$，对应条件下泄放装置泄放能力 $G=4737kg/(m^2 \cdot s)$，进而可以确定出最小安全泄放面积 $A=0.023m^2$。

由于现有的安全泄放装置的总泄放面积为 $0.0912m^2$，对应场景三，即气相正己烷冷却装置冷却效率降低，正己烷蒸气无法冷却，发生气阻，造成设备升温超压的情形，现有的安全泄放装置的泄放面积能满足 10min 进料量的安全泄放要求。

③ 场景五对应安全泄放面积

确定出 10min 进料量情形下，重排反应器的安全泄放量 $W=290.7kg/s$，对应条件下泄放装置泄放能力 $G=6920kg/(m^2 \cdot s)$，因此最小安全泄放面积 $A=0.0646m^2$。

由于气相正己烷管线横截面积为 $0.8107m^2$（直径 $\phi=40in$），且安全泄放装置的总泄放面积为 $0.0912m^2$。对应场景五，即环己酮肟的配置浓度为 23%（大于 15%）时，环己酮肟正己烷溶液和酸液的进料速度保持不变的情形，正己烷气相管线不发生堵塞就可以满足泄放要求，因此安全泄放装置设计满足要求。

4. 泄放缓冲罐安全可靠性分析

根据场景三，在紧急泄放条件下，发生气-液两相泄放，10min 泄放条件下泄放出液相己内酰胺液的体积为 $11.6m^3$，现有的泄放罐容积为 $27.6m^3$，可见缓冲罐容积满足泄放要求。鉴于泄放过程中发生气液两相泄放，建议泄放物正己烷进火炬系统前经过气液分离系统处理。

第四章

安全仪表与功能安全

第一节 安全仪表与功能安全现状

一、相关事故

随着石化装置趋于大型化、集约化发展，潜在的事故风险日益增大，安全仪表系统的作用逐渐凸显，已成为大型石化过程设备及成套设备不可或缺的保护措施。国内外典型事故案例表明，绝大多数重大安全事故都与安全仪表系统设置不当以及非正常失效有关。安全仪表系统的可靠性指标关系到石化装置是否能够安稳运行，是否能够有效地避免事故及非计划停车带来的经济损失。英国邦斯菲尔德油库、美国得克萨斯州 BP 炼油厂、广西某维尼纶厂以及北京某化工厂火灾爆炸等事故不断提醒业界要特别重视安全仪表系统的设计与应用。

事故案例 1：

2005 年 12 月 11 日凌晨位于伦敦东北部的邦斯菲尔德油库由于充装过量发生泄漏，最终引发爆炸和持续 60 多个小时的大火，事故摧毁了 20 个储罐，造成 43 人受伤和高达 8.94 亿英镑的经济损失，是英国和欧洲迄今为止遭遇的最大火灾事故。

邦斯菲尔德油库拥有完善的安全保护措施，但是当其预防性的保护措施——液位计量系统和独立设置的防止溢流的安全仪表系统（SIS）发生故障时，事故未能避免，而且在事发后其余的多层保护措施均无法应对或者失效，这使得事故发展到无法预计的严重程度。

事故调查委员会认为加强预防性保护手段，尤其是 SIS 的安全完整性等级（SIL）应被优先考虑，同时应提高 SIS 的可靠性，并提供有效的方法去分析和评价它的可靠性即 SIL 等级，以及考虑如何在设计、安装、调试和运行中保持其需求的 SIL 等级。

该事故表明，以下问题应被关注：

（1）确定安全仪表系统的 SIL 等级

对报警安全仪表系统以及其他外部风险降低措施，要进行保护层分析，特别是确定 SIS 的安全功能要求和安全完整性等级（SIL）要求。

（2）拥有完好的安全仪表系统设计

依据对 SIS 的功能要求和 SIL 要求，确定 SIS 的选型和结构设计原则，当 SIS 设计完成后，通过对其进行可靠性验证，确认是否满足 SIL 要求。

（3）加强安全仪表系统的现场操作和维护

通过强大的安全文化和管理机制来确保 SIS 操作和维护工作的良好绩效。

事故案例 2：

1988 年 7 月 6 日 22 时，英国北海 Piper Alpha 天然气生产平台发生爆炸，约 22 时 20 分气体立管发生破裂再次发生大爆炸，其后又发生一系列爆炸，整个平台结构坍塌，倒入海中，当时平台上共 226 人，其中 165 人死亡，61 人生还，合计保险损失 34 亿美元，造成巨大人员伤亡和经济损失，这也是海洋石油工业历史上最惨痛的灾难之一。

与其他平台一样，Piper Alpha 设置有燃气检测、报警和灭火系统（FGS）。当气体探测器检测到燃气时，将自动启动消防泵：一台柴油泵和一台电动泵。当时消防泵正处于手动启动状态，当盲板处大量的天然气涌出时，消防泵不能自动启动，导致此次重大事故的发生。

该事故表明，以下问题应被重视：

（1）当进行安全仪表系统现场设备（传感器、阀门）维护或修理时，一定要落实安全措施，并与操作人员进行良好的沟通。

（2）对燃气检测、报警和灭火系统（FGS）进行评估，包括不同操作模式下的响应时间、人工因素的可靠性、误操作的后果等。

（3）变更后应进行评估，任何的变更都需要评估其潜在的关联影响。

（4）危害识别和风险评估是确定安全仪表系统以及外部安全措施的前提，是制定操作规程的依据。

二、存在问题

由于种种原因，我国安全仪表系统及相关安全保护措施的可靠性技术研究起步较晚，缺少完善的应用技术方法，在安全生命周期各环节（包括设计、安装与操作维护等）存有较多问题。安全可靠性、过程可用性以及可维护性得不到保障，是引发生产事故和非计划停工的一个重要原因。在我国石化行业历年非计划停车统计中，由安全仪表系统原因导致的停车一直占据较大比例。在自动化过程控制领域，我国安全仪表系统设计与应用方面与国际功能安全标准以及国外良好工程实践相比差距很大，主要体现在技术层面以及管理层面：

（1）前期设计阶段缺乏危害识别与风险评估是问题关键所在。缺乏 SIF 辨识以及目标 SIL 等级、安全仪表系统与过程风险脱钩等情况，均可导致"过度设计"以及"设计不足"。

（2）注重控制器部分，忽视容易出现问题的传感器、执行机构以及中间环节，安全完整性理念欠缺。

（3）欠缺规范化的设计，"拒动"和"误动"概率得不到优化和改善。

（4）操作维护阶段缺乏基于风险的预防性维护策略与方案，生产装置长周期运行存在未知的风险。

（5）相关投入不到位等。

三、技术进展

1. 国外技术进展及要求

1994 年 5 月，德国颁布了第一个关于安全仪表系统的标准 DIN V 19250（控制技术，测量和控制设备必须考虑的基本安全要求）。为了确保所用的可编程电子系统（PES）满足应用场合，且符合 DIN V 19250 规定的级别要求，德国又制定了标准 DINV VED 0801（安全相关系统的计算机原理），确定了专门的措施用于评估安全仪表系统。1996 年 2 月，国际自动化协会（ISA）发布了标准 ISA 84.01（过程工业安全仪表系统的应用），该标准很快成为美国国家标准（ANSI），并在美国职业安全与健康管理局（OSHA）的过程安全管理（PSM）、美国环保署（EPA）的风险管理程序（RMP）法规中强制执行。在 2000 年由国际电工协会（IEC）发布的 IEC 61508 标准（电气/电子/可编程电子安全系统（E/E/PES）的功能安全）中，明确提出了相关系统的功能安全问题，即当生产过程在出现危险条件时相关系统能否有效执行其安全功能、如何提高其安全功能等相关问题。与之对应的过程工业领域分支标准 IEC 61511 于 2003 年发布，2016 年修订。安全仪表系统的功能安全，已形成完整的理论、技术、应用以及管理体系，成为工业安全不可或缺的组成部分。

IEC 61508 是一个涵盖了所有工业领域安全仪表系统的功能安全标准，它包含了三项内容：安全生命周期的方法论、安全完整性等级分级（SIL1~4），以及功能安全管理。IEC 61508 在安全仪表系统功能安全领域具有宪法般的地位。IEC 61508 及其分支标准很快被各国所采纳，并转换成为国家标准，其在欧盟和美国属于强制标准，例如欧盟将 IEC 61508 和 IEC 61511 转化为 EN 61508 和 EN 61511；德国用 IEC 61508 取代了 DINV VED 0801；美国修改 IEC 61511 后形成 ISA 84.00.01—2004，取代了 ISA 84.01—96。IEC 61508 及其分支标准的颁布实施，结束了安全仪表系统功能安全领域的"三国鼎立"时代，具有划时代的意义。

IEC 61508 和 IEC 61511 标准颁布后，一些标准化组织、中介机构、安全仪表系统制造商、终端用户等围绕标准，探索安全仪表的技术、评估方法以及管理体系。德国 TÜV、美国的 EXIDA 和 FM Global 及英国的 Sira 等中介机构，基于安全仪表系统标准，积极开展安全仪表系统、组织机构、人员的认证和安全仪表系统安全完整性等级评估。欧盟开展了相应的研究项目——SIPI 61508，该项目通过对安全仪表系统安全完整性等级评估来改善欧盟过程工业的安全水平，并为欧盟提供实施 IEC 61508 标准的指南；部分安全仪表系统制造商（Honeywell、Siemens 等）和终端用户（Shell、Dow 公司等）开展了以现场应用实践为核心的危害识别和风险分析、SIL 等级确定和分析计算，以及功能安全管理、评估和审计。2001 年，Shell GSI（Shell Global Solutions International B. V.）发布了企业内部应用规范《仪表防护功能的分类与实施》《仪表防护功能的管理》以及《仪表防护系统技术规范》。这些规范为 Shell 公司实施安全仪表系统评估和管理提供了条件。

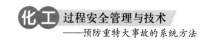

2.国内技术进展

国内安全仪表系统功能安全的研究工作起步较晚。大型化工企业没有像 Shell 公司那样的企业内部应用规范，相应的风险评估和 SIS 应用缺乏像美国 OSHA 29 CFR 1910.119 和欧洲 Seveso II Directive 等相关法律法规基础。经过各方多年的努力，安全仪表系统功能安全理念越来越受到重视，国家对安全仪表系统功能安全提出了要求。国家标准、行业规范及指导意见的相继颁布，推动了我国功能安全技术的研究和应用。

《石油化工安全仪表系统设计规范》(SH/T 3018—2003) 中首次定义了安全仪表系统，提出了安全完整性等级的概念，将安全完整性等级要求纳入到工程设计中。2006 年 7 月，我国颁布了等同 IEC 61508 的国家标准《电气/电子/可编程电子安全相关系统的功能安全》(GB/T 20438—2006)。2007 年 10 月，我国颁布了等同 IEC 61511 的国家标准《过程工业领域安全仪表系统的功能安全》(GB/T 21109—2007)。《石油化工安全仪表系统设计规范》(GB/T 50770—2013) 于 2013 年 2 月 7 日发布，取代 SH/T 3018。

2013 年 6 月 23 日，国家安全监管总局下发《关于进一步加强危险化学品建设项目安全设计管理的通知》(安监总管三〔2013〕76 号)，要求涉及危险化工工艺的大、中型新建项目要按照 GB/T 21109 和 GB/T 50770 等相关标准开展安全仪表系统设计。《国家安全监管总局关于加强化工过程安全管理的指导意见》(安监总管三〔2013〕88 号) 中，要求开展安全仪表系统安全完整性等级(SIL)评估。企业要在风险分析的基础上，确定安全仪表功能(SIF)及其相应的功能安全要求或安全完整性等级(SIL)。

2013 年 5 月 3 日，中国石油化工集团公司发布《中国石化安全仪表系统安全完整性等级评估管理规定》(中国石化安〔2013〕259 号)，规范安全仪表系统安全完整性等级评估，并要求所属企业、股份公司各(分)子公司应结合自身实际情况制定实施。

2014 年 11 月 13 日，国家安全监管总局下发《关于加强化工安全仪表系统管理的指导意见》(安监总管三〔2014〕116 号)，进一步加强安全仪表系统全生命周期的管理，要求设计安全仪表系统之前明确安全仪表系统过程安全要求、设计意图和依据。通过过程危害分析，充分辨识危害与危险事件，科学确定必要的安全仪表功能(SIF)，并根据国家法律法规和标准规范对安全风险进行评估(SIL)，确定必要的措施。根据安全仪表系统的系统性和完整性(SIL)要求，编制安全仪表系统安全技术文件。

基于功能安全标准、可靠性理论以及国外良好工程实践，开展化工装置安全仪表系统可靠性技术应用，科学、合理、有效地设置和管理安全仪表系统，对于控制过程风险、减少非计划停工(机)意义重大。

第二节 安全仪表系统功能安全技术

一、相关概念

1.功能安全

标准 IEC 61508 中对于功能安全的定义为：与受控设备及受控设备控制系统相关的总体

安全的一部分，取决于 E/E/PE 安全相关系统和其他风险降低措施的正确运作。在 IEC 61511 中，功能安全的定义为：与工艺过程和基本过程控制系统(BPCS)相关的总体安全的一部分，取决于安全仪表系统和其他保护层机能的正确运作。可见，功能安全属于安全仪表系统本身安全性的核心内容之一，用于表达安全相关系统执行安全功能的能力。因此，功能安全是安全仪表系统设计和运行管理的核心问题之一。

2. 安全仪表系统

安全仪表系统是 IEC 61508 和 IEC 61511 中提出的一个重要概念。IEC 61511 中安全完整性的定义为：在所有规定条件下，一定时间内安全仪表系统圆满地执行所要求的安全仪表功能的平均可能性。安全仪表系统是过程工业中常用的一种安全相关系统。按照 IEC 61511 标准的定义，安全仪表系统指由传感器(Sensor)、逻辑控制器(Logic Solver)和最终执行元件(Final Element)组成的，用于执行安全仪表功能(Safety Instrument Function)的仪表系统。图 4-1 是安全仪表系统的示意图。

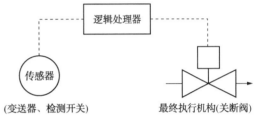

图 4-1 安全仪表系统示意图

化工过程工业中的安全仪表系统包括紧急停车系统(Emergency Shut-Down System，ESD)、火气系统(Fire Gas System，FGS)、燃烧器管理系统(Burner Management System，BMS)以及高完整性压力保护系统(High Integrity Pressure Protection System，HIPPS)等。

在化工过程中存在着另一种系统——基本过程控制系统(BPCS)。基本过程控制系统是响应来自过程、过程相关设备、其他可编程系统或操作员的输入信号，生成输出信号，使过程及其相关设备按照预定方式运行的系统。基本过程控制系统执行的是基本生产控制功能，用于维持生产过程的正常运行。

安全仪表系统和基本过程控制系统都是过程工业运行中重要的系统，但是两者的作用和工作模式大不相同。基本过程控制系统执行基本过程控制功能，将过程的各项参数维持在设计的正常范围内。基本过程控制系统的运行是连续的，必须时刻根据系统的设定要求以及生产过程的状态持续动态运行。基本过程控制系统一旦运行停止，生产过程将失去控制，因此其失效大部分是显性的。而安全仪表系统则监视生产过程，只有当危险条件发生以后才会发生响应动作，因此安全仪表系统的失效比较难以发现，即是隐性的。而未被发现的安全仪表系统失效一旦与相应保护对象的故障同时发生，很可能导致严重的事故。因此，安全仪表系统需要周期性的离线或在线测试，这种测试可以是人工测试，也可以通过系统具备的自检测功能进行。

3. 安全仪表功能

安全仪表功能是 GB/T 21109 提出的概念。GB/T 21109 对安全仪表功能的定义为：由安全仪表系统执行的具有特定安全完整性等级(Safety Integrity Level，SIL)的安全功能，用于应对特定的危险事件，达到或保持过程的安全状态。

以加氢裂化装置的循环氢加热炉为对象，讨论安全仪表功能相关问题。该循环氢加热炉为立管式炉，介质流量为 6000Nm³/h，炉管的设计压力为 20MPa，对流段设计热负荷为 1139kW，辐射段设计热负荷为 3387kW，用于加热循环氢。该炉位于加氢裂化反应器入口，氢气经过该炉加热后与精制油、循环油、热高分来的常规液态烃混合进入加氢裂化反应器。图4-2描述了与加热炉安全仪表功能相关的工艺流程。

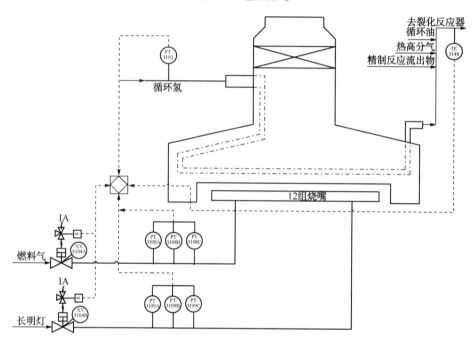

图4-2　与循环氢加热炉安全仪表功能相关的工艺流程

引起加热炉出现停车危险的情况主要包括：加氢裂化反应器入口温度过高、加热炉氢气进料流量过低、燃料气总管压力过低。因此加热炉需要实现的安全仪表功能有：

（1）出现反应器入口温度过高时，切断燃料气进料、熄灭主火嘴，以防止加氢裂化反应器的温度过高而引起的反应失控，使温度继续升高损坏反应器；

（2）出现燃料气总管压力过低时，切断燃料气进料并熄灭长明灯，防止因炉子熄火而出现加热炉内燃料气积聚而导致的遇明火爆炸；

（3）出现加热炉进料流量过低时，切断燃料气进料，以避免出现炉管干烧而损坏炉管。

4. 安全完整性等级

安全完整性等级是指在规定的条件下、规定的时间内，安全仪表系统成功实现所要求的安全功能的概率。IEC 61508中规定了四种安全完整性等级，其中安全完整性等级4为最高，安全完整性等级1为最低。表4-1和表4-2分别给出了低要求操作模式和高要求操作模式的安全相关系统的安全完整性等级目标失效量。

表4-1　低要求操作模式工作的 E/E/PE 安全相关系统安全完整性等级目标失效量

安全完整性等级（SIL）	低要求操作模式（设计功能失效的平均概率，即 PFD）
4	$10^{-5} \leqslant PFD < 10^{-4}$
3	$10^{-4} \leqslant PFD < 10^{-3}$
2	$10^{-3} \leqslant PFD < 10^{-2}$
1	$10^{-2} \leqslant PFD < 10^{-1}$

表 4-2 高要求或连续操作模式工作的 E/E/PE 安全相关系统安全完整性等级目标失效量

安全完整性等级(SIL)	高要求或连续操作模式(每小时危险性失效的概率,即 PFH)
4	$10^{-9} \leqslant PFH < 10^{-8}$
3	$10^{-8} \leqslant PFH < 10^{-7}$
2	$10^{-7} \leqslant PFH < 10^{-6}$
1	$10^{-6} \leqslant PFH < 10^{-5}$

二、功能安全管理

1. 安全生命周期与功能安全管理

安全仪表系统是用于实现一个或多个安全功能的仪表及仪表系统,包括传感器、逻辑处理器及终端执行元件,其目的是当工艺系统或保护对象(或称受控对象)出现故障或危险偏差时,能将系统流程或设备置于安全状态。

为了确保安全仪表系统的功能安全,需要严格按照 IEC 61508 中关于功能安全生产周期的规定执行。安全生命周期包括安全仪表系统从概念提出到停运的全过程活动。IEC 61508 和 IEC 61511 均使用了安全生命周期作为框架来描述与分析、设计、施工、操作、维护、变更和停用相关的要求。典型的安全仪表系统安全生命周期如图 4-3 所示。

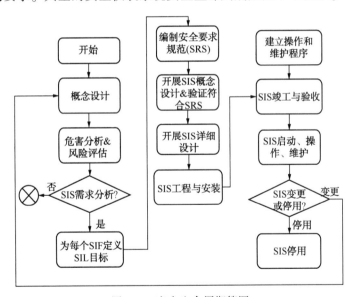

图 4-3 安全生命周期简图

功能安全管理是贯穿 IEC 61508 和 IEC 61511 安全生命周期的核心内容之一。功能安全管理是过程安全管理(Process Safety Management,PSM)的一部分,也应纳入 SIS 工程项目管理和质量保证体系中。典型的功能安全管理活动包括:确认(Verification)、验证(Validation)、功能安全评估(Functional Safety Assessment)以及审计(Audit)。

风险控制是整个安全仪表系统的核心目标,危害分析和风险评估贯穿于安全生命周期各个阶段,因此 IEC 标准中对危害分析和风险评估做了适当的要求。

安全生命周期是一个动态顺序过程。当某一阶段有变更时，需要返回到合适的阶段重新执行该顺序，在一般的项目执行过程中，不推荐跳跃式执行。功能安全管理、验证、确认和功能安全评估贯穿于安全生命周期各阶段，详细的安全生命周期各阶段功能安全管理活动要求可参见 GB/T 20438 和 GB/T 21109。

安全仪表系统的功能安全评估，一般是在新建工程项目的设计阶段(可研或详设)进行，或者是在项目的运行阶段，尤其是发生变更后进行重新评估。

2. 功能安全与风险降低

安全仪表系统的使用目的在于必要时可以通过安全功能的执行，将化工过程的风险降低到可接受的水平。

根据 IEC 61508 的定义，安全功能(SIF)是由 E/E/PE 安全相关系统和其他风险降低措施实现的，用于针对特定危险事件使受控设备(EUC)达到或保持安全状态的功能。

风险是针对一个特定危险事件发生频率和后果的综合度量，风险的消减并不局限于安全仪表系统，其消减过程如图 4-4 所示。

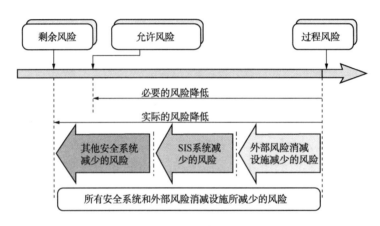

图 4-4 风险消减

初始风险是工艺过程中特定危险事件的风险，确认初始风险时不考虑其他安全保护因素的影响，如 BPCS 及相关的人为因素。

可接受风险(工艺安全目标等级)是基于当前的社会价值特定环境下的可以被接受的风险。

剩余风险是危害事件在考虑所有保护措施之后的风险。

安全功能的作用在于降低风险。然而无限制地降低风险是不现实的。实践中人们往往是按照 ALARP 的原则，将风险降低到可接受的程度，保证受控设备或过程处于足够安全的状态。因此，要确保安全功能合理有效，就需要对受控对象进行准确充分的危害识别和风险分析，随后基于可接受风险的标准确定风险降低的要求。在确定了必要的风险降低要求之后，如其他保护措施无法消减风险，则需要安全仪表系统合理降低风险，这就涉及安全仪表系统的另一个概念，即功能安全完整性等级(SIL)。

第三节 安全仪表系统生命周期解决方案

安全仪表系统生命周期解决方案主要由安全仪表系统安全完整性评估、误动率（STR）验证计算、安全仪表系统（SIS）集成、功能安全工程师培训以及功能安全咨询五部分组成，如图 4-5 所示。

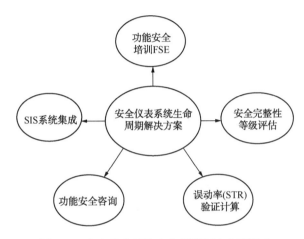

图 4-5 安全仪表系统生命周期解决方案组成

一、安全仪表系统安全完整性等级评估

安全仪表系统安全完整性等级评估主要包括安全仪表功能辨识、安全完整性等级确定和安全完整性等级验证计算三个部分。

1. 方法概述

（1）评估依据

安全仪表系统 SIL 等级评估的主要依据包括：

① GB/T 20438—2006《电气/电子/可编程电子安全相关系统功能安全》；

② GB/T 21109—2007《过程工业领域安全仪表系统的功能安全》；

③ GB/T 50770—2013《石油化工安全仪表系统设计规范》；

④ 国家安全监管总局《关于加强化工安全仪表系统管理的指导意见》（安监总管三〔2014〕116 号）；

⑤《中国石化安全仪表系统安全完整性等级评估管理规定（试行）》（中石化安〔2013〕259 号）；

⑥ 国内外良好工程实践及经验做法等。

（2）评估步骤

图 4-6 给出了安全仪表系统 SIL 评估的过程，整个安全仪表系统 SIL 等级评估过程包括：

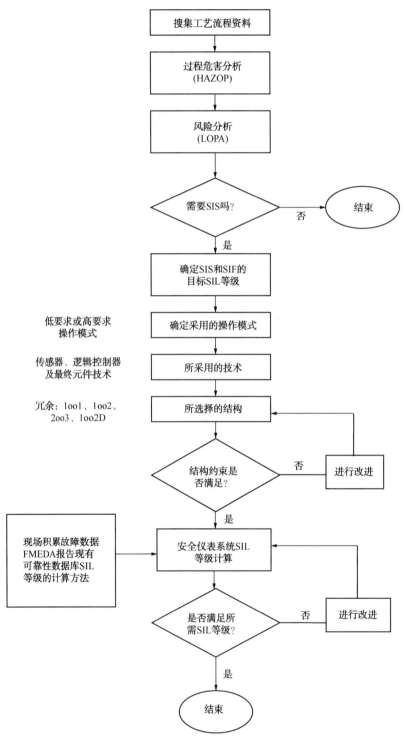

图 4-6 安全仪表系统 SIL 等级评估过程

① 工艺流程资料准备；

② 危害分析，确定安全仪表系统的安全仪表功能；

③ 风险分析，确定安全仪表系统的安全仪表功能的目标 SIL 等级；

④ 安全仪表系统操作模式的确定；

⑤ 安全仪表系统结构约束的确定；

⑥ 安全仪表系统可靠性数据的确定；

⑦ 安全仪表系统 SIL 等级计算；

⑧ 安全仪表系统 SIL 等级的评估。

2. 安全仪表功能辨识

清晰地、准确地辨识 SIF，是安全仪表系统功能安全评估的首要工作。安全仪表功能就是当潜在危险发生时安全仪表系统为了整个过程的安全所采取的动作。因此，确定安全仪表功能是否实现之前，先明确安全仪表功能应该完成什么动作。安全仪表功能要做的第一件事情是判别危险的出现。接下来考虑安全仪表功能动作后要将过程带入什么样的安全状态。最后，安全仪表功能具体应该做什么动作才能使过程进入安全状态。这样确定安全仪表功能的思路就是，什么情况下需要什么动作才能使过程进入安全状态。

确定安全仪表系统安全仪表功能的方法是危害分析，其中主要是指过程危害分析（PHA）。美国和欧盟都要求进行 PHA 分析。PHA 分析过程中，需要专家系统地评审过程中的每一个部分以确定可能的危害。PHA 还要列出可能引发事故的事件、这些事故潜在的后果及现有防止事故的安全设施。最后，PHA 提出降低过程风险的其他措施。

过程工程中使用的 PHA 方法多种多样。最流行的 PHA 方法是危险和可操作性分析（HAZOP）。HAZOP 分析使用引导词的组合来帮助专家组识别造成过程事故和运行问题的失效情形。首先，将整个过程分解为更小的、易于掌握的部分，称为节点。节点的选择通常按照整个系统的过程设备和功能划分来进行。然后选择一组引导词进行分析，如"压力高""流量低"等。接着，应用这组引导词对节点的每一个部分分析存在哪些危险、是否需要已有安全措施。当过程复杂而唯一时，HAZOP 分析最为有效。

检查表分析也是一种 PHA 的方法。在这种方法中，专家通过对照问题列表来发现过程中的危险。检查表分析在过程对象较小或者分析多个相同过程时很有效。

"如果-怎么样"（What-If）分析通过对过程可能发生的失效提出问题来发现危险。为了使"如果-怎么样"分析更加有效，必须有一个合格的提问者，他向过程工程师和安全工程师共同组成的专家组提出恰当的问题。提问者的问题往往是基于可能的失效模式及过程危险物料而提出的。"如果-怎么样"分析在对过程设备和危险物料充分了解的情形下以及风险较低、后果较轻的情况下很有效。

另一种 PHA 方法是失效模式及影响分析（FMEA）。这种方法重点考虑什么会造成失效以及失效会对整个系统产生什么样的影响。FMEA 首先要确定一个分析的深入程度，即将系统进行细分的程度。接着，明确标准失效模式。之后，为各种失效的影响建立频率和后果严重程度说明。FMEA 的结果通常为一张表，其中列出不同的部件、失效、原因和影响。FMEA 结果还可以按照与系统相关的风险进行等级划分。

PHA 分析报告包括很多关于过程危险的重要信息。通过对 PHA 报告的分析，能够发现已有的安全仪表功能和增加的安全仪表功能。PHA 报告通常以表格的形式给出。对于每一种识别出的危险有若干特征项，如已使用的安全措施、提高安全性的建议等。表中安全措施包括过程中正在使用的 SIF，建议则包含需考虑增加的新 SIF。因此，PHA 报告可以为确定 SIF 提供重要的信息。

3. 安全完整性等级确定

安全完整性等级确定方法主要有风险矩阵、风险图、保护层分析（LOPA），以下分别介绍这三种方法。

（1）风险矩阵法

风险矩阵是基于分类的方法。首先为风险的后果和可能性分类，如后果分为"较轻""严重"和"重大"，可能性分为"低""中等"和"高"。后果和可能性分别构成矩阵的一个坐标(行、列)，同时每一个矩阵元素为一个安全完整性水平。这个安全完整性水平表示将具有相应后果和可能性事件的风险降低到允许范围，所需的风险降低数量级。允许风险水平包含在矩阵结构之中。使用风险矩阵时应根据工厂实际情况确定后果和可能性分类，再明确矩阵元素代表的 SIL 值。

（2）风险图法

风险图法是基于分类的定量方法。风险的允许水平包含在风险图的结构中。风险图分析使用 4 个参数来确定安全完整性水平：后果（C）、处于危险区域的时间（F）、避开危险的概率（P）和要求率（W）。

（3）保护层分析法

保护层分析法（LOPA）从危险和可操作性分析导出的数据着手，通过预防或减轻危险的保护层计算识别出的危险。于是就能确定风险降低的总量以及是否需要进一步降低风险。保护层分析的基本程序如图 4-7 所示。通过 LOPA 分析，我们可以确定是否需要 SIF 以及需要时每个 SIF 所需的安全完整性等级。

4. 安全仪表系统 SIL 验证

（1）失效数据的确定

失效数据是安全仪表系统安全完整性等级评估的基础。利用失效数据来进行计算可以帮助系统设计获得更高的安全性。功能安全国际标准要求对安全仪表系统安全功能进行定量的 SIL 评估，就是要对安全功能的随机失效进行定量的可靠性分析。

相关人员收集工业现场设备的失效记录，估计设备的运行时间并计算失效率，将这些数据建成工业数据库。这些数据库的主要优点在于它们是基于工业现场的真实数据，但是不足之处是失效所需的信息往往不能被充分采集，如运行时间、失效确认、技术水平、失效原因、环境条件等。这样就造成了得到的失效数据往往比实际值大。

失效模式与影响分析（Failure Mode and Effect Analysis，FMEA）是一种系统可靠性辨识技术，它对系统内的所有部件"从下至上"进行分析，辨识出后果对系统效能有显著影响的失效形式。安全仪表功能的自我诊断能力是决定安全完整性的关键参数之一，有必要对诊断的效力进行评估计算。因此对安全仪表系统的可靠性分析，普遍将 FMEA 扩展为 FMEDA，即失效模式、影响及诊断分析。

基于定义的部件或子系统层面，失效模式、影响及诊断分析（FMEDA）从基本部件的失

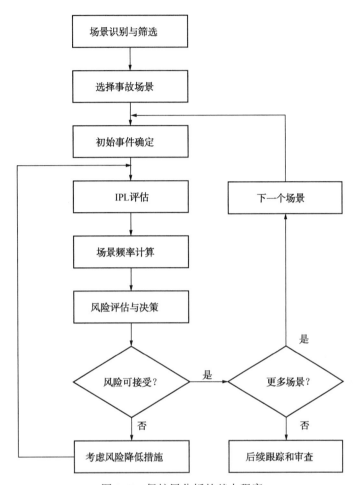

图 4-7　保护层分析的基本程序

效特征开始，确定部件失效及系统失效、操作约束、效能或完整性降级之间的关系。

通过 FMEDA 可以得出某一设备某种失效模式的失效率、安全失效和危险失效的比例、诊断覆盖率。与工业数据和经验数据相比，FMEDA 的结果针对具体设备且具有更高的准确性。一般 FMEDA 数据包含在设备的安全手册中。

（2）安全仪表系统功能安全评估验证计算

目前，普遍采用的 SIL 等级计算方法是来自 ISA 的技术报告"ISA-TR84.00.02-2002"。该技术文件主要包括采用简化方程式、故障树分析、马尔可夫分析等方法来验证 SIF 的 SIL 等级。

① 简化方程式法

简化方程式法采用以下公式来验证 SIF 的 SIL 等级：

$$PFD_{SIS} = \sum PFD_{Si} + \sum PFD_{Ai} + \sum PFD_{Li}$$

式中　PFD_{Ai}——最终执行元件的 PFD_{avg}；

$\quad\quad PFD_{Si}$——指定 SIF 的传感器的 PFD_{avg}；

$\quad\quad PFD_{Li}$——指定 SIF 的逻辑控制器的 PFD_{avg}；

71

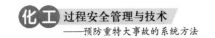
PFD_{SIS}——在 SIS 系统中，指定 SIF 的最终 PFD_{avg}。

② 故障树分析法

故障树分析(FTA)起源于 20 世纪 60 年代的贝尔电话实验室。FTA 能够确定由于各种设备或元件故障导致 SIF 功能失效的概率。故障树分析通过逻辑符号，运用可靠性框图的方式，将逻辑门按照发生的逻辑条件连接起来，形成树状结构。FTA 流程从顶端事件的确定开始。对于验证 SIL，顶端事件就是 SIF 不能响应安全功能操作的概率。故障树分析也可用于确定 SIF 潜在的误停车概率。

一个工艺单元通常需要多个安全仪表功能，每个安全仪表功能都有特定的顶端事件，它与过程危害分析(PHA)辨识出的特定工艺过程危害相关联。然后，依次将顶端事件与导致其失效的事件连接起来。

③ 马尔可夫分析法

马尔可夫分析法来源于俄国数学家 A. A.马尔可夫(A. A. Markov)，该方法首先用在数学领域描述随机过程，后来拓展到其他应用领域。马尔可夫分析的基础，是系统状态由不同的单元状态组成。这些单元状态可能是：

a. 全功能操作系统状态；

b. 部分失效系统状态(降级)，但仍可实现其功能；

c. 全失效系统状态。

从一个状态转换到另一个状态，用箭头表示通常意味着发生了某种功能失效或恢复到初始状态。图 4-8 是最简单的马尔可夫模型(状态图)。

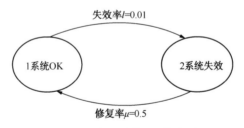

图 4-8　马尔可夫模型(状态图)

马尔可夫分析的主要优点是建模灵活。SIF 所有重要内容都可包含在模型中。而马尔可夫分析的主要缺点是建模复杂且计算量大。对普通人员来说，建模是非常困难的事，需要借助计算机软件工具。

二、误动率(STR)验证计算

在安全系统所分配的安全功能中，误停车等级(STL)被定义为离散的等级，具有特定的误停车要求。STL1 级表示在该安全功能中，发生误停车的状况是最高的。STL 等级越高，该安全系统引起的误停车就越少。对于误停车等级来说，等级数字是没有限制的。

安全功能用来保护人员、环境以及财产，只在危险状况发生时进行动作。当没有发生危险状况时，安全功能的动作会导致经济损失。误停车等级的概念代表着安全功能引起(不定期)误动作的概率。

STL是用来衡量安全功能导致误停车的性能等级，可以为安全功能的终端用户提供一个可以衡量的参数，以帮助他们确定安全功能的可用性。一个完整的安全回路或者单独的设备都可以给定一个STL。

对用户来说，安全解决方案的成本花费与安全解决方案中误停车造成的损失总是相互冲突的。STL的概念可以帮助用户解决该方案中的安全需求以及过程可用性之间的矛盾。

STL表示由于内部的安全功能故障带来的经济损失。安全功能的STL等级越高，因误停车导致的经济损失可能就会越大。每个公司都需要确定所能承担的经济损失水平，这取决于很多因素，如财务状况、保险政策、开停工过程的成本等。表4-3以某公司为例，介绍误停车等级校准。

表4-3　误停车等级校准

STL	误停车财产损失/欧元	STL	误停车财产损失/欧元
5	10000000~20000000	2	500000~1000000
4	5000000~10000000	1	100000~500000
3	1000000~5000000	None	0~100000

通过安全功能安全失效的概率(PFS)来确定安全功能的STL等级。在没有过程要求的情况下，PFS值由执行安全功能而引起的内部安全系统失效所确定。表4-4展示了每个STL等级的PFS值和误停车减少值。

表4-4　PFS值和误停车减少值

STL等级	PFS_{avg}	误停车减少
x	$\geq 10^{-(x+1)} \sim <10^{-x}$	10^x
…	…	…
5	$\geq 10^{-6} \sim <10^{-4}$	100000
4	$\geq 10^{-5} \sim <10^{-4}$	10000
3	$\geq 10^{-4} \sim <10^{-3}$	1000
2	$\geq 10^{-3} \sim <10^{-2}$	100
1	$\geq 10^{-2} \sim <10^{-1}$	10

三、安全仪表系统应用

自1970年Hima公司首先推出TÜV认证的故障安全型安全仪表系统HIMA-Planar-System起，安全仪表系统已有30年的发展史。目前在世界领域应用比较广泛的安全仪表系统有Honeywell公司的FSC系统、Triconex公司的Tricon系统、AB/Rockwell系统、Siemens系统、Hima系统、ABB系统、PILZ系统等。其中FSC系统、Tricon系统约占全球安全仪表系统使用量的四成多。

我国的许多行业已经广泛采用了安全仪表系统，如机械安全(MS)系统、超高压保护(HIPPS)系统、燃炉管理系统(BMS)、火气(F&G)系统、紧急事件处理(CC)系统、紧急停车(ESD)系统等。目前紧急停车(ESD)系统按照安全完整性等级(SIL)又分为SIL1、SIL2、SIL3三种。SIL4的ESD系统管理和维护非常困难，一般将SIL3系统进行冗余，使其达到SIL4等级。

四、功能安全工程师培训

功能安全工程师是功能安全从业人员认证的黄金标准。该认证项目已通过FSE管理委员会审定，确保从事SIS生命周期活动的人员有能力执行IEC 61508和IEC 61511标准，它是世界上最严格的认证之一。目前，国内功能安全工程师培训工作主要由中国石化青岛安全工程研究院、Honeywell、TÜV-FSE以及EXIDA-CFSE等承担。

第四节　应用情况

一、安全仪表系统SIL等级评估

目前，国内研究机构形成的石化企业安全仪表系统功能安全评估技术方法，已深度介入工程设计领域，并在现役装置开展SIL等级评估。应用结果表明，安全仪表系统SIL等级评估对工程设计选型、装置安全稳定运行产生了积极作用。

二、TÜV FSE 功能安全工程师培训

TÜV-FSE功能安全工程师培训是专门针对过程工业功能安全领域从业人员(如SIS系统设计、集成、维护、分析评估等)举办的专业资格考试和认证。其凭借严格的认证程序，在业内享有卓越的国际知名度。中国石化青岛安全工程研究院的TÜV-FSE培训资格已获得德国TÜV Rheinland审核通过，成为国内首家可策划实施相关培训的企业。参加培训的学员在通过资格审核、现场培训和考试等评估流程之后，获得由TÜV莱茵总部颁发的功能安全工程师资格证书，并录入TÜV全球功能安全工程师数据库。

三、系统集成

目前国内所研究的系统集成适合中小化工企业及特殊应用场所的安全仪表系统，可以满足国内中小化工企业自动化控制改造需求，还可以在罐区、燃烧炉等特殊场所应用。以罐区溢油保护系统为例进行如下介绍。

罐区溢油保护系统由传感单元、逻辑控制单元和最终执行机构组成。传感单元能感受到被测量的信息，并能将信息变换成为电信号传送给逻辑控制器，逻辑控制器判断出达到联锁值时，最终执行机构执行预定的动作，使装置进入预定安全状态。

传感单元：采用音叉液位开关，直接插入罐内。由于检测原件直接与介质接触，灵敏度高。

逻辑控制单元：选用安全 PLC，采用现场安装的方式。PLC 应经过安全认证，至少满足 SIL2 等级要求。一台 PLC 可以控制一台或多台储罐，根据输入输出点数选取接口。逻辑控制单元实时采集音叉液位开关的状态，当液位开关检测到液位达到 20m 时，逻辑控制单元关闭相关入口电动阀门，给油泵停止工作；当液位开关检测到液位低至 2m 时，逻辑控制单元关闭相关出口阀门，输油泵停止工作。

最终执行机构：储罐进出口阀门选用电动阀，电动阀应考虑防火要求和备用电源。根据不同的工艺管网，选取满足相应要求的电动阀，且需满足 IEC 61508 要求的 SIL2 等级。由音叉液位开关、安全 PLC 和电动阀门组成的安全仪表功能回路，能够满足功能安全相关标准及 SIL2 等级要求，具有良好的可靠性和可用性，能够保障储罐安全。

第五章 生产过程异常预警与诊断

当前，大多数石化装置采用了先进的控制系统对生产过程进行监控，对于超出阈值的参数通过报警来提示操作人员关注可能发生的异常。随着装置规模的不断扩大、系统集成度的不断提高，使得操作人员持续减少，每个操作人员监控的区域范围及责任相应增大。以一套100万吨/年生产规模的催化裂化装置而言，一般设计有1000多个监测点，仅一天的生产数据量就会多达8亿6千多万个，操作人员不可能对数据中包含的物料变化信息、安全操作信息等都完全掌握，从而造成严重的"数据冗余，信息缺乏"。一旦生产出现较大波动，会出现大量报警，导致异常工况发生的根原因更加难以追溯。多年来，大量的事故调查表明，在石化行业中报警泛滥大大分散了操作员处理异常问题的精力，增加了操作员的操作压力。例如1994年英国Texaco公司炼油厂装置爆炸事故，在发生爆炸之前有1775个报警同时显示优先级为高，致使操作员无法及时判断问题的根源进而采取措施，最终酿成大祸。2005年BP公司美国得克萨斯炼油厂爆炸事故以及2015年国内某石化企业乙烷精制塔爆炸事故，都是仪表的误指示造成了操作人员的错误判断及控制系统的失效。

另外，目前对生产过程异常工况分析判断及处置的方式主要还是依靠操作人员的经验。而由于个体差异大等原因，人为误操作导致的事故时有发生。例如2005年某石化企业双苯厂硝基苯精馏塔爆炸事故，造成8人死亡、1人重伤、59人轻伤，直接经济损失6908万元。其直接原因就是硝基苯精制岗位操作人员违反操作规程，在停止粗硝基苯进料后未关闭预热器蒸汽阀门，导致预热器内物料汽化，并且之后的一系列应急处置存在严重的问题。对石化生产过程异常工况的处置是一个长期经验积累的过程，尤其是在当前追求长周期安全运行的状况下，一些年轻操作人员根本没有经历某些开停车及关键操作程序，操作经验更是无从谈起。因此，如何快速准确地掌握装置的运行工况及保留优秀员工的操作经验是企业面临的突出问题。

运用人工智能分析技术提升现有石化生产过程的异常工况监测预警与诊断模式是解决异常工况监测预警不到位异常处置专家经验无法继承的最有效手段，成为当前国际上研究与开发的热点，并形成了一系列的技术方法和标准。

第一节　异常工况与异常工况管理

一、异常工况

1. 异常工况定义

石化生产过程工艺状态如图 5-1 所示，可分为三种：正常工况、异常工况和紧急工况。

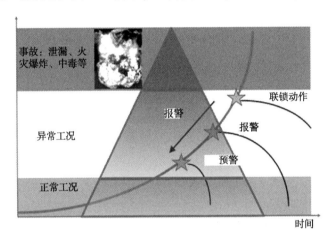

图 5-1　石化生产装置工艺状态分类

正常工况是只需依靠过程控制系统就可完成主要控制任务，此时操作员在 DCS 或其他先进的自动化控制系统的帮助下，能够控制次要的扰动而维持正常工况。

异常工况是指当过程干扰超出一定的范围，由于工艺状态的波动导致过程偏离正常生产状态，仅仅依靠控制系统不能消除干扰，只有通过操作人员及时准确的判断和调节，才能恢复到正常工况。

对于化工企业而言，生产运行异常是指化工装置运行过程中因各种原因造成的产品质量不合格、非计划停工、排放超标等非正常运行事件，基本涉及生产工艺、机动设备、安全、环境监测等四方面内容，如设备的报警、故障、检维修等属于设备异常；原料波动、操作失常等引起产品质量不合格、非计划停工属于生产工艺异常；安全报警仪故障、危害监测数据超标属于安全异常；排放物指标未达标引起环保事件属于环保异常。异常一旦发生，必须进行应急解决处理，并按照异常原因分析、应急措施制定执行、处理结果反馈、再次发生预防等一系列管理流程进行闭环管理。

紧急工况是当在异常工况下操作员执行故障的识别、诊断、评估和调整步骤中，出现了延迟或判断失误时，随着时间的推移，某些参数偏离正常状态超过一定程度，生产装置工艺状态会进入紧急工况，严重的会触发紧急停车系统，导致装置非计划停车。

2. 异常工况引发因素

异常工况由引发事件(事故根源)促成。引发事件的来源可分类为三种，一种是来源于人的因素；第二种是来源于过程工艺；第三种是来源于设备。其中涉及工艺的问题只占20%左右。由于设备引发的安全问题与人相关的安全问题，各占40%。如图5-2所示。

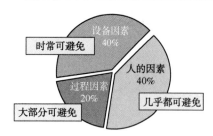

图5-2 异常工况引发事件因素和可避免性

对工艺问题，通过在设计、安装、调试、开车、运行、维护、报废等各生命周期进行有效的安全评价与安全措施改进，大部分问题是可以预防的。设备引发的安全问题，通过有效的设备健康管理后，通常也是可以预防的。

但是，对于由于人的操作所引发的问题，往往很难用传统的方法进行解决。人在应对异常工况时，通常会经历从对非正常工况的感知与判断（即定位阶段），到对状态的评估与分析（评估阶段），再到采取行动（行动阶段）三个步骤。另外，还包括对所采取的措施实行评价，以检查行动的有效性（即评价阶段）。在每一个阶段中，操作人员都要面临大量的挑战与问题。

（1）定位阶段

① 仪表可能给出不充分的、使人误导的或无用的信息；

② 给出过多的信息，使人无从着手，即"信息洪水"；

③ 仪表虽然有显示，但未获操作人员重视；

④ 反应时间过短，人无法及时作出反应。

（2）评估阶段

① 信息的不充分和歧义性，导致对问题本质和严重性的错误判断；

② 对诊断过多可能性的推理，或未能推断不利的后果，或优先级判断不当；

③ 生产经验不足，导致无法及时对当前状况进行评估；

④ 时间紧迫，使得无法对现有信息进行充分地分析；

⑤ 在掌握避免危险与保证生产效率两者间的平衡度上，很难把握；

⑥ 面临过量的精神压力和脑力活动，导致非理性思维占主导。

（3）行动阶段

① 预案质量不高，或者无法根据预案来执行；

② 获得即时信息的能力不足，无法据此随时调整；

③ 时间不足以采取合理的行动；

④ 误操作，包括调节设备错误、调节不到位或过度调节的概率大幅上升。

（4）评价阶段

① 缺乏行动结果的反馈，导致无法对策略进行改进；

② 不遵照策略的行动，会导致系统错误的演化。

由于上述问题的存在，使得石油与化工企业面临一个进退两难的境地：一方面，为了适应激烈的竞争和企业生存，需要引入日益复杂的先进控制系统来获得更高的生产能力；另一方面，在日渐复杂的生产过程中，无法单纯依靠操作人员处理非正常工况。

3. 异常工况的人工干预机制

异常工况需要人工干预，而异常工况的人工干预分为确定、分析决策、操作和评估。

人工干预异常工况的机制是：当来源于外部过程的输入信息超出控制系统的能力时，进入人工干预活动范围。人工干预的过程是一个由"确定→分析→操作"组成的行为链。"确定"是对外部输入信息的测知、感觉或辨别。行为链的下一步是"分析"，即对输入信息的分析、思考或解释。得到结论后将进行"操作"，包括体力的行动或语言响应。"操作"可以是改变控制系统的给定值(SP)、控制器的输出(OP)或手动调整。对过程的操作将以外部反馈的信息回到输入端。在"确定→分析→操作"组成的行为链间存有内部反馈的行为路径。异常工况的引发事件可能出现在输入端或操作端。人工干预异常工况的机制如图 5-3 所示。

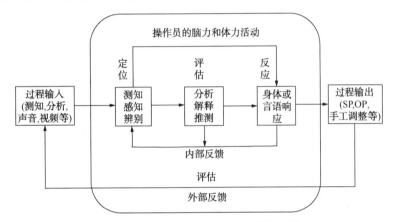

图 5-3　异常工况人工干预活动的机制

对异常工况的确定占人工介入成功率的 30%。所谓对异常工况的确定是指对一个逼近或正在发生的异常工况的确定和识别。导致失误的因素主要有：报警信息量超负荷、含糊或错误的信息、信息未传递或未收到、人员警惕性疲劳等。

对异常工况的分析决策占人工介入成功率的 20%。分析决策是指由人工诊断当前的异常工况，预测下一步的影响，评估潜在的影响和恢复措施，选择或得出恢复措施，获取适当的相关信息等。导致失误的因素主要有：面临多种可能性时，由于知识不足、实践经验缺乏、报警优先级自相矛盾、人员过度疲劳等。

对异常工况的操作占人工介入成功率的 30%。操作是指排除异常工况的执行动作。导致失误的因素主要有：信息交流有误(例如信息未记住，听到的内容不正确，理解不对，得到的信息不完全，信息不及时，信息未传或未收到等)、有缺陷的操作规程、没有遵守规程、不适当的操作、没有能力操作、不适当的反馈、低水平的编排或信息描述等。

对异常工况的评估占人工介入成功率的 20%。评估已有的策略和实践是否足够；评估通过改进异常工况管理系统实践后增加的效益和减低的成本。导致失误的因素主要有：策略和实践不相符，没有关于异常工况管理系统实践和策略改进的适当反馈，没有合适的信息渠道，导致了不正确的应用和维护等。

4. 异常工况管理

异常工况管理(Abnormal Situation Management，简称异常工况管理系统)的概念是美国在 20 世纪 90 年代初提出的，主要解决生产过程中各种工艺扰动对生产的影响。根据异常工况管理的理论，当控制参数偏离正常但还未达到报警时，可采用数学推理的方法和专家知识，定位导致异常的原因，预测可能出现的后果，并提出解决问题的方案。

化工企业为防止事故的发生往往都设置了层层的安全防护措施。一个典型安全防护层主要包括在设计阶段的本质安全设计，在运行阶段的基本过程控制系统，在正常操作过程的报警与操作人员对异常的处置，在紧急情况下具有紧急停车功能的安全仪表系统，在事故状态下的主动物理防护措施(安全阀、爆破片)及被动物理防护(围堰、隔离系统)，以及针对更大范围危险事故的工厂和社会的应急响应程序。见图5-4。为预防安全事故的发生，尽管安全仪表系统可以起到保护设备和人员的作用，但是也会造成一定程度的生产停滞，从而带来损失，一次非计划停车少则几十万，多则上千万。如何避免不必要的非计划停车以及事故，保障生产安全平稳运行。目前国际上主要是应用先进的人工智能分析技术对装置的报警及异常工况进行在线的监测预警，并对操作人员提供实时的操作指导，从而为装置增加了一道安全保护的屏障。

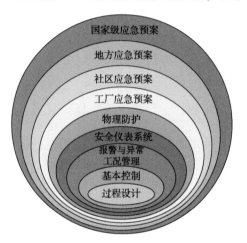

图5-4　异常工况管理在化工过程安全保护层的位置

异常工况管理根据目标的不同，已经形成了一系列的技术、方法和技术标准，例如针对DCS系统报警的报警分析与报警系统性能评估技术，针对设备运行的故障诊断技术等，报警管理的国际标准也陆续出版。随着人工智能研究的不断深入，更多的异常工况管理技术及系统不断涌现出来。

二、异常工况管理的相关法规与标准

为了帮助工业制造系统更好地进行异常工况管理，同时对报警进行合理化设计和规范管理，一些组织和机构已经制定了异常工况管理的相关技术标准和指导性文件。其中包括英国的国际工程设备及材料用户协会(EEMUA)、美国国家标准学会(ANSI)、国际自动化协会(ISA)、美国石油学会(API)以及国际电工组织(IEC)等。

国际工程设备及材料用户协会(EEMUA)的第191期出版物("报警系统——设计、管理与采购指导")在1999年发行第一版，并被认为是实际上的报警管理工业标准(第二版和第三版分别在2007年和2013年出版)。该标准为报警管理各个方面需要的工具和技术提供了详细的描述，例如报警合理化、风险评估以及图形化设计等。

国际自动化协会(ISA)和美国国家标准学会(ANSI)在2009年发布了ANSI/ISA-18.2-2009(过程工业报警系统管理)，该标准规定了报警管理整个生命周期的各种方式。对于过程工业来说，ISA-18.2标准的发行是一件重要且有意义的事情。它阐述了由一种生命周期格式所提供的现代报警系统工作流程的设计、实施、运营和维护。ISA-18.2与安全仪表系统(SIS)的标准IEC 61508/11有很多相似之处。两个法规对于报警系统的性能都有着相似的关键绩效指标(KPI)。异常工况标准与法规制定历程见图5-5。政府法规PSM(Process Safety Management，过程安全管理)与标准的关系如图5-6所示。

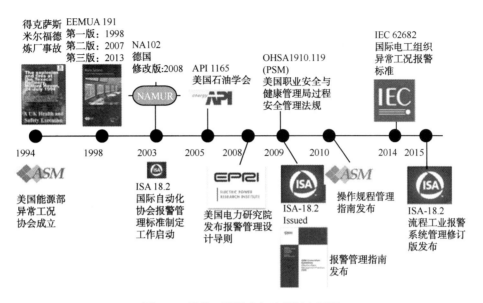

图 5-5　异常工况标准与法规制定历程

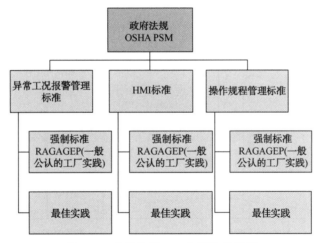

图 5-6　政府法规 PSM 与标准的关系

　　在我国，国家安全生产监督管理总局在 2010 年 9 月 6 日发布《化工企业工艺安全管理实施导则》(AQ/T 3034—2010)，并于 2011 年 5 月 1 日起实施，其包含 12 个相互关联的要素：工艺安全信息、工艺危害分析、操作规程、培训、承包商管理、试生产前安全审查、机械完整性、作业许可、变更管理、应急管理、工艺事故/事件管理、符合性审核。

三、异常工况管理系统

　　异常工况管理系统是集计算机技术与人工智能技术于一体的计算机软件系统。当工艺波动导致生产偏离正常状态，异常工况管理系统就会通过推理引擎，结合已经建立的模型和专家知识库，定位导致生产状态偏离正常的原因，并预测可能产生的后果，给出建议处理措施。在大多数应用中，异常工况管理系统扮演顾问的角色，以"最优秀操作员"的身份，指导操作员及时采取校正措施。其重要功能如下：

（1）对异常的前期征兆进行诊断，辅助操作人员/工程师分析原因结果；

（2）从复杂的工艺以及控制系统中提炼出更多的有效信息，帮助操作人员/工程师诊断原因、分析后果、决策动作；

（3）异常工况最佳实践/规范帮助操作人员避免由响应迟缓、判断失误、误操作等引起的更坏情况。

图 5-7 是异常工况管理系统与传统 DCS 系统对异常工况处理的区别。从图中可以看出，当参数发生偏离时，随着时间的推移，后果严重性会逐渐增加。异常工况管理系统是当运行参数发生偏离但还未达到报警或是较为严重的程度时，及时发现问题，做出根原因诊断并给出操作建议，帮助操作人员预先采取防范措施来避免更大生产波动，甚至事故的发生。图中虚线反应了当采用异常工况管理系统后后果严重性下降。而传统的 DCS 控制系统是被动型反应系统，只有当运行参数超出范围达到报警限值时才发出报警提示操作人员做出操作决策。

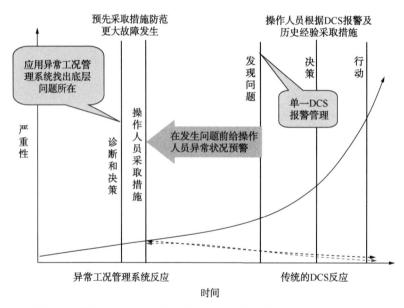

图 5-7 异常工况管理系统与传统 DCS 系统对异常工况处理的区别

异常工况管理系统不仅是发生事故时的应急和指导系统，对于日常生产活动中的扰动问题，它同样也能诊断扰动的原因，并提供解决措施，从而稳定装置的正常生产并避免由异常工况所造成的损失。因此，异常工况管理系统不仅能保证装置的安全，而且可以提高企业的经济效益，符合化工装置的长周期安全稳定运行的策略。

1. 国外典型异常工况管理系统介绍

国际上对异常工况管理系统的研究与开发兴起于 20 世纪 90 年代末期，由美国 Honeywell 公司发起，联合 Amoco、British petroleum、Chevron、Exxon Mobil、Shell、Texaco 等石油公司和两个著名软件公司（Gensym 与 ATR）以及普渡大学与俄亥俄大学，在美国国家标准和技术院（NIST）立项资助下，实施了"新一代过程控制系统，异常事件指导和信息系统(AEGIS)"(Abnormal Events Guidance and Information Systems)研究计划,目的在于提前诊断事故先兆,以赢得数分钟到一小时的挽回机会。该系统特点是运用了多种故障诊断技术、动态仿真技术、定性推理技术和人工智能技术,所开发的故障诊断方法能够在 Amoco 公司提供的催化裂化(FCCU)流程动态仿真试验平台上加以验证(V&V)。它是国际上第一个实时和大型工业过程故障诊断系统的原型,如图 5-8 所示。

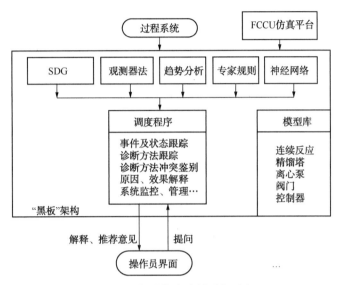

图 5-8 实时故障诊断系统平台

欧盟也开展了类似的资助技术发展项目,称为 CHEM(Advanced Decision Support System For Chemical/Petrochemical Manufacturing Processes)。该项目由 IFP(Institut Français du Pétrole)领导,共有来自八个国家的五家石油公司、五所大学和四家技术公司组成。

项目的主要目的是开发一系列可以灵活组合与集成的软件工具包,用于改进炼油、石油化工过程的操作。其主要工作聚焦于安全方面,即利用现有的工业企业信息,避免异常停车和异常工况。CHEM 项目开发的是一个协同工作的集成化软件工具,目的是用于欧洲以至全世界过程工业系统的数据与事件分析、操作决策支持。

CHEM 从 1998 年开始并于 2005 年 4 月 12 日结题,其研究重点在于提出用于石油与化工行业的过程监测、数据与事件分析、操作辅助等方面的高级决策支持系统。项目成果包括一个集成化的软件平台和 23 个软件工具包,既可以进行相互通信,又可以与企业的信息数据库和工业控制系统集成。相关软件已经在工业现场或中试装置上进行了测试,如催化裂化 FCCU 装置、造纸过程、精馏过程、蒸汽发生器、加热炉、汽化中试装置和计算机集成管理系统等。

近年来在国外的石化生产中,异常工况管理技术已得到广泛的应用。例如美国 Honeywell 公司研发的过程异常状态管理相关产品已陆续上市,并开发了报警管理、事件追踪分析与故障诊断软件工具,其成果已应用于石化相关企业。美国艾默生公司的 AMS Suite 产品可以用于设备健康管理和故障诊断。英国 INPACT Group 的相关故障诊断监控应用产品已进入测试及上市阶段。法国 IFP 研究机构已在厂区应用集成化全厂级监控、报警及应变系统软件，大幅度提升了应变决策质量。

（1）美国 Gensym 公司的 G2 Optegritys 平台

美国 Gensym 公司的产品 G2，是基于规则推理的异常工况管理系统商品化平台，目前在全球应用最为广泛。G2 在线实时专家系统可用于监测、控制和动态调度复杂的过程和操作。应用范围包括石油化工、化学、水泥、金属、食品、医药、电力、电子、汽车、通信、运输以及航空等。G2 是一个完全用于建立和部署人工智能应用系统的应用开发环境。G2 提供的多种二次开发工具可支持整个系统的生命周期，例如面向对象的工具、图形化的工具以及一种结构化自然语言，用以支持快速建立应用专家系统，并使开发者与使用者之间紧密联系；对象库和功能模块用以推动快速开发；支持工具用于对应用系统进行检测和验证，包括在各种场合用动态仿真方式检测应用系统的性能；现场测试模块用于提供与多个数据库和系统之间进行高性能的并发（并行实时）通信；应用对象模块可在未来的应用系统中再次使用等。G2 具有监测和诊断功能，在问题出现以及变成难以接受之前，G2 的实时规则、程序和模型就已经在追踪事态的发展。它能快速地诊断问题并采取正确的行动，尽量减少系统崩溃所造成的经济损失。

运用 Gensym 公司的 G2 专家系统推理引擎所开发的 G2 Optegritys 平台，是一个用于流程行业中的设备非正常状况管理工具。G2 Optegritys 平台包含了智能对象库，每个智能对象对应现场的一个设备或仪表，这些智能对象可通过图形化建模工具 SymCure 相互连接以模仿实际流程。在 SymCure 中还可对每个智能对象进行设置，使其能够包含该流程的专家知识，以便于故障诊断。预测将会在出现故障后，通过 G2 推理引擎和专家知识确定故障源，并给出处理建议。故障预测是通过每个设备的实时监测、设备间的连接关系和专家知识来实现的。该平台还可进行传感器故障诊断。智能对象库中的仪表对象可以通过当前及历史数据分析、重复设置仪表、化验室分析结果和基于神经网络的软仪表，从多个角度探寻故障。G2 的运行及功能参见图 5-9 和图 5-10。

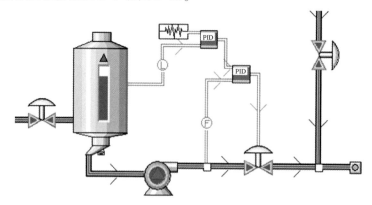

图 5-9　SymCure 生成的图形化智能对象连接

（2）Nexus 公司的 Oz 系统

美国 Nexus 公司开发的 Oz 系统从工艺和设备方面出发，通过建立传感器、工艺及设备的故障诊断模型，在 DCS 报警前就能发现问题，并提出处置建议，帮助操作人员将注意力

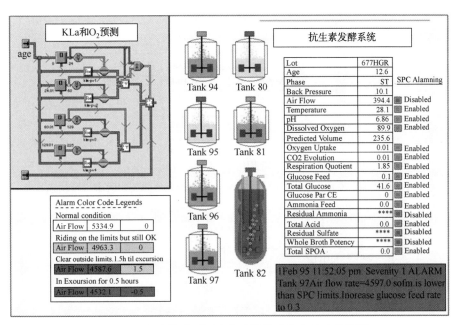

图5-10　包含故障预测和传感器校验的发酵过程监测

集中在操作行为的调整上，而不只是放在解决工艺故障方面。该系统包括 rtSCDx，rtEPMx和rtKMx三个模块，见图5-11~图5-13。

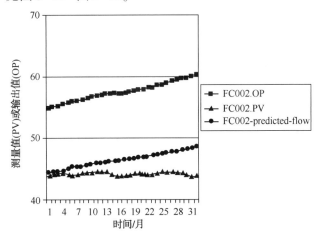

图5-11　rtSCDx 通过传感器测量值与预测值对比查找过程故障原因

rtSCDx 为传感器验证模块，该模块建立了控制器输出和相应流率之间的关系。当预测流率和测量(实际的)流率之间的偏差超出预先规定的容忍度，就会给现场操作人员产生一个诊断信息，并给出预警提示。如果预测的流率超出测量的流率，信息就会提示"检查传感器调节阀，检查泵的运行情况或者检查管线是否有堵塞"；如果测量的流率高于预测的流率，信息就会提示"检查下游的阀门是否打开了"。

rtEPMx 为设备效率监测模块，该模块计算换热器及加热炉等设备的实时热效率，并与该设备的设计热效率阈值进行比对。当实时计算热效率低于设计指标时给出预警提示：换热器可能因为结垢等原因造成换热效率下降，需要进行及时维护。

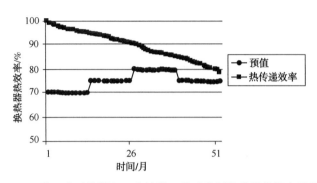

图 5-12　rtEPMx 基于实时数据和工艺计算，通过绘制换热器热效率进行状态监测

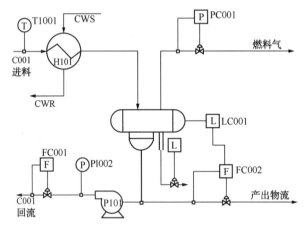

图 5-13　rtKMx 流程显示界面结合知识库进行故障原因查找

rtKMx 为知识模型模块，通常最富有经验的工作人员才能清楚地分辨出现操作问题的原因及相应的后果。该模块以现场操作人员的操作经验为基础，建立专家规则知识模型，通过各个参数之间的偏差及报警信息，判断是否出现故障并提示进行及时维护。

2. 国内异常工况管理系统介绍

在国内，很多科研机构开展了异常工况监测诊断和报警管理等方面的研究，开发了一些成熟的产品，在化工等过程工业领域已有许多应用成果，如中国石化青岛安全工程研究院的"石化装置安全运行监测与指导系统""石化装置报警管理系统"以及上海某公司的"DCS 报警管理系统"等，见图 5-14、图 5-15。

报警管理系统是一套用于建立完整报警系统的商业软件与解决方案。报警管理系统主要为操作人员、工程人员、技术人员和管理人员提供实时报警数据的监视、分析和展示，实现减少报警数量、消除反复的滋扰报警、提供报警统计分析报告等功能。建立一套有效的报警管理系统，可以帮助企业：

（1）提高操作员对异常状况的响应效率和能力，从而提升生产装置的安全性；

（2）减少异常状况发生的次数和波动的程度，从而减少非计划停车次数，减少生产损失；

（3）形成持续提升的管理机制，确保以上两点得以实现和保持。

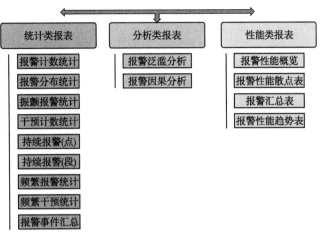

图 5-14　上海某公司"DCS 报警管理系统"的主要报表功能

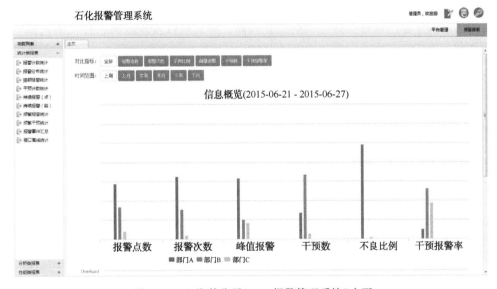

图 5-15　上海某公司"DCS 报警管理系统"主页

第二节　异常工况诊断技术与验证平台

一、异常工况诊断的技术要求

所谓的异常工况诊断就是正确地找到并识别出异常工况发生的根源，其最基本的要求就是正确性与实时性。生产过程异常工况诊断方法多种多样，而从生产运行的角度考虑，诊断方法应满足如下要求：

1. 对故障的快速检测与诊断

从安全角度来讲，故障发生后对故障的检测与诊断自然越快越好，这样才能防止故障进一步传播，避免更大的更严重的事故出现。然而，很多时候对故障的快速诊断与避免正常工况下的误报是矛盾的。过于追求诊断系统的灵敏性往往会将工况正常波动或者测量数据含有噪声的情况误报为故障。因此这涉及到既能保证诊断的快速及时又能确保较低误报率的问题，两者之间需要找到一个平衡点。

2. 对不同故障的分辨能力

分辨能力指的是诊断系统对不同故障的区分能力，也是诊断的准确性。同样，分辨能力越高对诊断系统的要求就越高，即诊断系统需要对过程对象有很深的了解，能够建立比较精确的模型，这就增加了建模的难度。

3. 鲁棒性

故障诊断系统的鲁棒性指的是能够避免受到噪声和其他一些不确定性因素的干扰。诊断系统通常会有一个阈值的概念，即某个参数超过阈值，就认为故障发生，反之则认为没有故障发生。过于强调鲁棒性会将阈值设置较高，导致难以发现故障；过低的阈值则可能受到噪声和不确定性因素的干扰，造成误报。

4. 对新故障的诊断

对诊断系统来讲，对新故障的诊断是一个难点。因为基于先验知识、历史数据的诊断系统往往难以诊断出新的故障。即使这样，用户仍然希望当新故障发生时，诊断系统能够识别出来。

5. 诊断结果的可信度分级

如果诊断系统能够表示出诊断结果的可信度或者给出结果错误的概率，那么就可以给用户的决策提供一个判断依据，增强用户的信心。

6. 诊断系统的自适应能力

对于过程工业来讲，过程对象的改变或者改进是比较普遍的，如外部输入变化、结构变化、操作条件变化等。这就要求故障诊断系统能够根据过程对象的变化而进行调整。

7. 对故障的解释能力

对故障诊断系统来讲，除了对故障的诊断能力，还有一个很重要的方面，那就是对故障的解释能力，即能够对故障的发生、传播路径、可能后果等做出说明。这样的话，就可以为用户提供更多的故障信息，为其决策提供更加有效的帮助。

8. 建模的要求

如上文所述，大部分故障诊断系统都需要建立过程对象的模型，因此从诊断的便捷性与建模所需工作量方面来讲，诊断系统所需要建立的过程对象模型自然越简单越好。同时模型能够具有复用性，能够被其他的对象模型共用。

9. 存储空间与所需计算量要小

当故障诊断系统的实时性要求较高时，其所需的计算量越小越好，算法的复杂程度越小越好。但是，这也可能需要较多的存储空间。随着计算机与诊断技术的不断发展，这方面的限制会越来越少。

10. 多故障诊断能力

多故障诊断一直是故障诊断领域一个较难的部分，主要是因为由于过程对象的复杂性，以及多个故障之间相互影响、相互关联，导致这些故障难以诊断、区分。

在故障诊断中，最理想的情况就是能够有一种方法兼具所有的要求，或者结合某些方法以满足上述要求。

二、异常工况诊断技术

目前可以用于工业系统异常工况监测诊断的方法主要分为两大类，一类是基于模型的方法，另一类是基于历史数据的方法。

基于模型的诊断方法可分为定量模型法和定性模型法。其中，定量模型法需要准确地测试过程对象的动态特性，然后运用先验知识和系统辨识等方法得到对象的准确数学模型，使其能够用算术方程、积分微分方程描述出来。定量模型法需要准确测试过程的动态特性，由于很难获取过程对象的精确定量动态模型，此方法实用性受到限制。因此，基于定性数学模型的故障诊断方法得到重视和发展。基于定性数学模型的故障识别和诊断方法中，图论方法是最有实用价值的一种，其中符号有向图（Signed Directed Graph，SDG）方法的应用前景被看好。

基于历史数据的故障诊断方法必须依据对过程系统已知的先验知识，此类方法不能离开历史数据。基于历史数据的故障诊断方法也可分为定量方法和定性方法。定性方法中应用最广的是基于规则的专家系统（expert system），又称为浅层知识专家系统。定量方法又分统计学方法（statistical）和非统计学方法两大类。两类方法都是对实时数据的抽样进行特征提取的方法。统计学方法包括主元分析法（Principal Component Analysis，PCA）、部分最小二乘法（Partial Least Squares，PLS）等。非统计学方法最常用的是神经网络法（Artificial Neural Networks，ANN）。具体方法分类如图5-16所示。

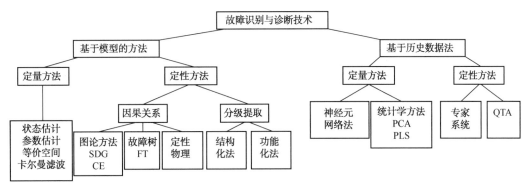

图5-16 故障诊断方法分类

下面简要介绍目前主要的诊断方法。

1. 基于模型的诊断技术

（1）基于解析模型的故障诊断

该方法属于定量的方法，需要建立诊断对象的精确数学模型，能够解决知识获取瓶颈问题，具有较高的诊断准确度，主要包括参数估计法、状态估计法和等价空间法。将化工生产故障的对应模型参数确定以后，就可以根据物料守恒和热量守恒列出所需的过程动态模型，以这些动态模型为基础构建的异常监测与诊断过程如图 5-17 所示。首先将动态模拟结果与现场采集历史数据相比较，观察实际装置的运行情况是否与理论预测相符合，该步骤组成了异常的监测过程。如果二者相差不大，则表明装置运行正常，只需继续进行监测即可；否则表明装置发生了正常操作以外的异常变化，需要进行诊断以查找故障源。由于外在异常特征是由内在的模型参数变化异常引起的，所以异常的诊断可通过动态模型的在线校正来进行，从而得到模型参数的变化过程。然后再根据具体参数的具体变化趋势，来获取当前异常的基础原因。操作人员应根据此处得到的异常原因来采取相应的处理措施，而系统则继续监测装置的运行情况。

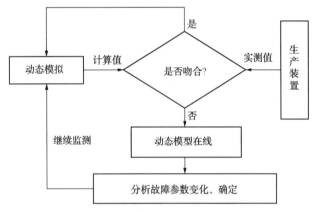

图 5-17　解析模型故障诊断步骤

（2）基于定性符号有向图模型的诊断

符号有向图是一种节点（Nodes）和节点之间由方向连线又称支路（Branches）构成的网络图，称之为 SDG（Signed Directed Graph）。SDG 模型中的节点表示过程系统中的物理变量，如流量、温度、压力等；支路表示节点间的因果影响关系。如果主变量变大，从变量也变大，即两个变量同时往同方向变化，则为正影响，否则为负影响。

图 5-18 为某储罐系统示意图，由一个储罐、两个进出阀门、一个液位控制组成。图 5-19 是其对应的 SDG 模型。在该模型中，阀门开度对阀门流量是正影响，而出口阀的流量对储罐液位是负影响。SDG 看似简单，它却能够表达复杂的因果关系，并且具有包容大规模潜在信息的能力。

SDG 具有包容大量信息的能力，在人工智能领域，称 SDG 模型为深层知识模型（Deep Knowledge Based Model）。运用 SDG 模型揭示复杂系统的变量间内在因果关系及影响，是定性仿真的一个重要分支。SDG 模型又称为定性模型（Qualitative Model）。

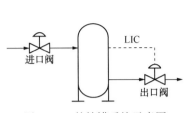

图 5-18　某储罐系统示意图

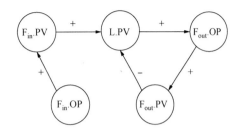

图 5-19　储罐 SDG 图

SDG 具有揭示潜在危险以及故障在系统中传播规律的特殊作用，二十多年来在危险级别非常高的化学工业、炼油及石油化学工业领域，为了进行有效的计算机自动化危险与可操作性分析（HAZOP，Hazard and Operability Analysis）以及在线故障诊断（On-line Fault Diagnosis），许多学者进行了不懈的努力。随着计算机技术和自动控制技术的突飞猛进，近年来 SDG 在化学工业领域中的应用，特别是在安全评价方面取得了重大进展。

（3）基于故障树模型的诊断

故障树分析法（Fault Tree Analysis，FTA）是一种将系统故障形成原因，按照树状结构逐层细化的图形演绎方法，常用于系统的故障分析、预测和诊断，并有助于找出系统的薄弱环节，以便在设计、制造和使用中采取相应的改进措施。

通过分析可能造成系统故障的各种因素，FTA 能够计算故障原因的发生概率。故障树模型包含系统所有的故障模式，保证了知识获取的完整性。利用 FTA 的信息进行故障预测，可以避免传统专家诊断和预报中缺乏故障信息的问题，提高故障诊断和预测效率。

2. 基于历史数据的诊断技术

（1）基于神经网络的诊断

人工神经网络具有适合故障诊断的许多优点。它可以处理非线性的不确定问题，可以通过训练历史数据学习故障，而且具有很强的抗噪声能力，适合测量含有噪声的变量。此外，神经网络的自适应性很强。

目前应用于故障诊断的网络类型主要有：BP 网络、RBF 网络、自适应网络等。BP 网络输出层的输出单元在[0，1]之间，因此特别适用于模式识别、故障诊断的应用。一些研究者已经将 BP 算法用于过程的故障检测和诊断。用 BP 算法训练的网络具有从训练样本集中学习输入-输出模式的能力，利用这些知识能诊断新故障的原因。

对于石化装置等大型诊断系统，神经网络的训练往往非常耗时，并且不易成功。基于对石化装置的深入研究，可将一套石化装置分割成若干子系统，对每个子系统建立子神经网络。每个系统产生的故障只与相应的数个监测仪表相联系，对应监测仪表的个数在软件实现时由工艺人员根据实际情况动态确定，有比较大的灵活性，为诊断系统自学习和人工学习留有一定的空间。

（2）基于数理统计的诊断

石化过程通常是多变量、非线性的，将过程多个变量反映到一个多维状态数据空间里，采用状态空间方法分析可以更全面、直观和有效地描述过程状态的变化。过程状态空间可由机理分析和多元统计分析确定。应用多变量统计方法对过程降维，就是确定状态空间、

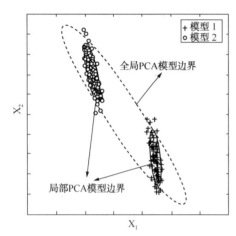

图 5-20 两个过程模态下的全局 PCA
模型边界与局部 PCA 模型边界

获取和约减独立变量的过程。多变量分析方法中的主成分分析 PCA（Principle Component Analysis）是目前常用的方法。

过程多模态的形成是由于化工产品要求的变化或进料的改变（如炼油装置的原油进料并不稳定）等因素引起过程操作条件的变化而导致的，在不同的模态下，样本空间分布状况和过程变量之间的关系会有所不同。因此若以所有模态下样本建立过程的全局 PCA 模型就会增加漏报率，如图5-20 所示；而以某一工况样本建模，应用在线更新模型以适应过程的缓变特性则会在模态过渡时期产生误报。

目前对这一类问题的解决方案是：根据包含多个模态的历史数据，识别出过程历史上的不同模态及其所对应的样本簇（即模态划分），然后对每个模态建立局部 PCA 模型，在线运行时对每个实时样本首先判断其所属模态，然后调用对应的局部 PCA 模型进行故障诊断。

实时监测时，利用自适应聚类方法，计算得到装置运行状况的综合指标，以该指标评判当前工况是否正常。如果不正常，则判断是否落入已经发生过的"异常"模态。如果是，则给出正常/异常的说明；如果未落入已有模态，则当前"异常"工况持续超过某一时间长度或经人工确认后，自动学习为新模态。同时，将当前"异常"模态发现的异常报警等信息传入专家系统处理。

（3）基于专家系统的诊断

专家系统（Expert System，ES）是一种智能计算机程序系统，其内部含有相关领域专家的知识与经验，能够利用专家的知识和方法来处理该领域问题。专家系统能模仿专家分析问题和解决问题的思路，而且能够解释自己的推理过程，解释结论是如何获得的。无论是在理论上还是在工程上应用都很广泛。故障诊断是专家系统的一个传统应用领域，早期的许多专家系统就是用来进行医疗诊断的，如 MYCIN、CASNET 等。

专家系统结构如图 5-21 所示：一般专家系统由知识库、数据库、推理机、解释部分及知识获取五部分组成，其中知识库和推理机是专家系统的核心。

目前通常采用 CLIPS 作为专家系统的开发工具。CLIPS 为知识的表示提供了固定模式，并提供一个推理机去执行该语言编写的程序，使专家系统的构造变得很简单。

（4）基于定性趋势分析的诊断

定性趋势分析（Qualitative Trend Analysis，QTA）是一种数据驱动的半定量故障诊断方法，近

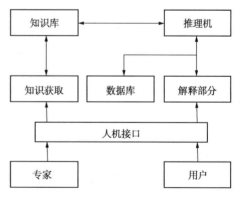

图 5-21 专家系统结构图

些年来也获得了较大的发展，并被成功地应用到化工过程故障诊断中。

目前，基于 QTA 的故障诊断方法主要包括两部分：

① 从含有噪声的过程数据中将变量的定性趋势提取、识别出来。采用的描述趋势基元有一种基元、三种基元、七种基元等。同时，趋势提取的方法包括基于多项式拟合趋势提取方法(包括固定窗口宽度、可变窗口宽度等)和多尺度趋势提取方法等。

② 将提取、识别出的定性趋势与故障库中的趋势进行比较，确定故障。即研究不同定性趋势之间的相似性，主要方法有：比较一二阶偏导符号的方法、基于模糊逻辑的匹配算法等。

但在实际应用中，仍有一些不足难以克服，体现在两个方面：

① 基于 QTA 的故障诊断方法都依赖于一个存储故障趋势的数据库，这样当故障发生时才能够对趋势进行匹配，诊断出发生了什么故障，构建故障库本身就是个难题；同时当新故障或者多个故障发生的时候，由于数据库中没有故障趋势，很可能难以诊断出真正的故障。

② 随着传感器变量的增多，需要存储的故障趋势会越来越多，故障诊断时的计算量会大大增加，降低了效率。

尤其对于化工过程这样的大系统来讲，涉及的变量成百上千，变量之间通过能量流、物质流和信息流互相关联。一旦故障发生，在系统中传播，各个变量表现出的趋势千差万别，并且会随着时间不断变化。传统方法需要故障库去存储这些变化，本身就十分困难，还要去提取趋势与库中的趋势一一比较，更加困难。尤其是新故障或者多故障发生时，库中没有新故障，故无法识别。同时多故障对应的排列组合太多，不但故障库无法存储，且比较匹配过程的复杂度也会急剧增加。

3. 基于信息融合的异常工况监测诊断技术

对比上述两大类故障诊断方法，由于定量模型法基于精确数学模型，所以具有比较好的早期感知能力和分辨率，但是它对噪声和虚假信号的鲁棒性很差，而且复杂系统的精确模型很难得到，当工艺流程改变时，适应能力也很差。统计分类法和神经网络法易于使用，对噪声的鲁棒性也较好，然而对于新故障或未知故障的诊断无能为力。

由于故障识别与诊断面对的是多变的、复杂的过程系统，目前尚没有一种方法能普遍适用于各种工业的多种故障诊断。因此将数种实用的方法并行或者相互融合取长补短是可行的发展方向。中国石化青岛安全工程研究院提出了基于信息融合的异常工况监测诊断技术。该技术的主要特征是对异常工况进行分类，针对不同类型的异常工况采用不同的诊断策略。异常工况类型按照其发生规律及操作人员的反馈，可分为"确定型"和"不确定型"。"确定型"异常工况是指操作人员可以预计发生原因、异常传播路径、表现非常明确的异常工况；"不确定型"异常工况是指操作人员未遇到过并很难预计会发生的、产生原因可能是随机的异常工况。二者各有特点，因此应采用不同的方法进行处理。对于"确定型"异常工况，基于机理定量模型、故障树、专家系统等方法效果较好；对于"不确定型"异常工况，采用数理统计、符号有向图等效果较好。

基于信息融合的异常工况监测诊断技术针对石化过程故障模式与特点，运用多种定性推理技术与定量征兆提取技术，实现异常工况的监测预警、根原因分析及决策支持。以石化装置的多源数据和多源知识的融合为基础，进行了信息获取与处理、异常工况识别、异常工况诊断三个层次的研究。所采用的技术路线如图 5-22 所示。

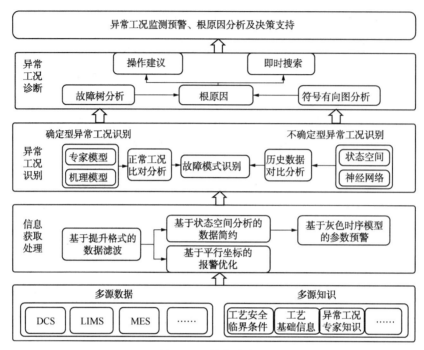

图 5-22　技术路线图

在异常工况识别阶段，针对确定型异常工况识别，采用基于专家系统和机理模型监测推理技术，通过与已定义正常工况对比分析，实现确定型异常工况的识别；针对不确定型异常工况识别，采用基于状态空间分析和神经网络技术，进行历史数据对比分析，实现确定型异常工况的识别。

在"智能诊断"阶段，对于识别出的"确定型"异常工况，采用基于故障树分析技术进行根原因的推理分析。对于"不确定型"异常工况，采用基于符号有向图技术进行根原因的推理分析，并根据报警点的偏离程度，结合模糊规则，在故障逻辑关系模型里找到异常最有可能发生的根原因。对于"确定型"的异常工况，可以根据其已有操作方案直接给出操作指导；对于"不确定型"异常工况，基于网络的即时搜索技术，通过关键词匹配从异常工况多元知识库中查找相关信息与案例，辅助操作。

三、异常工况分析测试试验平台

为将各种定性、定量的监测预警模型及算法进行检验与验证，以解决工业生产中的问题，需要搭建一个与真实工业过程相似的研究平台，尽量贴近工业真实环境。在实际工业现场，可通过各类 IO 采集接口将分布在全厂范围的生产实时数据集成到一个统一的实时数据库平台中，监测预警系统可从实时数据库平台提取诊断算法所需要的实时和历史数据。中国石化青岛安全工程研究院按此模式搭建了一个模拟真实过程的研究平台——"石化装置异常工况分析测试试验平台"，用于离线监测预警研究，如图 5-23 所示。

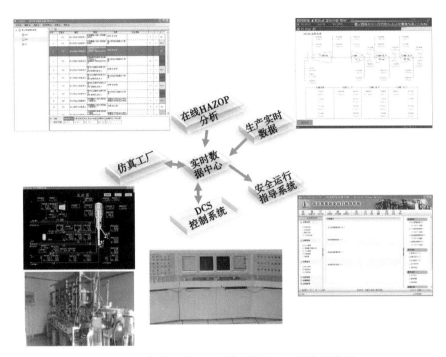

图 5-23 石化装置异常工况分析测试试验平台示意图

该试验平台的主要实验装备包括实时数据库、过程仿真模拟软件、异常工况监测预警与诊断系统等，硬件设施由服务器、仿真计算机、DCS 控制系统、ESD 紧急停车系统等组成，打造出具有石化生产过程模拟、状态监测与故障诊断、安全仪表联锁等功能的系统安全完整性等级评估的安全研究中心。该安全技术综合试验平台可用于研究、开发、试验、测试和验证危害识别与分析技术、故障诊断技术、异常工况指导信息系统技术等，同时也是所开发应用系统的示范环境和技术培训环境。该安全技术综合试验平台不仅可以进行单个装置的试验与研究，还可以在此基础上提供全厂性的安全工程解决方案。该试验平台的主要功能为：

1. 实时数据库

作为研究平台的数据交换中心，管理来自于专用模拟软件的实时数据和生产装置的案例历史数据，为各种监测预警算法提供贴近真实装置的实时和历史数据，为算法研究提供良好的基础环境。

2. 仿真工厂

为了更好地进行危险化工工艺的异常工况监测预警与诊断研究，建设了实物与软件融合的仿真平台，可建立化工、炼油等多种生产装置的生产流程仿真对象，所有仿真对象均按照工业生产装置的运行参数和工况开发设计。

3. DCS/仿 DCS 控制系统

为了贴近工业实际，对于实物仿真，采用了 DCS 控制系统；对于软件仿真，建立了仿 DCS 控制系统。

4. 在线 HAZOP 分析

运用 SDG-HAZOP 的定性检验与验证(Verification and Validation)方法,可开展基于 SDG 的 HAZOP 分析。

5. 安全运行监测与指导系统

采用基于模型的 SDG、专家系统等定性方法,融合机理模型、人工神经元网络、主元分析等多种定量方法,进行监测预警与诊断研究,开发安全运行监测与指导系统。采用仿真对象代替工业生产装置和自动化控制系统,其余部分与实际应用对应。在试验研究中,对仿真对象施加各种干扰、触发各种事故工况,工况数据被收集存储于实时数据库系统中,利用各种监测预警算法调用实时数据库中的实时数据和历史数据进行故障检测与诊断。

第三节 报警管理规范与技术

一、报警与报警管理

1. 报警与报警管理

随着装置规模的大型化与控制集成度的不断提高,为了及时掌握装置的运行情况,控制室内根据生产操作需要设置了大量报警,其目的是提醒操作人员生产过程或设备出现了偏离正常的异常情况,需要及时处置以排除隐患,从而保障生产安全运行平稳,防范事故发生。通常一个报警需要具有 3 个要素:首先,报警需要由非正常状态所触发,例如设备故障、过程偏离等;其次,报警的接收对象为操作员;最后,以屏幕显示、声音等各种方式发出的报警,需要操作人员做出响应,并根据报警的类型和程度进行记录、人工确认、启动自动程序、启动紧急流程等。报警是异常工况的直接体现,减少不必要的报警数量、同时提升报警质量可以提升操作人员发现装置异常工况的准确率,降低操作人员的精神损耗,提高装置的安全平稳运行水平。

一个报警的生成需要监测对象和报警逻辑。监测对象一般是一个过程变量或者状态变量,可以是连续量或离散量,也可以是若干变量的集合。报警逻辑是指如何根据监测对象的状态生成报警信号,最常见的方式是将变量值与报警限进行比较,根据其结果决定是否报警。

报警管理即报警系统管理,是对报警系统完成决策、建档、设计、运行、监控、维护等任务全过程的管理。其作用是防止故障影响进一步扩大,导致紧急停车系统启动甚至更严重后果。报警管理是一个过程,通过这一过程实现报警的监测、管理和工程化,从而保证安全、可靠的操作。过度频繁的报警会干扰操作人员的判断与处置,而缺少关键的报警则不能及时发现和处理生产过程中存在的风险,带来严重的安全隐患。

2. 报警系统常见问题及成因

有效的报警应能提示操作员哪儿有问题,而不是用无关的信息和没有指导意义的报警打扰他们。设计良好的报警可以告知操作员需要采取的动作。设计低劣的报警系统会导致操作人员丢失关键警报,或者对报警做出错误的响应,进而引发非预期关机、产品质量降低、设备损坏或者更严重的问题。操作人员越来越少,因而每个操作人员的职责就越大(每个工作人员负责更多的回路),这进一步加剧了报警的问题。

报警系统最危险也是最难以解决的问题就是报警洪灾。报警洪灾通常是伴随系统事件而发生。报警洪灾使得操作员难以处理报警和难以判断事故发生的原因。每当工厂发生波动时,装置报警数量就大大增加。例如有的企业平时全厂一天报警约 3000 条,当工况发生波动时,一天报警数量就会达到 20000 条以上。如图 5-24 所示。

在复杂的生产环境中工程师倾向于设置尽可能多的报警点。原因之一是有了集散控制系统的帮助,成批量设置报警点变成了非常容易的一件事。以一个 PID 功能块为例,它可以有高高报、高报、低报、低低报、高输出报、低输出报、IOBAD、高偏差报、低偏差报 9 个以上报警设定

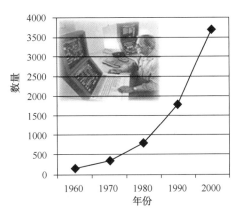

图 5-24 控制室每个内操人员
岗位设置的报警数量

值。在使用 DCS 系统以前,报警一般采用盘装声光报警器,一般一个装置报警器数量不超过 200 个。在早期的控制室里,每个报警信号都是通过单独的硬件连接到控制台的,工程师必须对每一个连接到面板上的报警进行必要性评估。因为报警都是物理报警,如面板、灯屏等,每一个报警都需要花费很高的成本,并占用面板上为数不多的空间。而现代的控制室里,由于集散控制系统(Distributed Control System,DCS)、可编程逻辑控制器(Programmable Logic Controller,PLC)、现场总线控制系统(Fieldbus Control System,PCS)的广泛使用,报警的生成和采集已经非常容易,可以直接在软件中生成,省去了专门的硬件开销。只要认为某个变量很关键,就可以通过设置报警限和判断准则来产生报警信号,因此产生了数量巨大的报警信号。控制室今昔对比如图 5-25 所示。

(a) 现在的控制室

(b) 过去的控制室

图 5-25 控制室今昔对比

由于设计的随意性较大，产生的报警数据中存在有大量的冗余和虚假信息，称为无效报警，而真正有效的信息却淹没其中，反而影响了报警的效果。很多操作员凭借经验，对大量报警视而不见，使报警无法发挥最佳效果。这种报警通常是由于维护问题造成的，消除这种报警是改进报警系统的主要目标。

另一个原因是人们普遍认为设置的报警点越多，对于整个流程工业系统的安全保障程度越高，系统可以尽早发现不良状况。但是，由于解除报警的操作会消耗一定的时间并且还受到报警操作范围内操作员数量和人员精力限制，过多的报警点设置导致报警超出人员的能力负荷。报警洪灾发生时产生的大量重复因果报警与滋扰报警通常会掩盖需要急切解决的关键报警，导致操作员无法在大量报警中快速准确地定位关键报警，及时解决工厂故障，最终导致工厂停工。

报警系统中存在令人厌烦的报警（Nuisance Alarms）和常驻报警（Stale Alarms）是造成报警洪灾的主要原因。令人厌烦的报警是频繁发生并不需要操作员响应的报警，这种报警分散了操作员的注意力，降低了对真正报警的响应能力。常驻报警是持续保持很长时间的报警，长时间操作员没有响应，或者操作员已作出了响应，但报警没有确认或没有清除。这些报警通常会使操作员看不到另外一些有用的报警。

令人厌烦的报警及常驻报警产生的主要原因包括：

① 报警限设置不当，没有任何问题时产生的报警；

② 存在不必要的测量点；

③ 设定报警点时不知道要求操作员做什么；

④ 没有考虑过程变量的交互作用；

⑤ 环境变化可能影响仪表；

⑥ 小的扰动产生的报警；

⑦ 报警重复；

⑧ 单个报警设置，未考虑整个工艺过程；

⑨ 控制回路有问题；

⑩ 仪表维护问题；

⑪ 输入数据有误。

另一个普遍问题是报警显示不够清楚，引起报警的原因不明确或者操作员对报警响应动作不清楚，最终导致正确响应延迟或者没有响应。DCS系统中的一些报警，操作员不知它是什么报警，特别是一些开关量状态，如一些阀门开关回讯状态、机泵开停状态等。这导致了控制室的超负荷报警、空报警、报警浪涌和错误优先级报警，所有这些都会降低操作员的效率。

3. 实施报警管理的重要意义

一个优秀的报警管理系统应能：指导操作员快速定位故障，及时响应处置，减轻操作员负荷；引导操作员优先操作优先级别高的报警，减少事故和停工，改善过程控制，提高安全性；减少系统对操作员经验的依赖；预防、预测、提早发现隐患；并使管理员能够更加快速地对以往事故进行查看，对生产的安全性进行量化管理。

实现报警的有效管理具有非常重要的现实意义。这不仅是安全管理的需要，而且能够提高装置的平稳率。它的重要性通常体现在以下几个方面：

① 在工艺过程波动时帮助操作员操作；

② 减少工艺过程故障停工；

③ 在工艺过程波动时避免控制系统超载；

④ 帮助及时发现问题；

⑤ 识别出可以改进的区域；

⑥ 及时发现需要维护的仪表；

⑦ 识别出在工艺过程、控制和操作方面需要改进的地方。

二、报警管理标准与实施

报警管理的相关技术标准是以人的可靠性为依据而建立的。依托人机工程学，它的定义原则、评估性能指标等都是从人员可接受的负荷、人员的失效概率等方面定义的。报警评估的等级将平均报警率、峰值报警率和扰动率三个指标，具体化为每小时（或是 10min）报警数量。报警优先级的确定是为了避免出现报警泛滥，报警优先级高的情况通常较少。当出现异常报警过多时，可以直接过滤中级和低级报警，只关注高级报警。

1. 报警管理生命周期

ISA 18.2 标准给出了报警管理的生命周期，见图 5-26。报警管理生命周期涵盖了报警系统规格书、设计、实施、操作、监控、维护和变更活动，从最初的构想直至最后解除。

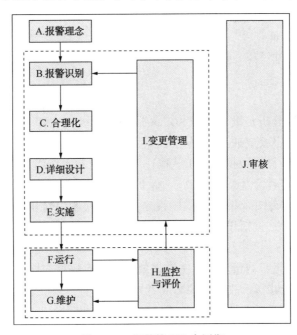

图 5-26 报警管理生命周期

报警系统管理生命周期分为 10 个阶段：报警理念阶段是指建立基本定义和基本原则，用以设计、实施和维护报警系统；报警识别阶段是在所建立的基本原则下，选择需要设置报警的潜在过程变量集合；合理化过程是基于报警理念，审查过程变量集合、报警优先级等；详细设计阶段包括确定报警阈值和使用先进报警技术，提高报警系统效率；实施阶段包括报警系统硬件软件设置和对于操作人员的培训；操作(运行)阶段是报警系统现场应用阶段；维护阶段需要停止报警系统，对其软件硬件设置进行更改；报警系统性能监测和评估阶段将报警系统运行效果与报警期望目标进行比较，根据结果确定是否需要对其进行维护；变更管理阶段主要对变更要求进行批准并记录，报警系统变更需要重新经过报警识别到实施的各个阶段。

报警管理生命周期包括三个循环，该流程共有 3 个入口——A，H 和 J，分别对应策划阶段、运行阶段和审核阶段。图中包含 3 个闭环，第一个是监控与维护，第二个是监控与变更，第三个是整个生命周期本身。

（1）报警理念

报警理念主要是根据需求，明确报警系统应实现的总体目标，并具体化为报警选择、配置、优先级设定等一系列方案，作为报警系统设计与改造的指导方针。其主要内容包括：

① 如何选择报警；

② 如何确定报警的优先级；

③ 如何配置报警；

④ 解决令人厌烦的报警；

⑤ 处理报警的方法；

⑥ 如何监测和评价报警系统的性能；

⑦ 报警发现、表述和公布；

⑧ 报警的操作员界面；

⑨ 操作员如何响应报警；

⑩ 报警系统变更管理。

（2）报警识别

报警识别、归档及分析是设置报警和定义报警优先级的主要方法，是报警管理全生命周期的关键阶段。所有报警应通过合理化分析后确定。分析工作所需的基础文件包括管道和仪表流程图(P&ID)、设备数据表、工艺操作手册、控制系统组态数据库、过程危害分析(PHA)、危险和可操作性分析(HAZOP)、保护层分析(LOPA)及类似审查结果、紧急停车(ESD)或安全联锁逻辑图及报警、联锁设定值表、控制系统流程画面图等。分析结果应归档至主报警数据库，包括设定值、分类、优先级、原因、后果、操作员动作、响应时间等。

为了减少不必要的报警数量，突出关键报警，报警点选择应同时考虑遵循以下原则：

① 该报警点是否能够指示故障、偏离或者异常状态；

② 该报警点是否需要操作员定时响应以避免特定后果发生；

③ 该报警点是否独一无二，或者是否有其他报警能够指示同样的情况；

④ 该报警点是否是异常状态的最佳指示。

这里指的操作员响应是有效的操作人员响应，例如启动备用泵或者打开阀门，能够改变过程行为，毕竟简单地知晓报警发生或者将其记录下来远远不够。如果操作员的响应无法定义，那么候选报警条件就是无效的。

（3）报警值的设置

应根据过程危险与风险分析、工艺及设备的安全设计保护等要求，确定需要报警的参数，并按照工艺要求、生产经验及操作人员响应时间等因素设定报警值。

对于一个过程变量报警限的设计是个复杂的过程，需要考虑很多因素，如可以容忍装置运行正常的波动，又如在装置保护系统运行之前操作员须有足够时间处理报警，同时还要考虑报警变量的数据变化率等。设计报警限时，参考 EEMUA 的标准，如图 5-27 所示。在设计一个变量报警上限时，需要考虑两个间距：A 是正常操作的变量最大值与报警限之间间距；C 是报警限与装置保护系统启动最小值的间距。A 与 C 是一对矛盾的组合，取决于报警限的设置。当报警限过小时，即 A 减小，C 增大，此时由于变量数据接近报警限，使得容易触发报警，且此报警大多数为错误或无效报警。当报警限过大时，即 A 增大，C 减小，此时留给操作员响应及处理报警的时间缩短，同时对装置保护系统的要求提高，对于异常状况的处理也是不利的。因此，报警限的设计要合理，需要充分考虑各种情况。

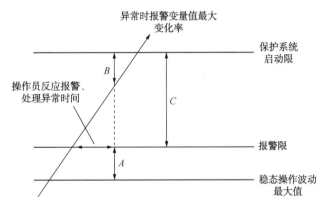

图 5-27　报警值设置示例图

报警值的大小决定了报警系统对监控参数的灵敏程度，若将该值设置过大，当设备参数超标时，报警系统也不会及时作出反应，必然会导致漏报现象的发生，这不仅不能满足生产工艺的要求，同时对现场操作人员的人身安全以及设备系统的安全构成极大的威胁；反之，若将报警值设置过小，设备上的相关参数稍有波动就有可能触发报警而导致频繁报警，不仅无谓地增加了操作人员的工作量，更严重的是混乱了报警秩序，延误对重要报警的处理。所以，设置合理的报警值不仅可以提高操作人员的工作效率，降低误操作率，而且还可以大大提高设备运行的安全性与稳定性，最终确保生产的顺利完成。

（4）报警优先级的设置

报警优先级表明了报警的重要程度，可以帮助操作人员确定首先对哪个报警做出响应，因此，对于过程安全的有效控制，报警优先级是十分关键的。在响应报警时，优先级作为一个重要参数被长期忽视，根据 EEMUA-191—2013《报警系统：一个对设计、管理和采购的指导》规定，报警必须有明确的优先级（3~5 级），并以清晰的方式呈现给控制员，即不同优先级要配置不同的、容易区分的声音和颜色，方便控制员做出响应判断。

确定报警优先级依据两个原则：①未设置报警或报警未被及时正确响应导致的后果严

重程度，后果主要考虑人员、公共场所或环境、经济三类影响，严重程度分为无影响、影响较小、影响较大、影响严重 4 个等级，以各类影响中的最差情况作为最终的后果严重程度；②允许响应时间，即从报警发生到后果产生的时间，分为紧急响应、快速响应、按时响应 3 个等级，允许响应时间超过 30min 的报警应取消或重新设置。可根据后果严重程度和允许响应时间矩阵确定报警优先级。引起全厂、全装置重要单元紧急停车的关键报警或引起安全、环保和人身事故的重大报警，设置为紧急级别的报警。

优先级的主要影响因素为报警最大响应时间和后果严重度，等级设定也由此而来。API RP 1167—2010《管道 SCADA 系统报警管理》为管道行业制定了一个优先级评定矩阵，把响应时间分为四级，后果严重程度分为三级，如表 5-1 所示。一个报警的最大响应时间是从报警发生到不可接受后果出现之间的时间，反映了报警的紧急程度，包括控制员动作（判断、命令和执行）和操作员动作（命令接受和执行）如何设置报警点关系到是否能够发现装置运行过程中的潜在风险并消除安全隐患，因此合理设置报警点及其重要。而每个级别的报警又可以进行预定义，分别设置是否需在操作站 CRT 上显示，是否需打印输出，是否需保存到历史文件，是否需二次报警以及可以设置报警恢复和确认后控制点的闪烁及色变方式。工作人员利用这灵活实用的报警级别设置就可以很方便地为每个控制点量身定做出不同报警处理的报警。

表 5-1　报警优先级划分依据

报警不响应的后果等级				
冲击范围	后果 级别1(无)	后果 级别2(轻微)	后果 级别3(严重)	后果 级别4(十分严重)
人员	无	轻微少或无伤害， 无时间损失	1 处或多处伤害	致命或致残伤害
环境	无	轻微	泄漏导致机构声明、 违规或者罚款	对周边环境具有严重 影响的重大泄漏
经济	无	对设备或生产的影响 <30 万元	对设备或生产的影响 在 30 万元到 300 万元之间	对设备或生产的影响 >300 万元
操作人员响应所需时间				
一般(>30min)	无报警	低	低	中
快速(15~30min)	无报警	低	低	中
迅速(5~15min)	无报警	低	中	高
立即(<5min)	无报警	中	高	紧迫

在进行报警优先级评估时必须确定由于未对候选报警及其优先级进行完善管理而导致的直接后果，而不是一系列故障所造成的后果。例如，安全报警的潜在后果可能是导致安全仪表系统失效，而不是直接引发危险事件。如果不采取响应的后果无法确定，那么候选报警应该被移除。例如，如果一个高液位报警的唯一直接后果是触发超高液位报警，那么这个高液位报警就没有存在的必要了。

下一步就是评估响应的紧迫程度，即操作人员所需响应时间。所需响应时间可以代表操作人员必须开始响应所需的时间，或者代表从报警产生到操作人员响应能够阻止后果发生的最后时刻的时间间隔。如果时间过长或者过短，候选报警应该重新设计或者此条件应该在报警系统之外进行处理。

（5）报警分类

报警大体分为系统报警和过程报警，系统报警是指当 DCS 系统设备出现异常时的报警，它可对整个 DCS 系统包括操作站、控制站、网络、输出设备等进行实时检测。过程报警指按照工艺指标对生产过程数据的异常发出的报警。当前产生的报警会出现在操作站屏幕上方的信息区域，之前的报警可以在操作站上调用过程报警画面和系统报警画面，其报警内容是按照时间顺序显示过去最新的 200 条报警。如果还需查寻更早的报警，可以进入到历史记录画面，在历史记录里可以按站点、按位号、按报警发生时段有选择性地进行报警显示，在历史记录里可以记录最多 20000 条报警信息。报警类型看似简单，但要做到活学活用就需对其进行全面深入的了解，现例举几个常用类型的报警进行阐述：

① 报警器

对于开关量信号，比方说现场的液位开关信号、泵启动信号、联锁发生后的警示信号等，因为这类信号不像模拟量信号可以通过各类报警限设置报警，如果需要将这些信号作为报警信号可以将其组态成报警器，在需要时用程序进行激活显示在操作站的 CRT 上。报警器是需预定义的，依据开关量的性质和内容编辑出相应的报警提醒文本。

② 偏差报警

偏差报警指当调节回路的测量值(PV)偏离设定值(SV)超过偏差设定限(DL)时，即发生报警，偏差设定限(DL)可以在操作站上设定。DV+为正偏差报警，DV-为负偏差报警。

使用举例：树脂塔再生程序的洗涤 I，反洗，HCl 再生，洗涤 II，NaOH 再生，洗涤 III 等再生步骤中都需用到无离子水，其对无离子水流量 FICA-1161 的大小及波动范围都有一定苛求，这允许的波动范围就可用偏差限(DL)来限定。同时树脂塔再生程序中包含一个无离子水流量检测中断程序，在上面的再生步骤中都实时检测无离子水流量 FICA-1161 的偏差报警，一旦流量 PV 值偏差 SV 值($DL=2m^3/h$)时即暂停当步运行计时器，并在偏差报警恢复后，重新启动计时器，以保证每个再生步骤都能优质完成。

③ 速率报警

速率报警指在单位时间过程值(PV)的变化值超过速率设定限(VL)值时，即发生报警，速率设定限(VL)可以在操作站上设定。VEL+为上升速率超限报警，VEL-为下降速率超限报警。最典型应用在电解槽电流 IIZA-1230 的检测上，IIZA-1230 如果出现异常变化不仅影响生产的稳定控制而且对电解槽的离子膜也有很大伤害。但因为电流值是根据生产要求而定的，其没有一个固定工作值，因此对其设定高低限报警值就意义不大；又因为其为检测回路不存在 SV 值，因此也不可能设置偏差报警进行警示。于是我们利用速率报警可以很方便地诊断出电解槽电流是否有异常变化。

④ 反馈不正常报警

对于类似程控阀、电机等同时具有开关量输出信号和反馈信号的设备，可以在软件上定义为一个 SIO 表，这样当开关或开停现场设备时如果现场设备无相应的信号返回，DCS 系统就会自动生成一个反馈不正常报警，操作工便可以及时通知仪表或电气人员检查 DCS

至现场设备之间的回路哪里出现异常。反馈不正常报警有两种：（Ⅰ）ANS+报警：指 DCS 已输出开(阀门)或者启动(电机)信号，但现场(阀门)开或者(电机)运行的反馈信号尚未传回。（Ⅱ）ANS-报警：指 DCS 已输出关(阀门)或者停止(电机)信号，但现场(阀门)关或者(电机)停止的反馈信号尚未传回。

现以程控阀为例(以阀门反馈开关的触点闭合表示阀门闭合到位)阐述如何依据反馈不正常报警排查回路中的故障。

（Ⅰ）输入回路的检查：

a. 检查阀门阀位，出现 ANS+报警，检查阀门是否全开，出现 ANS-报警，检查阀门是否全关。

b. 检查反馈开关，出现 ANS+报警，检查阀门反馈开关是否有受潮短路情况，反馈开关是否有卡住不能弹出情况；出现 ANS-报警，检查阀门反馈开关是否有接线端脱落情况，反馈开关是否有闭合不到位情况。

c. 检查电缆线路，出现 ANS+报警，检查电缆线路是否有受潮短路、短接情况；出现 ANS-报警，检查电缆线路是否有断路情况。

d. 检查卡件，检查卡件是否能正常接收开关量输入信号。

（Ⅱ）输出回路的检查：

a. 出现 ANS+报警，按顺序检查卡件、继电器、输出回路各接线端子处是否有 24V 输出，出现 ANS-报警反之，如有异常即为该部件有故障。

b. 检查程控阀的电磁阀，出现 ANS+报警，检查电磁阀是否有 24V 供电；出现 ANS-报警，检查电磁阀 24V 供电是否断掉；检查电磁阀是否能在正常供电的情况下通断正常。

c. 检查气源，气源压力低会造成阀门开关不到位。

d. 检查程控阀本身是否有卡住等故障现象。

⑤ 开路报警。

当模拟信号回路出现短路或者断路，DCS 系统会提示开路报警，共有如下四种开路信号：

（Ⅰ）IOP 报警，对电流/电压输入信号为输入短路提示，对热电阻信号为输入开路提示。

（Ⅱ）IOP-报警，对电流/电压输入信号为输入开路提示，对热电阻信号为输入短路提示。

（Ⅲ）OOP 报警，为输出短路提示。

（Ⅳ）OOP-报警，为输出开路提示。

一般仪表人员看到短路报警提示可以检查现场表头是否出现受潮短路情况，看到断路提示可以检查电缆线路各接线端子和现场表头接线是否出现脱落断开现象以及表头本身是否有故障而无信号输出。

（6）报警处置方式

① 报警隔离

在工艺生产中，DCS 操作和监控是按照装置进行划分的，操作工只允许操作本装置甚至是本工段的设备，同时也只需接收本装置甚至是本工段的报警信息，因此这就需要在

DCS 系统中用软件按装置对操作及报警进行隔离。在实际组态中利用系统提供的操作分组功能，将操作站按装置进行分组，从而成功屏蔽了来自其他装置的报警信息干扰，同时阻止了其他装置操作站对本装置发生的报警进行越权确认，保障了操作工集中准确地对本装置进行监控。

② 屏蔽报警

在工业控制中并不是报警越多越好，有些报警属于垃圾报警，比方说当过程值在报警限附近来回波动时频繁产生的高低限报警，当现场进行设备检修时频繁产生的开路报警等等，这些已知的报警不但严重干扰了操作人员正常的生产监控，而且大量充斥历史记录，使有用的历史记录被覆盖。这就有必要对这类报警进行屏蔽。根据具体情况有以下三种解决方案可以实施：

（Ⅰ）设置报警回差：

对于过程值在报警限附近来回波动情况，在工艺允许的情况下适当加大些报警回差值，以减少报警生成及恢复的频率，一般报警回差值设定在 2%。

（Ⅱ）报警关闭：

对于已知无危害性又频繁出现的报警，如现场进行设备检修时频繁产生的开路报警，可以单独进行报警关闭，这样此工位暂时不会生成任何报警。但一定切记在需要报警时及时恢复，以免给生产造成不良后果。

（Ⅲ）用程序屏蔽：

例如 PPG 生产过程中的氧化物 PO 加料步骤，PO 加料到反应器时其流量 FRCAZ-121 需严格控制在给定值 SV±10% 之内，以保证工艺要求的反应进程，因此原程序将 FRCAZ-121 的高高限报警值 HH 和低低限报警值 LL 强行跟踪于 SV 的 ±10%，使得 PO 进料过程中一旦出现 FRCAZ-121 流量值超过 SV±10% 即产生报警，联锁整个装置。以上程序是满足 PO 加料过程的，但是在 PO 加料结束后其 FRCAZ-121 的 SV 值是被锁定为 0 值的，这样造成 HH、LL 值都被程序强制为 0。虽然 PO 此时不加料，但由于现场工况干扰使得流量计 FRCAZ-121 的 PV 值会在大于 0 值附近出现一定波动，这样使得 LL、HH 报警频繁产生，严重影响了操作工的操作。对于这种无用报警，考虑到 PO 加料过程中有一阶段是处于小流量加料，因此用加大回差和小流量切除方法都是不适用的。于是采取程序屏蔽法，从方便使用和保证正常加料的角度，将 HH、LL 值强行跟踪 SV 值改为由程序自动识别 PO 加料结束，然后赋于 LL 为 0 值，赋予 HH 一个大于 PO 不投料时最大的波动值，如此进行程序修改即将原来的垃圾报警从根除去。

③ 报警搁置

国际标准 EEMUA 191—2013 对报警搁置提出的建议指出，控制室操作人员用于报警实时管理的现有工具是能停止(并在此后可重新执行)某一单项报警，以满足短期需要(例如，因操作条件异常，报警出现"跳动")。此工具的使用应服从正式变更程序，并应据此对停止某一报警的时间、日期及原因情况进行记录。当前已停止的报警应能易于访问，且应在每班工作开始时进行正式审查。如果可行的话，可通过报警管理软件将报警搁置，以便于操作人员交接班时据此重新执行未予明确认定是否处于停止状态的每一报警，以此来保证报警系统的完整性，并可排除某一报警可能被停止并被遗忘的情况发生。

（7）报警性能评估

报警分析是通过对海量报警信息的全面挖掘计算得出的对整个流程工业生产线的一个整体水平的评估。它通过在海量报警中对所有报警信息计算获取的指标与基准指标对比来反应整个系统的状况，并根据指标对比给出整个系统的性能报告。这些报警的数量远远超出 ISA 18.2《流程工业报警系统管理》中给出的合理报警个数。该指导书指出，操作员能有效处理的报警数为每天 144 个（每 10min 一个报警），而最大报警数不超过每天 288 个报警（每 5min 一个报警）。基于 EEMUA 标准，整个流程工业生产线的基准指标如下：

表 5-2　EEMUA 标准接受的平均报警率

非常可能被接受报警率	最大可管理报警率	非常可能被接受报警率	最大可管理报警率
150 条/天	300 条/天	每 10 分钟 1 条报警（平均）	2 条报警每分钟（平均）
6 条/小时（平均）	12 条/小时（平均）		

① 该时间段的报警数。报警数的趋势对比可以横向反映出整个流程工业生产线近期的一个大体情况。和以往的数据对比可以分析出近期的改动和设计是否导致整个系统的情况有所好转。

② 该时间段的平均报警率。通过对平均报警率的分析可以判断当前报警系统的状态情况。EEMUA 标准同时提供了可以被接受的报警率，协助操作员进行报警系统状况判断。EEMUA 标准的平均报警率标准如表 5-2 所示，它是以每个报警位号点作为评判单位的。

③ 该时间段的最大报警率。最大报警率以 10min 为时间段。计算获得的最大报警率可以看出系统最糟糕时的一个状况，帮助操作员判断当前系统的情况。同时，根据平均报警率和最大报警率的综合判断，可以判定一个操作系统当前的状况，具体情况如图 5-28 所示。

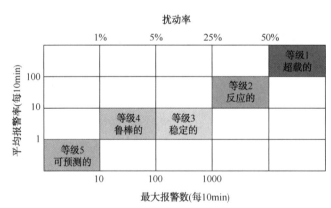

图 5-28　根据平均报警率和最大报警率判定操作系统当前状况

2. 报警管理实施策略

报警管理的作用是对海量报警信息进行科学管理，即从海量报警信息中通过制定的报警规则对报警信息挖掘计算得出用户需要的 KPI（Key Performance Index）数据，利用数据结果对流程工业的报警点提供科学合理的统一报警信息管理和监控，帮助操作员高效管理报警系统，及时发现工厂潜在事故。报警管理实施策略主要是通过对流程工业的报警信息快速挖掘计算，根据对报警信息的管理找出潜在的不合理报警点设置，减少系统对操作工经验的依赖，快速对以往事故进行查看。根据 EEMUA 标准，报警评估管理需要提供在海量报警信息中通过自定义规则快速查询出需要计算的报警信息，通过对报警信息的管理评估来帮助操作人员找出产生重复和滋扰等特征的干扰报警的报警点进行修正，对生产的安全性进行量化管理。绩效管理则通过制定规则对报警信息的挖掘计算来量化考核流程工业的效率。

一个报警系统管理优化改造项目通常包含的 7 个步骤，其中前 3 步是必须的，完成之后再进行评估，是否需要进行下面的步骤。

第 1 步：提出报警理念。根据需求，明确报警系统应实现的总体目标，并具体化为报警选择、配置、优先级设定等一系列方案，作为报警系统设计与改造的指导方针。

第 2 步：收集、整理数据，设定报警性能的基准点。通过图表报告等方式(往往通过专用软件生成)，分析现有报警系统的优缺点，找到关键问题及其解决方案。

第 3 步：解决无效报警的原因并解决。根据工程经验，多数报警通常只由少量原因所引起。找到这些无效报警的根源(也称为"bad actor")，就可用很小的代价解决最关键的问题，取得明显效果。

第 4 步：报警建档和合理化(documentation and rationalization，D&R)。对报警系统进行全面检查，以确保每个报警的设置都符合报警理念，能够实现具体的报警目标。

第 5 步：报警系统的审核和强制执行。通过专用软件进行变更管理(management of change，MOC)，记录并管理报警设置的全部变更。

第 6 步：实时报警管理。有时需要更加灵活的报警方式，例如基于状态的报警、警涌抑制、报警临时屏蔽等，使报警体现系统运行状态的异常。

第 7 步：对改造后的系统进行监控和维护。对报警系统进行合适的 MOC、长期分析和 KPI 监控，以确保上述改进的效益能够长期保持。

后 4 个步骤都很费时间，因此需根据实际需求适当选用。

在整个实施报警管理过程中，操作人员需要认识到工艺控制系统归属于他们，系统的功能怎么样是由他们的要求所决定的。DCS 部门可以根据要求对报警系统进行修改，但是其要求必须是来自于运行部门。报警是操作员使用的一个工具，因此对于这个工具是否正常工作并满足操作员的要求来说，操作员才是最大利益相关者。

报警管理是一套综合的过程，报警通过它进行设计、监控以及管理以确保安全、可靠的运行。这个流程的核心是分层保护的概念，在有害工艺周围提供了各个独立的保护层，用于减少引起例如火灾、有害物质泄漏等等的不想看到的后果的风险。报警被认为是保护的一层并经常用于 SIL 分析。

报警管理不是一次性的项目，它是一个再设计/再实施的全生命周期过程。所有新的报警都根据它们适合工艺的方式以及它们给操作员带来的好处而设计出来的，这样，报警系统的性能才能被持续不断地改善和优化。

三、报警优化技术

解决报警管理缺失的第一步是理解相关的问题以及认识到哪里存在着问题。这要求对报警性能进行全面的评估，以确定报警的需求并将潜在风险降到最低。

化工生产中，为了提高生产过程的安全性和稳定性，通常需要利用报警系统对一些过程参数进行报警阈值设置，超出阈值即报警，因而报警阈值的合理设置对于整个生产过程来说是至关重要的，阈值设置过高会错过一些重要的报警，增加装置生产的潜在危险；而阈值设置过低会引起过多无效报警的产生，干扰操作员的注意力，影响操作员对一些重要报警的判断。

由于参数报警阈值的不合理设置而产生大量的无效报警（其中大部分为误报警）是目前化工过程报警系统中存在的一个主要问题。目前有关报警优化设计的研究主要集中于如何科学地设置过程参数报警阈值，以及通过对报警数据进行滤波、报警死区和延时的设置来减少频繁报警的数量。合理设置报警死区和报警延时器是滋扰报警的主要管理策略，当振荡报警信号具有快时变特征时，在报警优化设计过程中采用报警死区方法。当振荡报警信号具有慢时变特征时，采用报警延时器比采用报警死区来消除滋扰报警更加合适。

（1）阈值优化

报警阈值优化技术主要包括基于模型的方法、基于知识的方法和基于统计的方法。近年来，能够发掘出隐藏的结构、模式、趋势和内在的数据关系的多变量数据分析技术已成为当前研究的热点。信息可视化被认为是一个有吸引力的数据挖掘工具，它利用了颜色、大小、形状、位置和动画来帮助用户洞察数据。新的信息可视化技术包括新的几何投影、基于图标的、基于像素的、分层的、基于图形的技术，以及它们的组合受到越来越多的关注。其中平行坐标技术和独立变量分析技术已受到较多关注并展现巨大实际应用潜力。

（2）报警死区

设置死区的方法区别于单一的报警限，而是在原有的报警限附近设置内、外两条报警限。当运行参数超过外侧报警限时，报警开启；当运行参数回归内侧报警限时，报警停止。参数在内外两条报警限之间震荡时，不产生报警，故称为死区。死区的设置有效减少了因仪表噪声震荡所产生的不必要报警。

对于模拟测量产生的报警，报警死区可以通过设置高阈值 XHtp、低阈值 XLtp 来实现，高阈值产生报警，低阈值清除报警。图 5-29 展示了传统固定式的报警死区设置方法，可以有效地避免部分报警限附近小范围波动产生的大量报警。如图 5-29 所示，是其效应的一个示例。设置的死区尺寸应大于过程波动的幅度，以使其可以过滤掉由于波动问题造成的频繁报警。

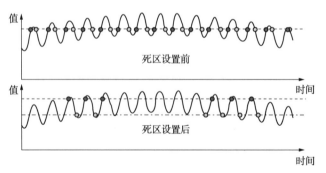

图 5-29　用报警死区消除重复报警

如果控制器死区（Deadband）太靠近波动幅度范围就会产生很多次报警，是典型的 Nuisance 报警。为了获得最好的性能，需要细调死区大小，以匹配过程信号的特征。这应当是报警系统试车工作的一部分。另外，在装置后续操作期间，如果发现报警频繁重复地造成骚扰，则可能需要优化死区。国际标准 EEMUA 191—2013 给出了创建过程参数流量、压力、液位、温度的报警死区设置范围，可以应用于大多数过程参数，见表 5-3。

表 5-3　EEMUA 的报警死区参考值

信 号 类 型	死　区	信 号 类 型	死　区
流量	5%	压力	2%
液位	5%	温度	1%

（3）报警延时

报警延时的作用是通过对 n 个连续的报警采样信号均为同类报警的判断来清除滋扰报警，分为延时开和延时关两种方式。其中延时开主要是指 n 个连续的信号超过报警限才产生报警，延时关主要是指 n 个连续的信号低于报警限才清除报警。传统固定式的报警死区设置方法通常设置为固定的延迟时间，如图 5-30 所示。

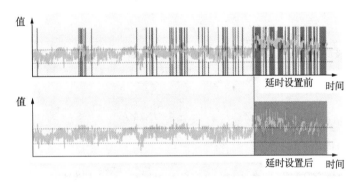

图 5-30　报警延迟设置

国际标准 EEMUA191 给出了创建过程参数流量、压力、液位、温度的报警延时器设置范围，可以应用于大多数过程参数，参见表 5-4。

表 5-4　EEMUA 的报警延迟参考值

信 号 类 型	延迟时间	信 号 类 型	延迟时间
流量	15s	压力	15s
液位	60s	温度	60s

第四节　安全运行监测与指导系统及应用案例

本节以中国石化青岛安全工程研究院开发的"石化装置安全运行监测与指导系统"为例进行说明，该系统 2008 年开发的 1.0 版，目前的版本是 4.0。

一、系统简介

1. 软件架构

石化装置安全运行监测与指导系统根据生产过程异常工况预警与诊断的业务分析，建立了如图 5-31 所示的模块化的逻辑结构，分为原始数据层、业务推理层、客户层三个层次：原始数据层采集来自石化过程现场的各种实时数据，并对数据进行预处理和存储；业务推理层对采集到的实时数据进行分析处理，监测石化过程的运行情况；客户层主要负责现场设备信息的实时显示以及与操作员的交互。

该系统的软件结构遵循结构化、模块化等面向对象的设计准则，利用面向对象的思想，具有高聚合、低耦合的特点。

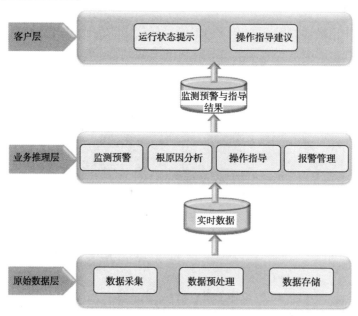

图 5-31 系统三层逻辑结构

2. 系统网络化架构

工业应用条件下的硬件结构如图 5-32 所示。在中控室配置一台服务器运行"石化装置安全运行监测与指导系统"服务器版，通过采集来自生产现场的实时数据，实时推理分析当前工艺的运行情况，分别以 C/S 和 B/S 架构，供客户机查看。C/S 版的客户机需安装"石化装置安全运行监测与指导系统"客户端，B/S 版的客户机通过 IE 浏览器直接查看。

3. 系统功能

系统的主要功能如图 5-33 所示。

其主要功能包括：

（1）工艺及设备异常监测预警与诊断

采用专家系统结合操作经验，通过对多参数的联合动态监测，判断装置的工艺与设备问题。

（2）仪表异常监测预警与诊断

根据参数运行的趋势特征，结合装置的机理模型，对关键仪表进行异常监测预警。见图 5-34。

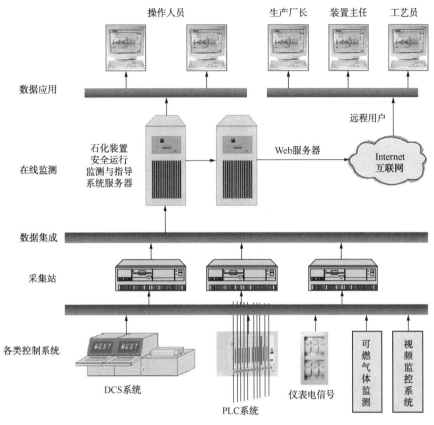

图 5-32　硬件分布图

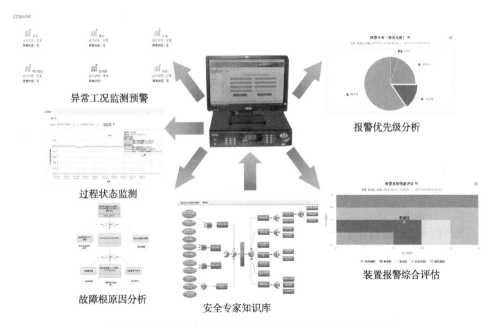

异常工况监测预警

报警优先级分析

过程状态监测

故障根原因分析

安全专家知识库

装置报警综合评估

图 5-33　石化装置在线安全运行监测与指导系统功能图

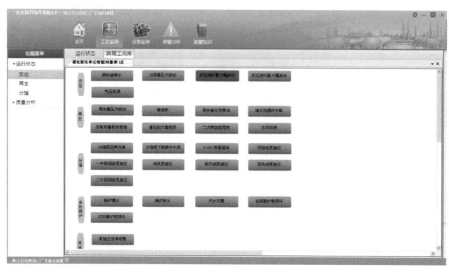

图 5-34　工艺状态异常监测界面

（3）动设备运行状态监测预警与诊断

采用数据挖掘技术提取设备的运行规律，当动设备运行状态监测预警并对潜在故障进行关联排序分析。

（4）报警管理

基于 EEMUA 191 与 ISA 18.2 等国际标准，对石化过程的报警进行综合评估、诊断、优化。

（5）异常事件跟踪闭环管理

根据报警、异常工况等事件的重要性和影响程度进行分级，及时推送到不同的管理岗位，为安全隐患处理赢得时间，同时跟踪和监督事件的处理过程，强化对安全生产的分层管理，为保障安全生产、提高工厂本质安全提供技术支撑。

二、应用案例

石化装置安全运行监测与指导系统能够对监测的关键报警信息进行实时提取和分析，提前发现安全隐患，可以使企业对报警与异常的处理模式由事后的分析处理变成了事前、事中的实时监测与分析指导，在线分析异常发生的原因，帮助技术人员迅速处理各种异常状况，从而大大提高了异常工况的处置效率与成功率，可有效地避免各种紧急状态甚至非计划停车的出现，实现了对生产过程中报警及异常工况的智能诊断与精细化管理，提高了生产决策科学性与安全生产管理水平，对于装置的安全、平稳、高效运行具有非常重要的现实意义。"石化装置安全运行监测与指导系统"已经在燕山石化的乙烯、催化裂化与延迟焦化、仪征化纤及上海石化 PTA 装置、石家庄炼化己内酰胺装置等大型石化企业的 10 多套装置上实现了示范应用。其中，参与了九江石化智能工厂及 800 万吨/年油品升级改造项目，主要负责常减压、催化裂化及延迟焦化装置的异常工况监测预警，报警评估及操作质量评估。该项目被国家工信部评为"智能制造试点示范"。

1. 某催化裂化装置反应工段异常

在某时刻，系统识别出催化裂化装置的反应工段异常。见图 5-35。

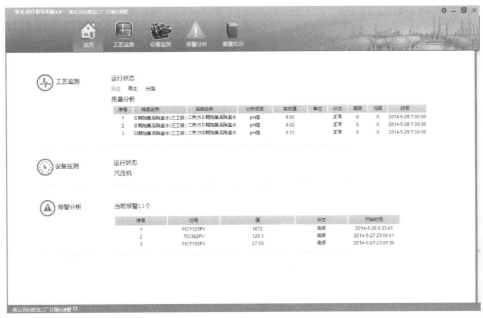

图 5-35 系统主页面

打开反应工段运行状态监测页面，发现监测曲线中显示异常波动，且提示有异常工况-反应进料量大幅波动。见图 5-36。

图 5-36 工段运行状态监测

经查看故障树模型，异常原因为回炼油入提升管流量波动。见图 5-37。

2. 某乙烯装置裂解气压缩机运行趋势劣化直至停车

安全运行监测与指导系统提示，某裂解气压缩机在 6 月 19 日 4 点 40 分设备综合状态指标处于报警状态，监测结果为压缩机故障停车。系统中显示，从 6 月 13 日开始综合状态指标一直处于预警状态，且呈下降趋势，即反映压缩机性能状态逐渐恶化。可能原因变量为蒸汽出气量 FRC 707、一段吸入压力 PIC 201 等出现大幅振荡，可能原因是调速器抽气控制、转速控制出现异常。经与乙烯装置生产技术人员确认，压缩机停车原因为调速器故障，系统正确地反映了压缩机的变化。见图 5-38。

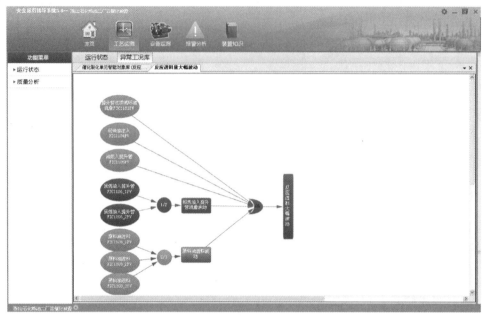

图 5-37　回炼油入提升管流量波动故障树

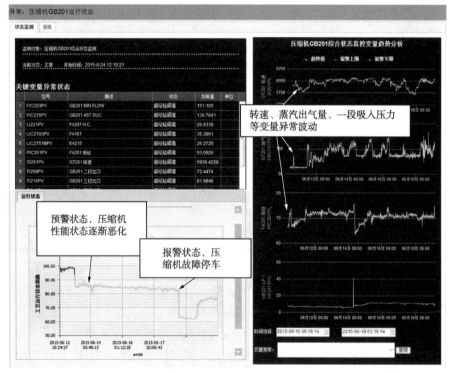

图 5-38　裂解气压缩机 GB 201 设备综合状态监控

图 5-38 反映了该裂解气压缩机从 6 月 10~22 日设备综合状态指标变化趋势。安全运行监测与指导系统的报警状态为压缩机故障停车阶段，预警状态为正常转为报警的过渡阶段，如果处理措施得当，可以减轻或避免故障的发生。

3. 某常减压装置报警监控与评价 (图 5-39)

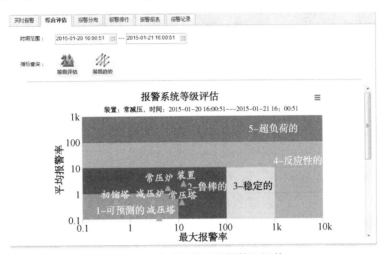

图 5-39　常减压装置报警等级评估

系统分析出减压炉进料流量 FIC 2601A~G 在某段时间报警频次非常高，见图 5-40。

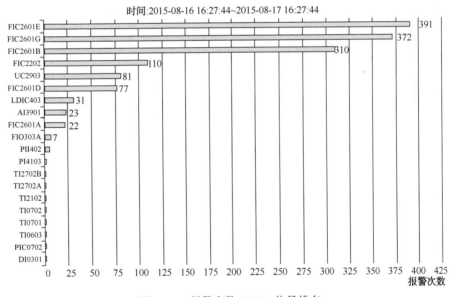

图 5-40　报警次数 TOP20 位号排名

经分析，因生产负荷在 2015 年 8 月 15 日~8 月 18 日期间下调，造成减压炉进料流量 FIC 2601A~G 降低，低于原设定的报警下限值 64t/h，导致出现的重复报警率较高。经工艺技术员协调，其将报警下限下调到 60t/h 后，在不影响安全与生产的前提下，明显降低了重复报警的数量，减轻了工艺操作人员的负担。

第六章

泄漏检测与管理技术

在石油化工企业生产过程中，许多设备处于高温、高压和连续运转状态，由于老化、腐蚀、振动等原因经常引起设备、管线以及阀门、法兰、连接件等密封部位泄漏。发生物料泄漏，不仅影响企业的安全平稳运行，而且引起原油加工损失和环境污染，严重的还会引发火灾、爆炸、中毒等事故，极大地威胁企业生产和人员生命安全。近年来由于泄漏造成的安全事故频发，据统计国内 2010~2015 年发生的 25 起典型泄漏事故，共发生泄漏爆炸事故 4 起，泄漏火灾事故 14 起，泄漏中毒事故 4 起，介质泄漏事故 3 起，可以看出由于泄漏造成的安全事故比例非常高。

泄漏造成的危害主要表现在以下几个方面：泄漏影响企业安全生产和长周期运行，造成经济损失；泄漏容易造成次生事故，引发严重的安全事故，如连环爆炸、火灾等；泄漏的有毒有害物质损害职工身体健康，容易造成人员中毒；泄漏异味造成环境污染，引起居民投诉，严重泄漏会导致社会恐慌。

《国家安全监管总局关于加强化工过程安全管理的指导意见》（安监总管三〔2013〕88 号）文件中要求"建立装置泄漏监（检）测管理制度，企业要统计和分析可能出现泄漏的部位、物料种类和最大量；定期监（检）测生产装置动静密封点，发现问题及时处理；定期标定各类泄漏检测报警仪器，确保准确有效。"

因此开展装置泄漏检测与管理既能满足国家相关标准、文件要求，又能解决安全、健康和环保相关问题，既具有经济效益，又具有社会效益，其意义重大。

第一节　泄漏检测与管理技术现状

一、典型泄漏事故案例

石油化工生产装置向大型化、一体化和智能化的方向发展，石化企业生产规模越来越大，工艺越来越复杂，原油品质劣质化，加工条件越来越苛刻，安全生产事故所带来的危害性和灾难性也越来越大。从 HSE 管理的思想来看，事故发生根本原因是没有严格的生产管理和正确的生产操作所致。近几年石化企业典型泄漏事故案例见表6-1。

表6-1　近几年石化企业典型泄漏事故

发生时间	事故类型	事故名称
2010 年 3 月 8 日	泄漏火灾	常减压装置"3·18"火灾事故
2010 年 10 月 21 日	泄漏火灾	承包商"11·21"火灾事故
2011 年 5 月 23 日	泄漏火灾	延迟焦化装置"5·23"火灾事故
2011 年 7 月 11 日	泄漏火灾	"7·11"火灾事故
2012 年 6 月 12 日	泄漏爆炸	聚丙烯车间"6·12"闪爆事故
2012 年 10 月 14 日	泄漏火灾	承包商"10·14"火灾事故
2013 年 7 月 8 日	泄漏中毒	"7·8"硫化氢中毒事故
2013 年 11 月 22 日	泄漏爆炸	输油管道泄漏爆炸特别重大事故
2014 年 3 月 12 日	泄漏中毒	蜡油加氢装置"3·12"硫化氢中毒事故
2014 年 4 月 7 日	泄漏中毒	承包商"4·7"硫化氢中毒事故
2014 年 11 月 4 日	泄漏火灾	锅炉导热油火灾事故
2014 年 12 月 3 日	介质泄漏	渣油罐泄漏
2014 年 12 月 6 日	泄漏火灾	液化气泄漏着火
2015 年 5 月 25 日	介质泄漏	综合车间硫酸罐泄漏
2015 年 1 月 3 日	介质泄漏	氨气泄漏事故
2015 年 1 月 18 日	泄漏火灾	"1·18"裂解装置火灾事故
2015 年 2 月 6 日	泄漏火灾	"2·6"制氢装置火灾事故
2015 年 3 月 10 日	泄漏火灾	"3·10"常减压装置火灾事故
2015 年 3 月 20 日	泄漏火灾	重整装置火灾事故
2015 年 4 月 6 日	泄漏中毒	"4·7"硫化氢中毒事故
2015 年 4 月 21 日	泄漏爆炸	环氧乙烷精制塔爆炸事故
2015 年 5 月 26 日	泄漏火灾	催化汽油吸附脱硫装置"5·26"泄漏着火事故
2015 年 6 月 2 日	泄漏火灾	"6·2"凝缩油泵泄漏火灾事故
2015 年 7 月 16 日	泄漏爆炸	"7·16"液态烃球罐火灾爆炸事故
2015 年 7 月 26 日	泄漏火灾	"7·26"泄漏着火事故

二、国外泄漏检测与管理相关法规标准

国外尤其以美国为首的发达国家，已经开展泄漏检测工作多年，颁布了多项泄漏检测相关法规标准，已经形成了完善的泄漏检测与管理体系。美国泄漏检测与管理技术发展历程如表6-2所示。

表 6-2　美国泄漏检测与管理技术发展历程

时　间	法 规 标 准
1981 年	新污染源性能标准和合成有机化学制造业法规（NSPS&SOCMI）
1984 年	石油精炼 VOCs 设备泄漏标准；危险气体污染国家排放标准（NESHAPS）
1986 年	加州《挥发性有机化合物泄漏的测定》颁布
1990 年	清洁空气法案修正案
1991 年	提出危险有机气体污染国家排放标准
1993 年	挥发性有机化合物泄漏的测定（EPA method21）；《设备泄漏排放估算协议》（1995 年修订）
1998 年	API 342 炼油企业设备泄漏检测手册
2006 年	EPA 法规通过了 LDAR 的升级技术（Smart-LDAR）
2007 年	泄漏检测与修复-最佳实践指南；化学品制造业空气污染物排放估算方法
2008 年	泄漏检测与修复-最佳实践手册
2011 年	石油炼制工业排放估算草案

　　欧盟于 1999 年建议成员国石油炼制行业实施 LDAR 计划，以减少设备和管阀件的无组织 VOCs 的泄漏。比利时在 2003 年起草了关于 LDAR 应用的法律文件，与 2009 年由法兰德斯政府审核并颁布了关于 LDAR 应用的法律文件，直至今日比利时政府还依然进一步修订针对 LDAR 实施的法律文件；德国在 VLAREM 中的条款也随着 LDAR 要求的提高进行再评估和升级；意大利，LDAR 被强制执行，关于 LDAR 的法规具有地方性并且与每一个公司的环境允许值相关联；英国也颁布了《环境保护法案》。

　　加拿大颁布了《设备泄漏 VOCs 无组织排放检测与控制实施法规》；日本颁布了《恶臭防治法》《大气污染防治法》；泰国颁布了《国家环境空气质量标准》。

三、国内泄漏检测与管理相关法规标准

　　近年来，从国家到地方政府，陆续出台了泄漏检测与管理相关标准规范或文件，各级企业也按照国家环保部门的要求，制定了企业标准或相关管理制度。同时，随着 VOCs 纳入排污收费的管理范畴，截至 2017 年 7 月已经有北京、上海、江苏、安徽、湖南、四川、天津、辽宁、浙江、河北、山东、山西、海南、湖北、福建、江西、云南、广西、河南等省、直辖市出台了 VOCs 排污费征收标准。

1. 国家层面相关标准和文件

　　国家层面颁布的泄漏检测与管理相关法规标准如表 6-3 所示。

表 6-3　国家层面泄漏检测与管理相关法规标准

日　期	标准或文件号	标准或文件名称
2012.12	国函〔2012〕146 号	重点区域大气污染防治"十二五"规划
2013.05	公告 2013 年第 31 号	挥发性有机物（VOCs）污染防治技术政策
2013.09	国发〔2013〕37 号	大气污染防治行动计划
2014.08	安监总管三〔2013〕88 号	国家安全监管总局关于加强化工过程安全管理的指导意见

日　期	标准或文件号	标准或文件名称
2014.12	环发〔2014〕117号	石化行业挥发性有机物综合整治方案
2014.12	HJ 733—2014	泄漏和敞开液面排放的挥发性有机物检测技术导则
2015.06	财税〔2015〕71号	挥发性有机物排污收费试点办法
2015.07	GB 31570—2015	石油炼制工业污染物排放标准
2015.07	GB 31571—2015	石油化学工业污染物排放标准
2015.07	GB 31572—2015	合成树脂工业污染物排放标准
2015.11	环办〔2015〕104号	石化企业泄漏检测与修复工作指南
2015.11	环办〔2015〕104号	石化行业VOCs污染源排查工作指南
2016.01	中华人民共和国主席令第三十一号	中华人民共和国大气污染防治法(修订)
2017.08	HJ 853—2017	排污许可证申请与核发技术规范　石化工业
2017.09	环大气〔2017〕121号	"十三五"挥发性有机物污染防治工作方案

2. 地方政府层面相关标准和文件

国家地方政府环保部门也陆续颁布了泄漏检测与管理的相关标准和文件，详见表6-4。

表6-4　地方政府泄漏检测与管理相关法规标准

日　期	标准或文件号	标准或文件名称
2014.07	DB 12/524—2014	天津市：工业企业挥发性有机物排放控制标准
2014.08	沪环保防〔2014〕327号	上海市：设备泄漏挥发性有机物排放控制技术规程(试行)
2015.05	DB 11/447—2015	北京市：炼油与石油化学工业大气污染物排放标准(由DB 11/447-2007修订)
2015.08	浙环办函〔2015〕113号	浙江省：工业企业挥发性有机物泄漏检测与修复(LDAR)技术要求(试行)
2016.02	DB 13/2322—2016	河北省：工业企业挥发性有机物排放控制标准
2016.10	粤环商〔2016〕636号	广东省：泄漏检测与修复(LDAR)实施技术规范(由泄漏检测与维修制度(LDAR)实施的技术要求(粤环函〔2013〕830)修订)
2016.10	粤环商〔2016〕636号	泄漏检测与修复(LDAR)数据上报技术规范
2016.10	粤环商〔2016〕636号	泄漏检测与修复(LDAR)项目评估技术规范
2017.01	DB 61/T1061—2017	陕西省：陕西省挥发性有机物排放控制标准

3. 企业层面相关标准和文件

中国石油化工集团公司于2012年2月已经颁布了Q/SH 0546—2012《石化装置挥发性有机化合物泄漏检测规范》，并于2015年进行了修订。2013年2月下发了《关于认真贯彻落实国家重点区域大气污染防治"十二五"规划的通知》(中国石化安〔2013〕94号)。2014年6月出台了《便携式挥发性有机物泄漏检测仪技术要求》(中国石化能环〔2014〕7号)，并于2015年9月进行了修订。同时还出版了《泄漏检测与修复(LDAR)操作手册(试行)》和《泄漏检测与修复(LDAR)技术问答》专著，为企业全面开展LDAR工作提供技术参考。

第二节 石化企业常用泄漏检测技术

一、泄漏检测技术简介及发展

石化企业泄漏检测技术主要包括感官法、气泡检漏法、快速检气管法、传感器检测技术、火焰离子化检测技术(FID)、光离子化检测技术(PID)、傅立叶变换红外光谱检测技术、气相色谱-质谱联用技术、红外热成像泄漏技术等。各种方法都有一定的优点和应用局限性，要根据泄漏检测的具体要求、检测目标化合物和企业实际情况，选择合适的泄漏检测技术。其中感官法、气泡检漏法、快速检气管法、传感器检测技术是比较传统的方法，后几种泄漏检测方法相对来说技术先进、专业性强、对检测人员素质要求较高。

泄漏检测方法的发展过程如表6-5所示，可以看出检测仪器和方法向着便携、智能、快捷的趋势发展。

表6-5 泄漏检测方法的发展过程

泄漏检测方法	主 要 特 点
初期使用模拟设备	两个人工作，一个测量，一个记录；监测路径是一个手写的清单；报告过程慢，容易出错；没有能力验证数据
用带电缆连接的数据记录器	能有效采集数据，但速度仍很慢，而且需要手工工作
基于数字技术的现有新选项	基本路径信息可存在仪器中；在标签上的信息可以用电子方式采集到仪器中；有限的灵活性；修理过的地方需要第二次检测；改善了校准准确度；向EPA提供校准的电子记录；一些分离的数据采集器还在使用
数字技术改进的更多选件	带监测路径的条形码读取器；路径管理更灵活；条形码开始流行；电子标签也开始流行；难于保持标签的完整；需要电缆连接；检测时对行动有阻碍
在手持电脑上运用蓝牙	现场电脑的能力；和检测器之间没有电缆；可以用手持设备管理整个路径；蓝牙传输装置即可以在仪器中，也可以是附件；给技术人员提供更多关键数据；能更快速地进行监测结果和报告的转换
红外热成像技术(Smart-LDAR)	前视红外技术；在短时间内监测几百个点；一台摄像机承担几个FID的工作；被EPA列为泄漏检测可选设备。价格贵，技术要求高

二、石化企业常用泄漏检测技术

1. 感官法

感官法检漏主要包括听觉、视觉、嗅觉检查泄漏。该方法主要依靠人的主观感觉，比如听到气体泄漏声音、看到泄漏的蒸汽或痕迹，闻到泄漏物质的异味。该方法对检测人员有一定的危害，仅适用于无毒无害物质的泄漏，如蒸汽、水、空气等。

2. 气泡检漏法

一般气泡法使用皂膜进行检漏，该方法简便易行，但仅适用于带压设备、低温介质泄漏，不适用于高温设备和介质。

3. 快速检气管法

有毒气体检测管是一种内部充填化学试剂显色指示粉的小玻璃管，一般选用内径为2~6mm、长度为120~180mm的细玻璃管。指示粉为吸附有化学试剂的多孔固体细颗粒，每种化学试剂通常只对一种化合物或一组化合物有特效。当被测空气通过检测管时，空气中含有欲测的有毒气体便和管内的指示粉迅速发生化学反应，并显示出颜色。管壁上标有刻度（通常是 mg/m^3），根据变色环（柱）部位所示的刻度位置就可以定量或半定量地读出污染物的浓度值。气体检气管法适用于空气中气态或蒸气态物质，不适合测定形成气溶胶的物质。

4. 传感器检测技术

传感器检测技术包括电化学、催化氧化、热导型等不同原理的传感器气体检测仪，结合物联网无线传输技术。一般用于个体防护、气体泄漏报警。

5. 火焰离子化检测技术（FID）

火焰离子化检测技术是以氢气和空气燃烧生成的火焰为能源，当有机化合物进入氢气和氧气燃烧的火焰后，在高温下产生化学电离，电离产生比基流高几个数量级的离子，在高压电场的定向作用下，形成离子流，微弱的离子流（$10^{-12} \sim 10^{-8}$ A）经过高阻放大，成为与进入火焰的有机化合物量成正比的电信号，因此可以根据信号的大小对有机物进行定量分析。

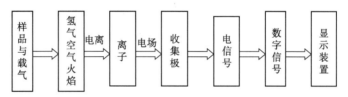

图 6-1　FID 仪器工作原理框图

6. 光离子化检测技术（PID）

光离子化技术就是利用光电离检测器（PID）来电离和检测特定的易挥发有机化合物。光离子化检测器使用具有特定电离能（如10.6eV）的真空紫外灯（UVV）产生紫外光，在电离室内对气体分子进行轰击，把气体中含有的有机物分子电离击碎成带正电的离子和带负电的电子，在极化极板的电场作用下，离子和电子向极板撞击，从而形成可被检测到微弱的离子电流。这些离子电流信号被高灵敏度微电流放大器放大后，经数据采集卡采集后进行数据处理，最后送至显示器显示出浓度等参数值。

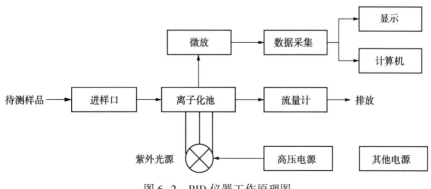

图 6-2　PID 仪器工作原理图

7. 便携式傅立叶变换红外光谱检测技术

工作原理：有机气体通过样品池，在某个波长产生特征红外吸收，吸收能量的信号与气体浓度成正比。

可对环境中泄漏气态有机物质进行定性与定量分析。单次采样即可以实现多种气体的同时检测，快速给出定性和定量结果。可用于苯、苯乙烯、二硫化碳、丙烯腈、甲醛、苯胺、溴甲烷、光气、一氧化碳、甲苯、二甲苯等上百种气体的测量。

8. 便携式气相色谱-质谱联用技术

工作原理：将样品引入气相色谱柱→载气推动样品通过色谱柱→样品基于沸点高低而分离→分离的样品在质谱（MS）中被电离或"裂片化"→带电荷的四极场导向离子的流动→检测器收集裂片→软件整理分析数据。

主要用于现场泄漏危害性空气污染物的快速定性和定量分析，可以鉴别和定量分析泄漏的挥发性有机化合物。

9. 红外热成像检漏技术

由泄漏处向外辐射红外线能量，并对周围背景环境产生影响，当使用红外热像仪大面积拍摄时，通过图片或录像寻找热辐射的异常处。寻找到的热异常（比背景环境热或冷）情况与泄漏的类型、周围环境和特定时间有关。

可快速简单地探测甲烷、乙烷、丁烷、戊烷、乙烯、丙烯、苯、乙苯、甲苯、二甲苯等挥发性有机化合物（VOCs）气体的泄漏情况，可快速扫描大片区域和长距离管道。但不能定量检测泄漏浓度，只能定性检测是否发生泄漏。

10. 声发射检漏技术

声发射是指物体在受到形变或外界作用时，因迅速释放弹性能量而产生瞬态应力波的一种物理现象。当材料中有声发射现象发生时，由声源发射出的每一个声发射信号都包含了材料内部结构或缺陷性质和状态变化的干扰信息。因此，声发射检测技术的基本原理就是用灵敏的仪器来接收和处理声发射信号，通过对声发射源特征参数的分析和研究，推断出材料或结构内部活动缺陷的位置、状态变化程度和发展趋势。若将背景噪声识别和辅助信息（例如载荷、位移、温度和应变等）的综合分析考虑在内，声发射检测技术原理图如图6-3表示。广泛应用于工业领域泄漏检测，可实现在线阀门的外漏和内漏检测。能够数位显示泄漏产生的超声波频率和分贝值。

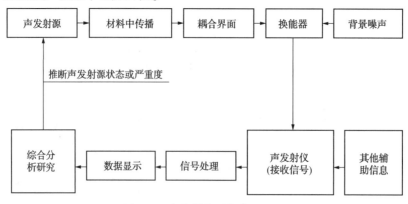

图6-3 声发射检测技术原理图

第三节　泄漏事故应急检测技术

一、突发泄漏事故的应急检测流程

突发泄漏事故突发性强，污染速度快，影响范围大，持续时间长，容易造成严重的人身伤亡和财产损失。在突发泄漏事故的应急救援过程中，应急检测工作是对突发泄漏事故进行应急救援和事故原因调查与分析的首要环节。因此，规范突发泄漏事故应急检测工作流程，提高应急检测工作质量事关重大。突发泄漏事故应急检测基本流程如图6-4所示。

二、应急检测组织机构和职责

1. 应急检测组织机构

事故应急检测应该成立专门的组织机构，并且明确各自的职责范围，在做好本职责范围内工作的同时，要做好协调和互助工作，严格按照标准作业程序开展工作，使应急检测工作在每个环节上都能够快速流畅，从而达到节约应急检测时间、提高检测效率、节省检测成本的目的。应急检测组织机构如图6-5所示。

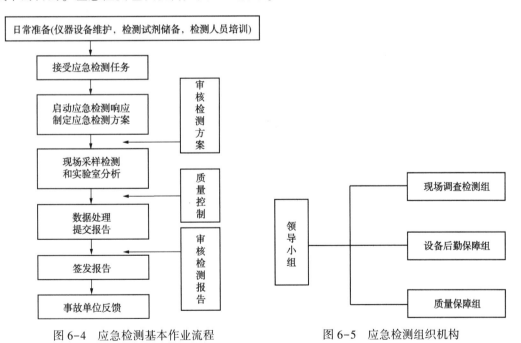

图6-4　应急检测基本作业流程　　　　图6-5　应急检测组织机构

2. 应急检测组织机构的职责

（1）领导小组的职责

领导小组包括组长、副组长和组员。

组长负责应急检测的全面工作，包括制定工作计划，批准培训计划，接到事故应急检测报告后，记录好突发事故报告记录表，并迅速组织检测人员开展现场调查和检测，审核应急检测方案和签发检测报告。

副组长协助组长工作，组长不在时可代行组长职责。

组员定期检查分管业务内仪器设备的维护和化学试剂保存情况，保证其完好有效；在应急检测过程中，保证行动迅速，检测结果准确可靠，按时提交检测报告；监督现场调查、检测人员做好泄漏污染物的个人防护。

（2）现场调查检测组的职责

现场调查检测组包括负责人和组员。

应急检测响应程序启动后，现场调查检测人员以最快速度快赶赴现场，初步判断泄漏污染物的种类、性质、危害程度及影响范围，制定初步应急检测方案。及时向组长和专家报告现场情况，提出隔离警戒区域范围和泄漏污染物处置的初步建议。根据检测方案，迅速实施布点、采样和检测工作。负责鉴定、识别和核实现场泄漏危险化学品的种类、性质、危害程度和影响范围。迅速分析样品（包括现场分析和实验室分析），及时报出现场检测结果，汇总检测结果数据，编制应急检测报告。同时，日常工作中负责应急检测仪器设备、耗材、试剂的日常维护和保养工作，保证仪器设备时时处于待命工作状态。开展泄漏危险化学品检测技术研究工作，贮备常见危险化学品泄漏应急检测方法，做到有备无患。

（3）设备后勤保障组的职责

设备后勤保障组包括负责人和组员。

负责应急检测仪器设备、个体防护设备、通讯照明器材、耗材和试剂的日常管理工作和配置计划，并建立仪器设备档案库和化学试剂使用登记台账。负责应急检测现场的电力供应、气象系统和仪器设备维护等工作。同时负责应急检测车辆的日常维护和保养工作，保证应急检测过程中后勤器材物资的供应。负责应急检测人员现场安全和救护工作以及现场摄影录像工作。

（4）质量保障组的职责

质量保障组包括负责人和组员。

负责应急检测的日常管理工作和质量保证工作。根据现场情况审核应急检测方案，并上报上级审批。负责对应急检测的采样、分析、数据处理等环节实施全过程质量控制，分析和评价检测数据。

三、应急检测技术方法

应急检测方式分为点式检测、线式检测和面式检测，详见图6-6。

1. 点式检测方法

（1）气体检测管法

是指在现场打开一种内部充填化学试剂显色指示剂的小玻璃管，利用填充的化学试剂对一种化合物或一组化合物有变色反应来定性和半定量的识别现场物质的方法。较新的技术是在同一检测管内分段装入不同种类显色材料以同时检测多种化学品。德国 Drager、美国 Gastec、美国 RAE 等公司均有产品，覆盖 500 余种化学品。试纸法基本类似气体检测管法，使用方法与通常使用的 pH 试纸一样，如用于氯气应急检测的联苯指示纸法。此类方法

图 6-6　现场应急检测方式示意图

的优点是快速简便、价格低廉，缺陷是其他物质干扰难以排除，准确度不高。

（2）便携式分析仪器测定法

利用有害物质的热学、光学、电化学、气相色谱学等特点设计的能在现场测定某种或某类有害物质的仪器在现场进行测定的方法。该类仪器包括便携红外检测仪、便携式光离子化检测器、便携式色谱、便携式色质联用仪等。

（3）现场采样实验室分析法

此方法为在现场仪器性能受限的情况下的选择，利用应急检测车作为流动实验室是较好的解决方法，但是目前的技术仍无法实现所有实验室大型仪器的可运载化。利用惰性真空罐采样、自动定点定时采样、样品快速前处理等技术是值得关注的方向。该类方法的优点是检测精度、准确度、合规性上均较好，缺点是样品送回实验室路上沾染、吸附、变质的风险较大，样品检测结果及时性受限。

（4）点式长时间监测仪器法

其仪器的检测原理基本同便携式分析仪器测定法，只是增加了蓄电池及无线信号发射模块。布设在事故现场的若干位置后，可以持续或者间断地进行监测并将信号传输至主机系统，形成连续的监测数据。有利于减少检测人员在现场暴露的时间和风险。

随着无线通信、精确定位、新型传感器、物联网技术的快速发展，为事故现场有毒有害气体快速检测提供了全新的解决方案，通过气体无线检测仪地面投放，可以实现事故现场关键点气体浓度实时监测，通过无人机挂载可实现事故现场空域气体浓度实时监测，结合精确定位和大数据分析，可推算出事故现场有毒有害气体浓度场分布。也就是分布式组网检测是本技术手段的发展趋势。

点式检测特点是既能实现对单点的气体进行准确定量测定(对燃爆性基于催化燃烧原理或者基于氢火焰离子检测器原理、对毒性一般基于电化学原理和特定波长吸收原理),也可以实现对单点气体的长时间监测(基于电池组和无线定位及信息传输)。图 6-7 是基于分布式组网检测技术的无线气体监控系统。

图 6-7 气体泄漏分布式监测

2. 线式检测方法

线式检测是指通过对一定现场距离的光程内的特定波长的吸收测量来确定该条光路上气体的种类与浓度,通常包括红外与紫外波段。激光甲烷测量仪即为该式仪器的应用之一,通过可调谐激光二极管激光吸收光谱(TDLAS)技术控制激光波长扫描待测气体吸收峰,测出被测气体吸收峰和吸收峰外的信号进行对比,从而得出被测气体的成分和浓度。特点是灵敏度高,只要选取合适的检测波段,就可以测出低于 $\times 10^{-6}$ 级的浓度,监测结果比单点监测更具有代表性,能真实反映现场气体状况。特别是在近红外波段的气体半导体激光器在技术上已经成熟,可在室温下工作,并且结构紧凑、能耗低,特别适合于对痕量气体的现场检测。主要缺点是调谐范围限制了可探测的气体种类。

使用傅里叶变换红外光谱(FTIR)的方法是目前气体遥测定量检测较为理想的一种手段,系统原理如图 6-8 所示。主要由红外光源经准直后变成平行光出射,经过几百米的光程距离,由系统接收,再经干涉仪后汇聚到红外探测器上。系统的关键部件是干涉仪,接收的光束经分束后分别射向两面反射镜,一面镜子前后移动使两束光产生相位差,相位差由光束的光谱成分决

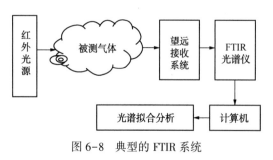

图 6-8 典型的 FTIR 系统

定，具有相位差的两束光干涉产生信号幅度变化，由探测器测量得到干涉图，经快速傅里叶变换得到气体成分的光谱信息，具有高的信噪比和分辨率。根据气体对特定波长的入射光的吸收作用，由特定波长处吸收峰的大小可以计算出气体的浓度。

基于FTIR的气体遥测分析检测设备可分为主动式和被动式。主动式接收仪器系统自身发射的红外光源(分为红外光源与接收系统一体和分体两种形式，前者通过反光镜反射红外光，后者直接通过红外光源照射接收系统)，被动式接收太阳光被检测气体吸收后的透射光谱。根据实现形式不同，检测距离一般在1000m以内，遥测分析物质种类可达到100多种，分析精度可达到$\mu mol/mol$级别。线式检测的特点是可以对某条光路上的特定物质进行定性定量分析。

3. 面式检测方法

面式检测主要是利用光学原理，通过远距离采集事故现场大面积区域的主动或者被动光学信号，形成直观的物质影像，快速定位泄漏源并跟踪泄漏云团扩散，并获取有害物质种类和初步定量浓度信息。目前该技术应用以红外波段为主。

(1) 气体红外成像检测技术

该技术以气体分子光谱学为理论基础，利用探测器来接收物体发出的红外线辐射，在特定的光谱范围内对特定的气体目标成像，使得肉眼无法看到的气体红外线辐射成为可见影像，直观可视的查看某种气体物质的存在，并且精确判断其位置，如图6-9所示。目前，主要有美国、以色列、德国等国家的气体红外成像产品应用在石化泄漏检测、事故应急检测等领域。

气体红外成像仪设备根据检测波段不同，其检测效果差异较大，中波波段$3 \sim 5\mu m$产品对烷烃类气体响应最好，成像效果最好，例如甲烷、乙烷等，其次是带苯环类物质，例如苯、甲苯等，响应最差的是烯烃类气体。长波波段$8 \sim 12\mu m$产品对烯烃类气体响应最好，成像效果最好，例如乙烯、氯乙烯等，其次是烷烃类物质，例如甲烷、乙烷等，响应最差的是带苯环类物质。需要强调的是，气体红外成像仪设备基于测温成像，其检出限受泄漏气体物质温度与背景环境温度差决定，温差越大，成像效果越好，

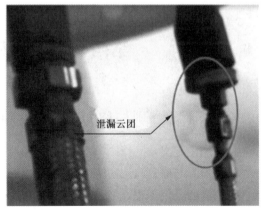

泄漏云团

图6-9　气体红外成像检测

越容易检测。实验结果表明，被测气体浓度、释放流量、检测距离都对红外成像结果有影响，影响最大的是气体浓度，一般气体泄漏浓度超过1%时才可被气体红外成像方法检测到，在实际检测时，在保证成像范围前提下，尽量接近被测对象，以便发现更细微的泄漏源，并且通过不同角度检测，尽可能减小背景热源、风向、风速等因素对气体红外成像结果的影响。

事故状态下可利用气体红外成像检测方法解决现场人员搜救、有毒有害气体泄漏源定位等问题，例如火灾现场烟雾笼罩下难以发现现场人员，利用该方法配合无人机现场取景可及时搜救现场人员。

（2）基于傅里叶变换的气体快速识别检测技术

气体快速识别检测在气体红外成像检测基础上加入了干涉仪调制，由计算机完成傅里叶变换得到单通道红外光谱图，根据数学模型，由软件自动扣除背景信号、空气中的水蒸气、二氧化碳和臭氧的干扰，得到可以用于和标准谱图比较的红外谱图。该谱图中含有多种气体信息，与数据库中每种物质的标准谱图比较，计算相关系数，大于预先设定阈值的气体认为检出，并根据内置数据库自动计算浓度。该方法检测的准确性取决于内置数据库的完整性和识别算法的性能，目前，主要用于物质的定性快速检测。

面式检测的特点是可对大面积区域的气体进行扫描，但定性数量有限、定量准确度有待提高。

四、突发泄漏事故应急检测演练

应急演练是按实战要求检验事故应急检测工作的有效手段。在应急演练中要明确目的和要求，做好详细的计划安排，确定人员配置和职责，设计演习场景，场景演练步骤分解，并做好模拟演练总结。演练总结应包括以下内容：参加演练的单位、部门、人员和演练地点；演练起止时间；演练项目和内容；演练过程中的环境条件；演练动用的设备和物资；演练效果；持续改进的意见；演练过程记录的文字和音像资料等。

第四节　泄漏检测与修复技术

一、泄漏检测与修复（LDAR）技术简介

1. LDAR 定义

泄漏检测与修复（Leak Detection and Repair，简称 LDAR）是指对工业生产全过程物料泄漏进行控制的系统工程。通过固定或移动式检测仪器，定量检测或检查生产装置中阀门等易产生 VOCs 泄漏的密封点，并在一定期限内采取有效措施修复泄漏点，从而控制物料泄漏损失，减少对环境造成的污染。

2. LDAR 工作流程

LDAR 工作基本流程包括：确定泄漏依据、技术准备、项目建立、泄漏检测、维修与复测、报告编写。在整个泄漏检测工作运行过程中，全面实施质量控制与保障。泄漏检测基本流程如图 6-11~图 6-14 所示。在项目建立、泄漏检测、维修与复测、质量控制等方面又包含具体技术细节和内容。

图 6-10　泄漏检测与修复示意图

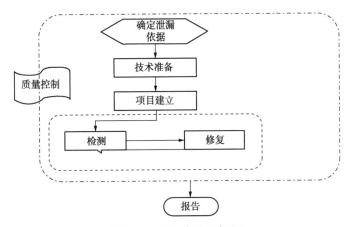

图 6-11　泄漏检测基本流程

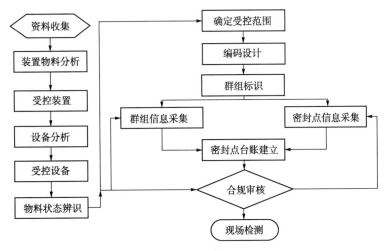

图 6-12　项目建立过程

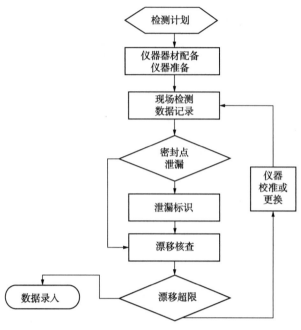

图 6-13　泄漏检测过程

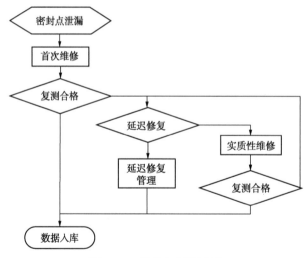

图 6-14　维修与复测过程

3. LDAR 工作质量控制与保证

LDAR 工作质量控制与保证应包括以下 5 个方面。

（1）建立企业泄漏检测质量管理体系、管理制度和规定。分析国家和地方标准，基于最严条款，明确企业实施泄漏检测依据。

（2）资料审核方面：审核收集的管道仪表图（P&ID）等资料，并对与现状不符的信息进行及时修正。资料审核应留有记录。

（3）项目建立过程：装置与设备适合性分析、物料状态辨识、现场信息采集（密封点分类与计数、物料状态边界划分、不可达辨识等)等。

(4)密封点检测台账审核：审核发现的问题应下一轮检测前完成整改。

(5)检测过程质量控制：量值溯源要求，常规检测仪器计量检定合格，检定周期符合相关规定。校准气体为有证气体标准物质，且在有效期内。组分、浓度、不确定度均符合"检测用气体"的要求。泄漏检测过程质量控制图见图6-15。

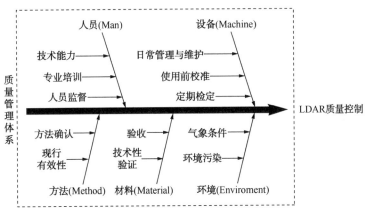

图6-15　泄漏检测过程质量控制图

二、LDAR 数据管理系统

1. 国内外 LDAR 数据管理现状与特点

北美和欧盟等国家的专业公司已经开发了几款专业 LDAR 软件，如美国 LeakDAS&Mobile，GuideWare&Mobile，Leaders 等软件，比利时 SFEMP 软件，加拿大 DEFI 软件。这些专业 LDAR 数据库软件开发商通常以订阅或年费方式为企业提供技术服务。第三方 LDAR 服务商以首付和年费方式购买专业 LDAR 数据库软件的版权及升级维护，用于其合同承包企业的 LDAR 计划。

国内 LDAR 数据管理系统也正在逐步开发，从最初的泄漏点管理系统、泄漏风险管理系统，向专业的 LDAR 数据管理系统转变。已经从单纯的泄漏点管理过渡到 LDAR 基础数据、检测数据、泄漏数据、排放量核算管理，以及对 LDAR 实施流程的管理。

2. 泄漏检测与修复数据管理软件基本功能

根据泄漏检测技术实施流程和数据管理需求，泄漏检测与修复数据管理软件一般包括以下功能：年度计划编制与审批，项目受控范围确定，建立密封点基础数据管理，检测计划与检测任务分配，检测仪器校准，检测数据管理，泄漏点维修管理，维修后复测数据管理，延迟修复及豁免清单管理，法规标准维护，排放量核算公式维护，基本参数设置(数据字典)，以及统计查询功能，数据展示功能和安全管理功能等。

三、LDAR 技术实践应用

1. 中国石化 LDAR 技术实践应用概况

中国石化青岛安全工程研究院自 2002 年开始开展泄漏检测与修复(LDAR)技术研究工作，先后开展 LDAR 相关课题 20 余项，培养了专业的人才队伍，装备了先进的泄漏检测仪器设备，将 LDAR 技术成功应用于 20 多家炼化企业。2013～2014 年先后完成了中国石化 9 家企业乙烯裂解装置和 9 家企业芳烃装置 LDAR 技术示范应用，见图 6-16；2015 年在中国石化炼化企业进行全面推广 LDAR 技术，取得良好的经济效益和社会效益。起草了国内首个 LDAR 检测规范《石化装置挥发性有机化合物泄漏检测规范》(Q/SH 0546—2012)，并完成修订，出版专著《泄漏检测与修复(LDAR)操作手册(试行)》《泄漏检测与修复(LDAR)技术问答》。参与了国家环保部组织的《石化企业泄漏检测与修复工作指南》《石化企业 VOCs 污染源排查工作指南》等文件的起草。将泄漏检测工作纳入实验室质量管理体系，取得了资质认定国家计量认证和 CNAS 实验室认可的资质证书，确保了泄漏检测工作的质量和水平。

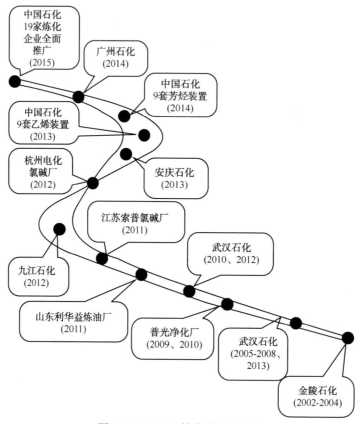

图 6-16　LDAR 技术实践与应用

2. LDAR 技术实践应用中关注的重点

根据实施 LDAR 技术过程中常见问题和实施经验，LDAR 技术实践应用中应重点关注以下八个方面：

（1）LDAR 项目组织管理过程

① 分析国家标准、地方标准以及指南等文件相关条款，按照最严格要求执行。②根据企业实际情况明确牵头部门和相关参与部门，确保职责权利统一。③制定企业 LDAR 工作管理规定和绩效考核办法。

（2）LDAR 技术准备过程

① 加强企业 LDAR 技术培训和培训效果考核。②参考《石化企业泄漏检测与修复工作

指南》规定进行装置、群组及密封点编码。③全面收集 P&ID 图等资料,并现场核对 P&ID 图,对于缺失的图纸,现场手工绘制简图。

(3) LDAR 项目建立过程

① 按照受控装置、受控设备及管线、受控介质及状态三方面开展受控范围筛选,并注意边界条件、豁免条件。②根据生产工艺和物料信息开展 P&ID 图筛选工作,并加强 P&ID 图筛选的审核工作,确保筛选无误。③严格按照不可达密封点辨识条件开展辨识工作,对于保温等能够检测的密封点不应纳入不可达点管理。④严格按照密封点分类方法和密封点计数方法建立密封点检测基础台账,密封点类型分为 10 大类,注意阀门、空冷丝堵、开口阀或开口管线、螺纹弯头、三通、取样连接系统的计数方法。⑤加强密封点检测基础台账审核与复核工作。

(4) LDAR 现场检测过程

① 根据《石化企业泄漏检测与修复工作指南》规定获取化工装置物料组份响应因子 RFm,并按规定对检测结果进行修正。②严格按照仪器使用说明书和检测规范要求准备仪器,并做好仪器日常维护和保养。如仪器预热 30min,流量、响应时间检查、过滤片检查与更换等。③每天检测前进行零点和示值检查或校准,每天检测后进行漂移测试,要求示值和漂移相对误差均不超过±10%。④根据《石化企业泄漏检测与修复工作指南》规定检测环境本底值,并检测环境条件,如温度、湿度、大气压、风速、风向。⑤严格按照不同密封的检测方法和要求的检测位置开展检测工作,并记录检测最大值。⑥检测速度按照规定速度进行(小于 10cm/s),尤其是发现检测值升高时,要放慢速度,直到检测到最大值。检测完成后要等仪器归零后再检测下一个密封点。⑦对于有接缝的保温层应当检测接缝处或边缘裸露部位,如果发现疑似泄漏,应拆开保温层确认具体泄漏部位和最大泄漏值。不能当作不可达点不检测。⑧首轮检测要求检测全部密封点(除不可达点外),常规检测需要按照国家或地方标准,以及有关指南文件要求,执行最严的检测周期要求。⑨标准气体、氢气等耗材和仪器建议集中管理,便于仪器充电、充气、校准和日常维护。标准气体浓度按规定配备并注意有效期,平衡气应为空气。

(5) 泄漏维修与复测过程

① 维修时间要求 5 天内首次维修,15 天内实质性维修。符合延迟修复条件的可列入延迟修复清单。②延迟修复清单要符合延迟修复的条件,并经审核和审批,个别地方环保部门还要求登记备案。③复测要求维修后 5 日内完成,停工检修期间维修的延迟修复泄漏点,需开工稳定后 15 日内完成复测。④可设计、安装、更换抗逸散性低泄漏阀门、垫片等密封件,源头控制逸散性泄漏,进一步挖掘减排潜力。

(6) 质量保证与控制过程

① 根据 LDAR 实施流程制定质量控制程序,控制环节和指标,有量值溯源要求的严格量值溯源。如标准气体、仪器检定等。②根据 LDAR 项目建立过程,制定审核流程和要求。如资料审核、受控范围筛选、密封点检测基础台账审核等。③严格控制检测过程的关键环节,并做好质量控制有关记录。如仪器校准、漂移测试、环境本底值检测记录等。

(7) VOCs 排放核算过程

① 加强培训和学习,掌握 VOCs 排放核算方法和公式。②从排放量核算公式原理上理解不可达点对计算 VOCs 排放量的影响,从而指导 LDAR 项目过程中尽量减少不可达点,或

采取增加延长探头等手段检测不可达点。

（8）LDAR 记录与报告过程

① 建立 LDAR 相关记录归档、分类、保管、借阅和处置等程序要求。②注意数据记录和处理要求，如扣除环境本底值、默认零值、超量程数据等。③LDAR 报告分为首轮 LDAR 报告（首轮报告）和后续 LDAR 报告（常规报告），应按照有关文件要求统计相关数据，编写工作总结和报告。

3. LDAR 项目实施过程审核与评估

为保证企业 LDAR 技术实施过程的合规性和数据有效性，保证各企业 LDAR 技术实施水平的可比性，可对 LDAR 项目实施过程进行审核与评估。

LDAR 项目审核与评估流程如图 6-17 所示，按照评估流程，对 LDAR 技术实施过程的每一个环节，每一个关键节点和要素进行评估，确定是否符合相关标准、指南或文件要求。

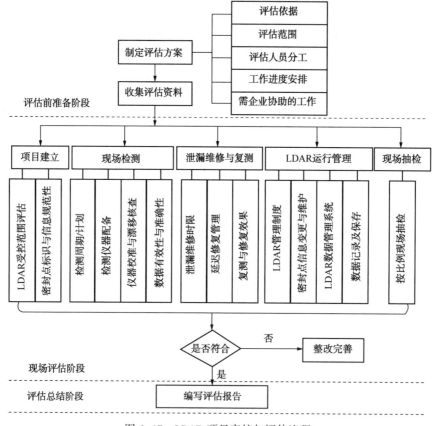

图 6-17 LDAR 项目审核与评估流程

通过资料审核、现场审核、人员考察、现场抽检的方式，以问题检查表形式对企业实施 LDAR 技术过程进行全面审核与评估。根据评估结果编写评估报告，为企业进一步完善、提升 LDAR 相关工作提供技术依据和支持。

LDAR 评估报告主要内容包括：评估依据及过程，评估范围和内容，评估结果（含资料审核情况、现场审核情况、人员考察情况、现场抽检情况），存在问题与建议等。

第七章

设备完整性管理

第一节　我国炼化企业设备管理存在的问题

我国炼油化工企业设备管理经过 30 多年的发展，目前实行公司-分厂-车间三级管理或公司-联合车间二级管理的模式。公司设备管理部门负责制定公司设备管理的相关制度、规定，提出公司设备管理的工作目标，进行监督考核等；厂级设备管理部门落实公司设备管理的规章制度，制定相应实施细则，并组织开展设备技术状况分析、全厂设备信息统计汇总、落实考核等工作；车间主要负责设备的日常管理。

设备管理内容包括技术管理和经济管理。企业在自主探索和引进吸收的基础上，形成了许多优良的管理方法，如：镇海炼化的"医生+护士"模式、武汉石化的预防性维修、上海赛科公司的 BP 管理模式、扬巴公司的巴斯夫管理模式、扬子石化的杜邦管理模式、广州石化全面规范化生产维护（TnPM）管理、青岛炼化成套防腐蚀技术服务及茂名石化基于风险的检验（RBI）等。这些优秀实践极大地促进了企业的安全生产。近年来企业装备趋于大型化，加工原料持续劣质化，使用环境越来越苛刻，安全和环保要求越来越严格。同时，企业生产任务繁重，经济增长内动力不足，这些情况对企业设备管理提出了更高的要求，主要表现在以下几方面：

（1）企业设备管理大多是基于经验积累，且做法不一，没有形成统一的设备管理体系和标准，优良做法没有共享和传承。

各个企业自主探索形成了许多良好的管理方法，但是传统的设备管理是基于经验的积累、管理人员的责任心等，偏重于每一台设备的完好率，并将费用和资源平均分配到每个设备，这是一种碎片式、非系统化的管理方式，效率低、浪费大，而且各个企业设备管理面临个性化强、不易复制的问题，没有及时总结和推广应用，未形成体系化、标准化、流程化的模式，无法与其他企业共享和传承。

（2）偏重设备工程技术的改进，轻设备管理体系的优化，体系化管理的理念不强。

当设备存在隐患，容易发生故障和事故时，企业总是寻求更加先进的工程技术，很少去梳理与优化工作流程、人员职责、操作规程及维修方案等。在思想上把设备管理水平的提高等同于改进个别设备工程技术，没有全面考虑综合管理体系的优化和设备技术的改进，没有实现对设备管理体系自身的持续改进。

(3) 设备全寿命周期管理中风险技术应用不深、不广。

近年来设备风险技术发展迅速，国际上已普遍使用基于风险的检验（RBI）、针对动设备的以可靠性为中心的维修（RCM）、安全仪表系统安全完整性等级评估（SIL）、可靠性、可用性及可维护性（RAM）、完整性操作窗口（IOW）等方法。设备管理形式由被动逐步向主动转变。但是我国炼化企业相关技术应用不规范、不彻底、未普及，主要依托外部咨询公司和科研机构进行实施，企业人员无法自主完成。这就造成收集的基础数据不够真实，分析结论没有真正应用到管理环节中，不能实现重大风险有效管控和资源的集中利用。同时，在设备前期管理中风险技术应用及风险管理缺乏。

(4) 设备管理绩效评价指标过于陈旧，与炼化企业现有的管理水平不相适应。

设备完好率、利用率及泄漏率等30年前评价和衡量设备管理的指标和方法目前仍然在用。然而目前企业的设备管理水平、技术水平、能力、经验都有了很大的提升，因此现有的绩效评价指标不能反映现在的管理水平，尤其表现在没有系统地进行统计和趋势分析，没有定量表征设备风险值及可靠性等，这将对衡量设备管理绩效、提高设备管理水平产生负面影响。

(5) 设备管理工作存在诸多矛盾。

如：检维修管理问题、"三基"管理滑坡、设备全过程管理标准不高和把关不严、设备运维投入不足、设备维修费使用不规范、设备更新改造投入不足等。这会影响设备运行的"安、稳、长、满、优"，将造成设备腐蚀明显加剧，设备可靠性降低、故障频发，设备老化、磨损严重，装置非计划停工次数增多等现象。

因此，在加强日常管理工作的同时，急需开展设备管理模式创新，探索管理层创新、管理方法创新及管理体系创新，通过创新来解决设备管理中的矛盾，强化设备管理、实现设备完好运行。

第二节　国外炼化企业设备管理的发展趋势

对标国外知名炼油及化工企业的设备管理，几十年来其纷纷推行设备完整性管理，采取技术改进和规范管理来保证设备功能状态的完好性，实现设备安全、可靠、经济地运行，国际设备管理呈现两大特点：一是经过事后维修到预测维修等方式的转变，进入全员参与及追求寿命周期经济费用（LCC）的综合管理阶段，目前已经进入基于风险的设备设施完整性管理的现代设备管理阶段。二是继承所有历史发展阶段优点，设备管理集成化、全员化、计算机化、网络化、智能化；设备维修社会化、专业化、规范化；设备要素市场化、信息化等。具体表现在以下五个方面：

（1）基于风险的设备完整性管理

西方国家自 20 世纪 60 年代起开始研究和采用预防维修策略，80 年代开始研究和应用预测维修策略，90 年代初期研究和应用基于可靠性的维修，90 年代中期研究和应用全员生产维修（TPM），进入 21 世纪，研究和应用基于风险的不同技术组合的维修策略。设备管理经过维修方式的转变，进入追求寿命周期经济费用（LCC）的综合管理，现在进入设备设施完整性管理的现代设备管理阶段。设备完整性管理是以风险理论为基础，着眼于系统内设备整体，贯穿设备寿命周期全过程管理，综合考虑设备安全性、可靠性、维修性及经济性等，通过改进工程技术和规范体系管理相结合的方式来实现的，是动态的，需要不断地持续改进。

（2）特色化的设备完整性管理

壳牌石油公司认为成功的设备完整性管理系统是设计完整性、技术完整性和操作完整性的组合，包含 S-RCM（以可靠性为中心的维修）、S-RBI（基于风险的检验）、IPF（仪表保护功能）等方面的技术支撑，如此达到设备全方位管理。

BP 公司在设备完整性管理体系程中，整合了腐蚀控制、IOW（完整性操作窗口）、腐蚀流分析、RBI（基于风险的检验）、IDMS（智能设备监控系统）等先进技术。

埃克森美孚公司 OIMS（操作完整性管理系统）体系强调了过程安全中的信息资料、工艺操作与设备维护、机械完整性、操作界面管理。RS（可靠性系统）体系关注可靠性和维护绩效要素的有效管理方面，对 OIMS 管理体系进行了补充。

（3）综合、集成化的设备完整性管理平台

随着信息化技术的高速发展，企业设备管理也在随之发生深刻的变化。经过自动化和网络信息化，进入数字化和智能化，设备管理平台的建立不但是一个信息化建设的过程，同时也是设备专业管理集成和提升的过程。不仅要引入 CBM（基于状态的维修）、TPM（全员生产维护）、RCM（以可靠性为中心的维修）等先进的管理理念，还需要通过对设备的运行状态进行跟踪，建立设备设施完整性管理数据库，实现设备设施的各生命周期阶段的数据统一管理等。结合科学的检测、分析手段，将基于风险的管理、绩效管理、全寿命周期管理、预知维修等的内容融入其中，通过设备选、用、管、修的管理层面，保证设备长周期安全运行，为科学化、智能化的决策分析管理提供了依据，有效提升了综合决策分析能力，帮助设备管理人员提高了管理水平。

（4）风险评估技术是设备管理的有力工具

HAZOP（危险与可操作性分析）、QRA（定量风险评价）、LOPA（保护层分析）、RBI（基于风险的检验）、RCM（以可靠性为中心的维修）、SIL（安全完整性等级评估）、FFS（缺陷合乎使用性评估）等风险技术是风险管理的基础，国际上已普遍使用。如何将风险管理理念贯彻到设备管理中、风险工具应用到设备全寿命周期管理过程中值得思考。近年来，设备风险管理技术发展迅速，相继出现了 RAM（可靠性、可用性及可维护性）、IOW（完整性操作窗口）等技术，管理形式由被动逐步向主动转变，极大提高设备风险管理水平。

（5）先进的监检测技术是设备管理的基础

机泵群智能监测预知维修平台、基于物联网技术应用和智能管控系统的点检仪开发和应用、非侵入式壁厚测量和腐蚀监测仪器等的开发应用，为实现设备完整性管理奠定了坚实的基础。

第三节　炼化企业设备完整性管理

一、设备完整性管理的定义和内涵

设备完整性是指设备在物理上和功能上是完整的，设备处于安全可靠的受控状态。设备的完整性是反映设备效能的综合特性，是安全性、可靠性、维修性等设备特性的综合。设备完整性具有整体性，即一套装置或系统的所有设备的完整性、单个设备的完整性要求与设备的重要程度有关。

而设备完整性管理则是确保主要运行设备在使用年限内符合其预期用途的必要活动的总和。设备完整性管理的目标是确保设备在使用年限内，符合其预期功能用途的要求。设备完整性管理体系是指企业设备完整性管理的方针、策略、目标、计划和活动，以及对于上述内容的规划、实施和持续改进所必需的程序和组织结构。设备完整性管理体系的建立和实施，遵循"计划→实施→检查→持续改进"（PDCA）的运行模式。

企业应根据规范要求建立、实施、保持和持续改进设备完整性管理体系，确定如何满足这些要求，并形成文件。企业建立设备完整性管理体系前，应通过初始状态评审来确定其设备完整性管理现状，识别出企业现有业务流程与管理要求的一致性及不同点，以确定管理要求的满足程度以及是否应做出改进。

设备完整性管理既包括各种具体技术和分析方法，又涵盖了系统的管理方法，环环相扣、缺一不可，形成一个完善的技术管理系统，如图7-1所示。

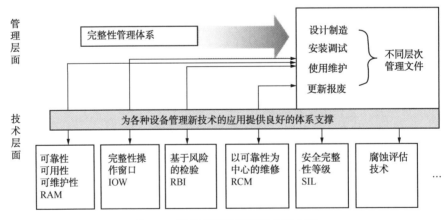

图7-1　设备完整性管理的主要内容

二、炼化企业设备完整性管理体系

炼化企业设备完整性管理体系包含十个要素，形成一个良性的、可持续改进的循环回路，如图7-2所示，使炼化企业实现设备的完整性及全面优化管理。其中风险管理、质量保证、缺陷管理、预防性维修要素是完整性管理体系的核心内容。

十个要素分别是：

（1）方针和目标；

（2）组织机构、资源、培训与文件控制；

（3）设备选择与分级管理；

（4）风险管理；

（5）质量保证；

（6）检验、测试和预防性维修；

（7）缺陷管理；

（8）变更管理；

（9）检查与审核；

（10）持续改进。

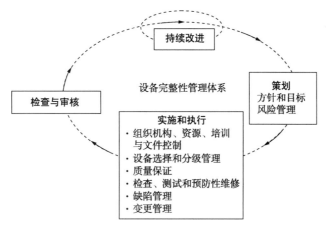

图 7-2　设备完整性管理体系

　　风险管理是设备完整性管理的重要基础，其目标是识别可能发生的事件原因、后果和可能性，并通过检验、测试和预防性维修等活动来管理这些风险，采取消除或减缓的措施将风险控制在可接受的水平。对风险管理的审核和跟踪过程也会促进设备管理中各项质量控制程序的持续改进，进一步降低风险。在风险管理中，融合了相关技术，如失效模式及影响分析（FMEA）、可靠性可用性及可维修性（RAM）、以可靠性为中心的维修（RCM）、基于风险的检验（RBI）、保护层分析（LOPA）、装置腐蚀适应性评价、劣质原油加工装置设防值分析、腐蚀监测方案优化分析等。在这些技术的支持下确保风险管理流程的顺利推进，做好风险登记以及风险信息的使用和维护。

　　缺陷管理方面，在设备投入运行后，由于制造缺陷、运输及安装施工过程中受到损伤、经过长期使用受到腐蚀、工艺波动造成的超温及超压等影响因素所引发一些毛病、问题或异常（但还未形成事故），统称为缺陷。通过对设备运行状况进行监测，以及在设备管理活动中发现设备异常状况，来判断设备当前是否存在缺陷。在设备寿命周期各阶段建立设备状况的评估程序，依据相关标准来识别设备缺陷，这些程序包括：①新设备制造或安装完成后的验收；②在使用过程中进行检查、测试和预防性维修任务；③设备检修期间检验和测试等过程中识别设备缺陷，进行适当的评估，并记录观察和评估结果。

检验、测试和预防性维修(ITPM)是设备完整性管理方法中维护设备保持完整性的关键活动，目的是确定并执行ITPM任务，以确保设备的持续完整性，摆脱事后维修理念，开展主动维修，树立更为积极的设备完整性维护理念。预防性维修包括所有预防或预测设备故障的主动维修。在制定和实施ITPM任务过程中，落实设备完整性计划，实现和提高设备的可靠性。

十个要素之间存在紧密的关联，共同构成一个可以不断自我循环更新的管理体系。风险管理、缺陷管理是关键，由此来监测、发现设备问题。检验、测试、预防性维修是核心，着力解决设备问题，防止故障及事故发生。目标计划、方针策略及资源保障支撑等均可依据风险评估及预防性维护的实际进行而不断改进。质量保证是为了确保所有的管理活动均达到预期的生产管理目标，并符合相关法律法规和标准。绩效评估与纠正预防措施以及管理评审和持续改进，是对管理效果的检查和反馈。

三、设备完整性管理支撑技术

1. 技术架构

设备完整性管理是将技术改进和规范管理相结合，来确保设备运行状态的完好性，其包含技术和管理两个层面。在管理层面，应侧重设备综合管理，着眼于设备全过程管理，即设备的设计、制造、安装、使用、维护和报废等，这是一种基于风险的设备管理理念。在技术层面，以风险分析技术作为支撑，主要包括：①针对全部设备的可靠性评估及维护策略优化技术、装置长周期安全运行评估技术、腐蚀检查技术、失效分析技术等；②针对静设备、管线的设备安全运行边界评估(IOW)、基于风险的检验(RBI)技术、腐蚀适应性评估技术、设防值评估技术、腐蚀监检测优化技术等；③针对动设备的以可靠性为中心的维修(RCM)技术；④针对安全仪表系统的安全完整性等级评估(SIL)技术等。风险技术的应用范围和关系见图7-3。

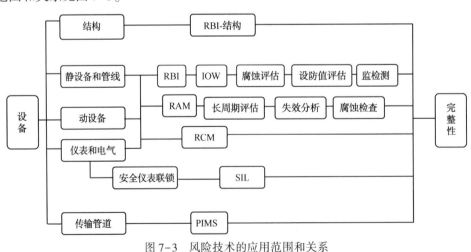

图7-3 风险技术的应用范围和关系

注：各种风险分析技术所针对的设备类型并不相同。同时，在设备完整性管理中的应用阶段也不相同。

从时间顺序上来说，RBI是对腐蚀风险"结果"的管理控制技术，而IOW是对腐蚀风险"过程"的管理控制技术。从RBI技术的角度出发，可以引申出许多具体腐蚀风险控制技术，如定点测厚方案优化技术、腐蚀探针监测方案优化技术、以腐蚀适应性评估为指导的大修腐蚀检查技术等；从IOW技术的角度出发也可以引申出许多具体应用，如设防值（其本质为原油或原料油中硫含量及环烷酸含量的操作窗口的设定）、露点腐蚀控制等。

2. 技术介绍

（1）基于风险的检验

针对静设备、管线的基于风险的检验（Risk Based Inspection，RBI）技术，是将腐蚀科学与安全工程技术相结合而发展起来的风险评估技术，以追求特种设备系统安全性、经济性为理念，对特种设备系统中固有的或潜在的危害进行科学分析，给出风险排序，找出薄弱环节，以确保特种设备本质安全和减少运行费用为目标的一种优化检验方案的方法。21世纪初我国引进了RBI技术，由于其在延长装置开工周期的显著优势，在石化装置得到了广泛应用。该技术关注因材料腐蚀退化造成设备失效，从而引起危险物质泄漏的风险，并通过实施有效的检验来控制风险，以降低安全及环境损失，其中最关键的工作是制定设备与管道优化的检验策略。

（2）以可靠性为中心的维修

以可靠性为中心的维修（Reliability-centered Maintenance，RCM）是用来确定资产预防性维修需求、优化维修制度的一种国际通用的系统工程方法。其基本思路是：对系统进行功能与故障分析，明确系统内各个故障引发的后果；用规范化的逻辑决断方法，确定出各个故障后果的预防性对策；通过现场故障数据统计、专家评估、定量化建模等手段，在保证安全性和完好性的前提下，以维修停机损失最小为目标，优化系统的维修策略。其目的是提高动设备的可靠性，降低因失效或故障造成的生产损失。

（3）设备安全运行边界评估

通过建立完整性操作窗口（Integrity Operating Window，IOW），实现对关键设备的在线监控，使操作或工艺参数严格控制在临界值内，一旦超过临界值，IOW将反馈警报，提示操作已越界，并给出调整操作建议，从而起到预防设备提前劣化或发生突然破裂泄漏并造成装置非计划停车事故的作用。IOW可提高设备运行可靠性，是RBI技术的进一步发展，将管理形式由被动管理向主动管理转变。

（4）设备可靠性评估及维护策略优化

设备可靠性评估通过对历史数据的回归分析或专家经验总结，对故障发生的概率进行计算，从而量化风险，提出故障可能发生的概率或概率范围。设备可靠性评估将对预防风险的不同监测、检测或检修方案进行量化比较，从而辅助管理层做出正确决策。通过考察设备或系统的可靠性，设备可靠性评估将提出工厂最佳的设备维修和检测方案，减少因设备故障带来的损失。该技术的最终目标是寻求最优生命周期成本设备管理方案（包括设计、生产、维修及退役阶段），可为企业带来显著经济效益。设备可靠性评估可作为是RCM、RBI、SIL等技术的基础，是设备完整性管理不可缺少的环节。

（5）基于风险的装置完整性评估

基于风险的装置完整性评估（Risk Based Plant Integrity Assessment，RBPIA）是对炼化企

业设备风险管理水平进行量化评估，并根据评估结果提出合理检修周期和运维策略的技术。目前，炼化装置朝着大型化发展，而加工原料持续劣质化，同时使用环境越来越苛刻，安全和环保要求越来越严格，炼化装置安全长周期运行仍然面临很大的挑战。针对炼化装置运行周期内设备故障及风险情况，开展基于风险的装置完整性评估很有必要。

（6）腐蚀适应性评估技术

腐蚀适应性评估是以数据资料、腐蚀理论、运行经验、风险理论为基础，通过将腐蚀风险量化后进行分析比较，进而对腐蚀风险进行管理控制的一种科学方法。腐蚀适应性评估的目的是识别装置的腐蚀风险，合理运用有限的人、财、物等资源条件，并采取合理措施，从而达到风险成本与安全效益最优配置。腐蚀适应性评估的结果可以应用于腐蚀风险管理控制的全过程，包括装置的设计选材（含局部材质升级）、腐蚀监检测技术的优化及检维修策略优化、操作过程中的腐蚀介质含量及操作参数的控制等。

（7）设防值评估技术

炼油装置设防值评估是腐蚀适应性评估的延伸，其目的是确定装置在现有状况下所能承受的原料劣质化程度，其本质是解决装置劣质化的"容限"问题，从而使装置整体上所面临的腐蚀风险可控。设防值指标主要以原油硫含量、酸值为第一设防指标，以原油中的氯含量和氮化物为设防重要指标，以原油中的重金属含量为参考指标。目前，该技术有了进一步发展，实现了原料氯、氮化物含量设防指标的评估，可为装置长周期安全运行提供设防保障。

（8）腐蚀监检测及优化技术

腐蚀监检测就是利用各种仪器工具和分析方法，确定材料在工艺介质环境中的腐蚀速度，及时为工程技术人员反馈设备腐蚀信息，从而采取有效措施减缓腐蚀，避免腐蚀事故的发生。腐蚀监检测优化是根据腐蚀评估所确定的装置重点腐蚀部位腐蚀机理、腐蚀速率与腐蚀敏感性等数据，通过对装置现有监检测措施有效性进行评估，提出适合的监检测措施，从而降低装置的腐蚀风险。腐蚀监检测优化包括定点测厚选点及频次、腐蚀监测系统选点、腐蚀介质分析项目及频次等内容，可为炼油企业腐蚀监检测方案的制定提供技术支持和依据。

（9）炼化装置腐蚀检查技术

腐蚀检查是停工检修期间一项重要的工作，是企业掌握上周期腐蚀状况、快速提出隐蔽计划、做好下周期防腐蚀工作的重要依据。腐蚀检查需要企业成立联合调查小组，或聘请专业的腐蚀检查单位来完成。腐蚀检查工作应遵循普查与重点检查相结合的原则，应与设备及管道的日常维修、点检、停车大修、定期检验等工作紧密结合。

（10）腐蚀失效分析技术

判断失效的模式、查找失效原因、研究失效机理、提出处理方法和预防措施的技术及管理活动称为失效分析。失效分析是一门交叉学科，所需专业知识涵盖材料、力学、热工学和流体力学等多个领域。运用失效分析技术，不仅能够查找失效的根本原因，给出有效的防治措施，防止类似失效再次发生，提高设备的安全性，而且能够帮助企业发现管理和操作上的不足，进一步提高管理水平和操作水平。失效分析的结果也可为设计和制造单位提供重要的参考数据和设计依据。

第四节　炼化企业设备完整性管理应用

本节以某炼化一体化公司设备完整性管理体系试点建设为例进行说明。

设备完整性管理体系的建立和实施工作一般分为五个阶段：

第一阶段：初始状况评审；

第二阶段：整体策划；

第三阶段：体系文件编写和审查；

第四阶段：设备完整性管理体系实施；

第五阶段：审核和管理评审。

一、初始状况评审

初始状况评审的目的是了解公司的设备管理现状，对照上级部门的"炼化企业设备完整性管理体系规范"和"炼化企业设备完整性管理实施指南"找出差异。在差异分析的基础上提出改进建议，确定改进方向及提升目标。初始状况评审也是对体系要素适用性的考察和完善，可为"炼化企业设备完整性管理体系规范"和"炼化企业设备完整性管理实施指南"的修订、完善工作提供依据。

初始状况评审的结论：

（1）该公司在设备管理制度建设、工具应用、资源管理、指标考核、体系建设（HSE体系及质量体系与设备相关部分）等方面积累了丰富经验，并具有一定成效。在制度方面，较好执行了上级单位各项设备管理制度，并结合公司的实际情况进行了完善，涵盖设计制造、运行维护及检维修周期。在管理工具的应用方面，积极推进信息化工作，采用了风险管理工具。

（2）通过初始状况评审，也验证了"炼化企业设备完整性体系规范"能够覆盖企业现有设备管理内容。其中，"十个子要素"既体现了石化行业设备管理的特点，又吸收了风险理念和完整性管理要求，符合企业设备管理体系持续改进的要求。

（3）对所发现情况进行定性风险分析，风险矩阵如表7-1所示。

表7-1　风险矩阵

重要度	差异程度			
	A	B	C	D
高				
中				
低				

按照上述标准对34项记录进行分析，如图7-4所示。

① 高风险6项；

② 中高风险 6 项；

③ 中等风险 14 项；

④ 低风险 8 项。

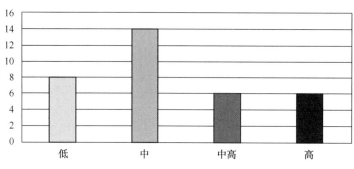

图 7-4　风险分布

由于评审工作的目标是发现当前管理实际与"设备完整性管理体系规范"要求之间的差异，并为下一步体系策划提供方向和支持。因此对该公司设备管理中的一些良好做法和丰富经验不做描述。

（4）当前管理与"设备完整性管理体系规范"差异较大的几个要素为：

① 组织机构与职责、人员培训与文件控制；

② 风险管理；

③ 缺陷管理；

④ 变更管理；

⑤ 绩效评估与纠正预防措施。

具体详见表 7-2。因此下一步将主要围绕以上要素所要求的具体内容开展工作，包括编制程序文件等工作。

表 7-2　要素差异对照表

要素	差异程度 （A-符合；B-建有程序并有效实施但应进一步提升；C-建有程序但并未有效实施；D-未有相关管理程序）	说明
4.1　方针和策略	B	（1）企业制定了方针和策略； （2）内容与完整性管理有差距
4.2　目标和计划	B	（1）有设备管理的目标和计划； （2）内容与完整性管理的要求有差距； （3）没有确定资源保障、测量等方法
4.3　组织机构与职责、人员培训与文件控制	C	（1）企业设置了设备管理相关的职能和岗位，且较为合理； （2）建立相关监督、检查、考核制度，定期考核相关人员的履职情况，并进行奖惩； （3）培训和文件控制等方面的技术能力还存在差距

要素	差异程度 (A-符合；B-建有程序并有效实施但应进一步提升；C-建有程序但并未有效实施；D-未有相关管理程序)	说明
4.4 风险管理	D	（1）未建立通用的程序来描述和管理风险； （2）对具体风险分析方法没有进行明确和规范，缺乏相应的技术文件
4.5 质量保证	A	（1）建立有质量保证程序并覆盖各设备管理活动； （2）建立有质量管理的详细文件和程序
4.6 检验、测试和预防性维修	B	（1）建立有检维修管理程序，并制订了计划； （2）建立了各类设备的检维修程序和技术文件； （3）具体技术（RBI、RCM等）的应用还存在差距
4.7 缺陷管理	D	（1）建立有设备故障管理程序，但内容与缺陷管理的要求相差较大，如未对根原因分析等做出要求； （2）缺乏对设备故障识别、验收、处理的技术文件和规范，没有明确的设备缺陷信息传达程序和规范； （3）在缺陷识别、诊断技术方面还缺乏必要的设备和手段
4.8 变更管理	C	（1）仅有简单的书面程序适用于各种类型的变更，没有明确变更管理的负责人； （2）没有明确规定变更管理中各种变更类型的范围和对应的管理步骤； （3）没有明确变更管理的技术范围，无法确保变更能得到有效监控
4.9 绩效评估与纠正预防措施	C	（1）建立有详细的绩效评估程序并定义了系统的绩效指标，但内容与完整性管理的要求有差距； （2）应用先进的技术方法对不符合项进行分析方面存在差距
4.10 管理评审与持续改进	B	（1）建立了程序，明确了管理评审的实施负责人、频率、输入、输出等； （2）建立有详细的程序文件对评审的范围、所需信息、参加人员等进行明确； （3）评审内容和有关信息与完整性管理要求存在差距

二、体系策划

（1）分析总结炼化企业设备管理的重要活动和关键流程，识别出对设备完整性影响较大的关键流程。具体包括：

① 组织机构与职责、人员培训与文件控制；

② 风险管理；

③ 缺陷管理；

④ 变更管理；

⑤ 绩效评估与纠正预防措施。

（2）针对目前企业设备管理内容与设备完整性管理体系进行对照，涵盖设备管理的实际工作要点，形成设备完整性管理要素与公司实际工作要点对照文件。

（3）梳理该公司设备管理相关制度文件，形成完整性体系文件目录及新增的管理程序和管理办法。

三、三级体系文件建立

体系文件的建立是设备完整性管理体系建设过程的重要阶段，需要结合企业实际和体系文件要求，成立专门的体系文件编写小组。在该公司体系文件的编制过程中，编写小组可参考公司设备管理制度、美国化工过程安全中心（CCPS）相关文件等资料。另外，编写小组在开始编制前，应对相关文件进行分析和对照，对照形式可参考表7-3。

表7-3　文件对照表

管理手册要素	程序文件	制度	操作文件	集团公司制度	备注
1					
1.1					
…					
2					
2.1					
…					

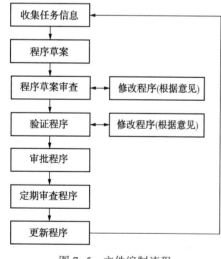

图7-5　文件编制流程

文件编制过程主要包括以下基本步骤（如图7-5所示）：（1）收集任务信息；（2）起草文件；（3）文件审查；（4）文件验证；（5）文件修改；（6）审批发布；（7）定期审查；（8）定期更新。

在体系文件的编写过程中，一般包括手册、程序文件、作业文件三级文件架构，其分别针对最高管理层、中间管理层和生产作业层。手册主要涵盖方针、目标、承诺等内容，程序文件主要包括管理体系程序和运行控制程序，而作业文件包括作业指导文件和基础管理相关文件。其文件架构如图7-6所示。

依据前期初始评审结果和体系策划内容，在设备检验测试及预防性维修管理、缺陷管理、质量保证、风险管理等方面进行了文件的编制，主要包括设备检验测试及预防性维修管理程序、设备缺陷管理程序、设备检维修计划费用管理程序、设备完整性绩效管理程序、设备质量保证管理程序5个设备完整性管理的管理程序，以及

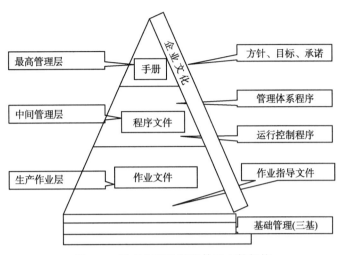

图 7-6　设备完整性管理体系文件架构

设备风险评价管理办法、设备故障根原因分析管理办法、设备变更管理规定 3 个管理制度。

四、体系运行

　　根据公司的实际管理情况，首先搭建设备完整性体系运行架构。设备完整性体系架构应从三个纬度考虑：设备完整性管理要素、设备专业管理、设备管理层级。通过三个维度来实现设备管理的全周期、全过程、全方位完整性管理。运用所建立的制度文件、工作流程、工作表单和信息子系统来实现完整性管理与现实设备管理工作的融合，即把现有的设备管理制度、流程、表单按设备完整性管理的要求在三维管理构架中应用。

　　在完成设备完整性体系架构后，公司应成立设备完整性技术支持中心，并进行试点，试点分为三部分：第一，在 A 车间先行试点，发现问题并改进完善；第二，将 A 车间、B 车间作为一个片区进行试点，发现问题并改进完善；第三，将 A 车间、B 车间的片区试点经验推广到整个装置区，总结经验后在公司全面推广。

　　接下来，公司应开展设备完整性管理的宣贯培训工作。指定专人负责将编制、修订的程序文件和作业文件内容对相关工作人员进行培训，培训工作分管理层、技术层和作业层三个层级进行。面向管理层的培训侧重于手册、制度和流程，可由企管部门和机动部门负责；针对技术层的培训以专业管理、技术和方法的应用为主，可由设备管理部门或专业人员负责；对于作业层的培训主要侧重于作业指导书、表单应用等内容，由设备专业人员和车间负责。以上培训内容一般包括风险评估方法、基于风险的检验、测试和预防性维修、质量保证、缺陷管理、变更管理、关键设备控制措施等。

　　培训工作结束后，公司应组织实施管理要素和专业要素内容。首先选出变更管理要素和现场管理子要素，在各项专业管理中实行，总结经验后再将其他要素应用于各项专业管理中。其次按专业、片区、装置三个层级全面实施设备完整性管理的十大要素。同时在要素实施的基础上，开展设备管理 KPI 指标的研究和试点应用，用于推动设备完整性管理体系的持续改进。

　　最后，在总结经验的基础上进行信息化建设。设备管理信息化是设备完整性管理有效实施的重要支撑。结合设备完整性管理的要求和专业管理的需要，对公司现有设备管理信息系统进行丰富和完善，主要工作包括按设备完整性管理构架进行系统集成、开发设备完整性管理平台等。

五、审核与管理评审

本阶段的工作内容是审核员培训，实施企业完整性管理审核，并进行设备管理评审。审核员的培训内容包括设备完整性体系规范与实施指南、基于风险的管理理论、审核方法等。管理评审需在收集设备绩效指标基础上，进行趋势分析和相关内容的评审。对于审核和管理评审中发现的不符合项应进行纠正，并制定预防措施，同时提出持续改进的方案，最后编制管理评审报告。

与其他体系审核不同的是，设备管理部门及相关单位的设备审核员不仅要掌握体系审核知识，还应具有设备专业技术和管理能力。设备审核员的培训内容包括设备相关的标准、体系审核、管理评审相关内容、审核方法和技巧等。另外，可以将培训学习与现场审核相结合，使设备审核员掌握体系审核的知识与技巧，确保设备完整性管理体系持续改进。

六、应用效果

通过试点应用，公司在设备管理方面取得了很好的成效，具体情况如下：

（1）根据"炼化企业设备完整性管理体系规范"和"炼化企业设备完整性管理体系规范实施指南"，对公司设备管理现状进行了评估，针对各个要素进行逐一比对，找出了公司实际设备管理情况与设备完整性管理要求之间的差异，同时验证了"炼化企业设备完整性管理体系规范"能够覆盖企业现有设备管理内容，十个子要素既体现了石化行业设备管理的特点，也吸收了风险理念和完整性管理的要求。

（2）依照设备完整性体系各要素的要求，在完整性管理职责及相应组织架构、风险管理及风险工具的使用、培训及资源保障、缺陷管理及根原因分析、设备变更管理程序、质量保证及设备可靠性管理、检维修承包商管理等方面，对公司现有设备管理提出了相应的改进建议，为下一步完善相应制度和规定提供了参考，同时公司依据相应建议，对相关弱项进行了改进与完善。

（3）通过对变更管理及缺陷管理两个要素开展深入梳理和研究，发现公司在这个要素的执行方面存在一定问题，如变更管理中的分级管理不到位、缺陷管理需进一步流程化并加强根原因分析等问题。以这两个要素作为切入点，公司实施了设备完整性管理体系的策划。

（4）在试点过程中，通过初始状况评审、试点策划、管理体系文件梳理等一系列工作，逐步开展公司全方位设备完整性管理的提升和完善，主要包括：①设立设备技术支持中心，从组织架构上为实现设备完整性管理提供有力支撑和保障；②在设备管理方面，将职责和权利落实到机动部门，提高了管理效率；③修改原有动设备、静设备的管理制度；④在风险管理上达成共识，进一步细化风险识别、登记、评价等管理内容；⑤引入风险管理工具；⑥在设备变更管理方面进行了有益的尝试，界定了不同变更的管理要点，明确各个部门在设备变更管理上的职责，尤其是生产部门与机动部门在变更管理上的关系；⑦梳理缺陷管理的相关流程和信息系统，进一步加强缺陷、故障失效的根原因分析；⑧强化设备数据管理，特别是不同信息系统之间数据的传输，以及设备信息数据的有效利用。该公司借助缺陷管理及后续开发的系统将相关设备信息数据进行系统化梳理，并进行资源化利用。

（5）通过引入设备完整性管理体系，制定相关程序文件和管理制度，采用动设备预防性维修系统，建立设备监测和防护技术中心，强化了管理弱项，提升了设备管理水平。公司机电仪设备故障率明显下降，以动设备专业为例，设备突发故障抢修加班人次由 2010 年 90 人次/月，降低至 2016 年 11 人次/月，机泵设备故障检修率从 15.3%降至 4.6%，平均无故障间隔时间（MTBF）从 21 个月上升至 79.6 个月。如图 7-7 所示。

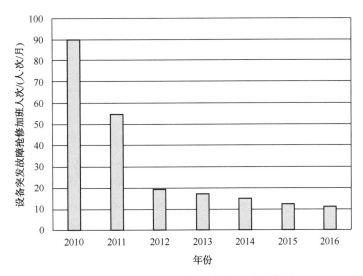

图 7-7　设备突发故障抢修加班人次趋势图

公司运行四年的装置在 2016 年停工大检修时无一起非计划停工发生。

目前公司设备管理人员的观念有了较大转变，风险意识与系统化思维不断强化。

第八章 模拟与验证

化学事故是化学品在生产、使用、储存、运输过程中，由于泄漏、火灾、爆炸而引起的对生态、人畜、设施等污染、中毒、热辐射、爆炸损伤及其复合危害的突发事件。化学事故具有突发性、强危害性等特征，特别是有毒化学物质泄漏，污染扩散范围大，导致应急救援难度非常大。近年来，国内外发生了多起特别重大危化品事故，造成了严重的人员伤亡及社会影响。比如2015年8月12日发生的天津港"8·12"瑞海公司危险品仓库特别重大火灾爆炸事故，造成了165人遇难、798人受伤。如何正确地分析这些化学事故的发生原因及发生发展规律，为事故调查、事故预防以及类似事故的应急救援提供可靠的数据支持，减少对人类生命财产的损害，是当前急需解决的问题。

目前常用的化学事故重构以及事故发生原因、发展规律分析方法主要包括计算机模拟分析方法及实验测试方法。计算机模拟分析方法主要是从流动、传热传质的基本定律出发，建立相关的数学方程，通过计算机求解一些重要参数在事故过程中的变化，对事故进行模拟预测与重构。实验测试分析方法是指通过各种试验来认识事故规律，包括全尺寸实验、小尺寸实验以及简化实验等，为事故调查、事故预测预警等提供相关的技术支撑。计算机模拟分析方法具有易于改变参数、获取事故特征多、投资少等优点，但是计算结果容易受模型、计算网格的影响，选用的不同模型得到的结果往往存在差异，不利于事故原因的认定及事故演化规律的预测，因此往往需要对软件或模型进行验证及修正。实验测试分析方法具有真实、可控等优点，但是其所需投入特别是大型实验的所需投入较大，国内外目前主要采用中小尺度的实验开展研究，小尺度的实验结果用于指导事故调查中存在放大效应的问题，对于指导事故原因的认证缺乏实际指导作用，全尺度大型实验测试耗时耗力、投入较大、参数控制困难且可得到的事故特征参数有限，需要计算机模拟分析方法作为辅助。

采用化学事故计算机模拟与实验测试相互验证和确认的方法，是发达国家20世纪60年代逐步发展起来的一种事故重构技术方法，一方面可利用实验修正并弥补计算机模拟模型的不足，另一方面可利用修正及确认后的计算模型预测事故的放大效应，并给出多种事故演化参数，最终指导全尺度实验或事故演化规律。化学事故模拟与验证的研究有助于人们全面、深入地认识事故的形成规律，为事故预防、事故调查、事故分析等提供服务。

第一节　化学事故模拟与验证技术

一、化学事故模拟与验证的发展背景

采用计算机模拟与实验相互验证和确认（Verification & Validation，简称 V&V）的方法，是发达国家 20 世纪 60 年代初逐步发展起来的一种系统的产品研发及技术开发方法，并于 21 世纪初期率先在军事领域开发应用。其核心是把模拟与实验结合起来，既克服了计算机模拟的缺点，又有助于减少实验的尺度及数量，并能给出多种参数，最终指导产品的开发及认定。

20 世纪 60 年代，美国国防部引入 V&V 方法成功地开发了"爱国者"导弹半实物仿真模型、BGS（Battle Group Simulation）、LDWSS（Laser Designator/Weapon System Simulation）等武器仿真系统，用于武器的开发研制，NASA 采用 V&V 方法对 TCV（Terminal Configured Vehicle）进行了研制；并于 70 年代建立了与模型校验有关的概念和术语以及体系流程；90 年代，美国军方对仿真系统校核、验证与确认技术（Verification，Validation& Accreditation，简称 VV&A）研究的重点由仿真模型的校验方法研究，转向如何更加全面地对仿真进行 VV&A，国防部建模与仿真办公室（DMSO）建立了一个军用仿真 VV&A 工作技术支持小组，编写国防部 VV&A 建议规范及相应的指南规范。1998 年，美国航空航天学会（AIAA）推出了标准《流体动力学模型 V&V 指南》；2006 年 5 月，美国 Sandia 国家实验室（SNL）举办验证与确认研讨会，会议重点讨论三个方向：热传导、结构静力学以及结构动力学。参会者是来自美国各个领域的专家（工程、科学、数学、统计），目标是如何利用 V&V 方法论解决各行业的实际工程问题；美国机械工程师学会（ASME）在 2006、2009、2012 年三次发布 V&V 行业标准——计算固体力学 V&V 导则；美国新一代战神火箭完全按照 V&V 流程研制，未做全箭试验，只做了部件级试验，研制周期和成本只有其他型号的 1/2 ~ 1/3。这是 V&V 发展历程上的一个里程碑。

V&V 技术在化学事故调查及重构方面的应用开展的较晚，1988 年英国北海 Piper Alpha 事故发生以后，挪威、荷兰、英国等发达国家意识到化学事故致灾机理及事故预防的重要性，加强了石油天然气火灾爆炸合作研究，开发形成了一系列软件方法及实验测试平台，如开发了经验模型 CLICHÉ、SCOPE、COMEX；精细化三维计算流体力学模型 EXSIM、FLACS、Reagas、CHAOS 等。并于 20 世纪 90 年代建成了一批中、大尺度实验验证平台及装置，如 DNV-GL Spadeadam 实验场、GEXCON 实验场等，并积极探索采用 V&V 进行化学事故的调查与研究的方法及手段。

2005 年英国 Buncefield 火灾爆炸事故发生以后，英国 HSE、UKPIA、荷兰 MHESP、挪威能源研究院等机构联合资助采用 V&V 进行该起事故的调查与研究，事故原因及机理研究分为两个阶段开展，第一阶段 2005 ~ 2009 年期间，对事故可燃气云形成、爆炸及对周边结

构造成破坏的明确特征提取证据，并给出合理的事故发生原因解释；第二阶段 2009~2013 年期间，以 V&V 为依托采用中大尺度实验、模拟分析相结合的方式分析事故发生的原因及发生发展规律，并与第一阶段结果比对，结果得到了比较合理可靠的事故原因及事故发生发展过程。

我国 V&V 技术的发展相对滞后，20 世纪 80 年代才开始建模与仿真可信性方面的讨论，主要以军工行业应用为主。如利用基于 V&V 设计的"JSQM. II 型飞行仿真系统"开展了直升机旋翼自转着陆飞行仿真系统的置信度评估，应用 VV&A 过程模型对各子系统特性进行了评估，为评价飞行仿真系统的功能和性能提供了科学的评价依据，减少了飞行仿真系统调试时间近 20%，保证了飞行仿真系统的高逼真度的要求。总体上来说，我国对仿真系统 VV&A 研究还处于起步阶段研究工作比较分散，缺乏规模，且尚未成立类似于美国的专门机构来负责协调，没有组织专家对仿真系统 VV&A 技术进行专门研究，因而使得这方面的研究进展缓慢，迄今为止，我国还没有仿真系统 VV&A 的标准和规范，也没有仿真系统 VV&A 的概念体系，其严重制约了我国 VV&A 技术的应用和发展。

我国对化学事故模拟与验证方面的研究还处于起步阶段，研究工作比较分散，缺乏规模，且我国还没有化学事故模拟与验证 V&V 的标准和规范，也没有仿真系统 V&V 的概念体系，其严重制约了其在事故调查、事故研究方面的应用和发展，不利于化学事故特别是重特大化学事故成因分析及原因认定。

第二节　验证和确认基本流程

一、通用型验证和确认

模拟与实验验证相互验证和确认（Verification & Validation，简称 V&V）的方法主要是把所关注的问题（真实世界）分解为概念模型及实验模型，针对关注问题进行自顶向下地分解及规划，形成单一、基准、子系统、全系统等层级的物理问题；然后，设置实验及模拟计算对形成的物理问题进行相互对比和一致性测试，对模拟计算模型进行修正，实现对单一、基准、子系统、全系统等层级的问题的正确描述。见图 8-1。

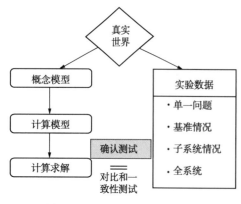

图 8-1　通用型 V&V 基本流程

验证（Verification）是通过将数值解与解析解或高精度解（经验解）进行比较，对数值误差进行量化，以确定计算软件是否正确地求解了方程（简单地说就是是否正确求解了方程）。

确认（Validation）是通过将数值模拟结果与实验结果进行比较，对模型的不确定度进行量化，以确定计算模型是否能正确描述客观世界，是一种建模活动。

图 8-2 是世界两大有限元组织，ASME(美国机械工程师学会)和 NAFEMS (国际有限元工程师协会)共同做出的对 V&V 全流程的定义，V&V 流程包括真实物理简化、仿真、试验、比较验证四个部分，Verification 验证发生在仿真过程内部，Validation 确认发生在试验和仿真结果之间。CAE 仿真包括三类模型：Conceptual Model 概念模型，即真实物理模型经过理想化处理后所建立的模型；Mathematical Model 分析模型，即在 CAD/CAE 中建立的带有载荷边界、材料属性等条件的几何模型；Computational Model 有限元模型，即网格划分(离散)完毕的有限元模型。

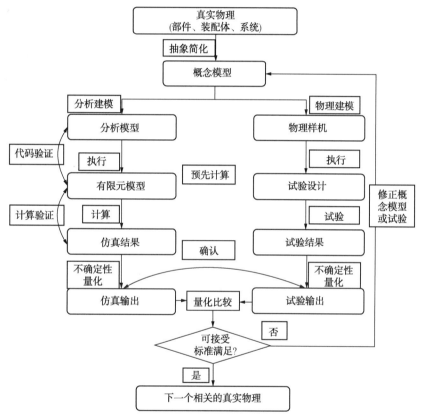

图 8-2　通用型 V&V 详细流程分解

二、化学事故 V&V 的基本流程

图 8-3 是化学事故模拟与验证(Verification & Validation，简称 V&V)的基本流程。首先，针对化学事故进行过程分解，并确定层级；针对分解后的化学事故过程进行自顶向下地分解及规划，形成单一的物理问题；然后，设置实验及模拟计算对形成的物理问题进行进一步的精度评估，该过程通过实验与模拟计算相互验证的方式，对模拟计算模型进行修正，纠正由于模型不当使用及实验不确定性引发的评估精度及误差等问题，经过适当的修正后，模拟预测和实验测量之间匹配度较好；最后对输入变量和影响模型形式的不确定性

进行量化，模拟计算与实验测试结果相吻合，真实的描述单一物理问题，即模拟计算、实验测试结果与分解后的事故过程相吻合。

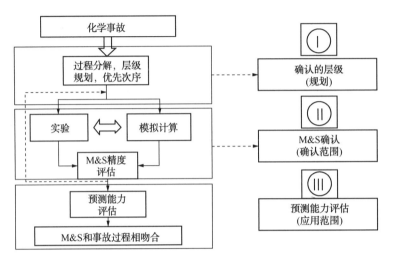

图 8-3　化学事故 V&V 的基本流程

1. 过程分解及层级规划

过程分解及层级规划是化学事故 V&V 的最关键步骤，针对化学事故的发生发展过程进行过程分解，把各个过程按照自顶向下的方式进行分解及规划，分解为单一、基准、子过程、全过程等层级的问题，通过模拟实验与验证逐层按照自底向上的方式进行确认，最后实现对化学事故的验证与确认，实现对化学事故的原因认定和机理描述。如图 8-4 所示。

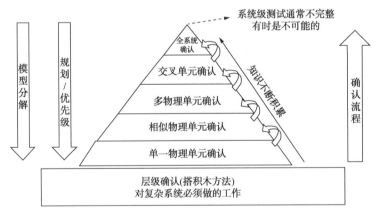

图 8-4　化学事故层级分解

2. 实验测试与模拟计算

实验测试与模拟计算（Modeling & Simulation）是化学事故 V&V 研究的重要手段。

实验测试建模（Modeling）是基于 V&V 活动的试验与传统试验的要求不一样，技术含量高。V&V 活动的试验设计原则是把多因素传统综合试验划分为若干层级，使得每个层级试验有明确的目的。一般层级分为单一问题层、基准层、子系统层、全系统层。设计层级试验遵循的基本原则如下：

（1）确认试验设计与实施应该由试验学家和计算学家联合设计和实施。由于试验确认活动主要是模拟结果和试验结果一致性的对比，所以确认活动必须是试验学家和计算学家一起联合设计和实施。

（2）确认试验设计应针对关心的基本物理问题（物理模型），包括有关物理建模数据和初、边值条件。一切重要建模输入数据在试验中必须是可测量的，关键建模的假设是可理解（可解释）的。如果可能的话，试验设备的特征和建模的不完善性应包括在确认模型中。

（3）确认试验应尽量强调计算方法和试验之间的协作。计算和试验都存在不完备性，所以计算和试验应紧密结合，强弱补偿。

（4）尽可能保持计算和试验结果间的独立。为了避免计算和试验结果互相影响，应尽可能保持计算和试验结果间的独立。

（5）试验测量的层次应由逐渐增加计算难度的问题组成。在复杂系统工程的设计中，最终的确认试验是很重要的，但要发展数值模拟能力和提高数值模拟的置信度，必须有一系列与系统过程相关的分解试验，以检验计算程序和标定计算参数。

（6）试验设计应能够分析和量化试验的随机和认知不确定度。在输入和系统给定测量值的条件下去量化试验的随机和认知不确定度。如可能，用不同的诊断技术或不同试验设备实施试验，以确定试验的不确定度。

模拟计算（Simulation）是通过数学理论或分析，确定能数值求解数学模型的计算方法（计算格式、计算模型），借助计算机语言，研制能正确求解计算模型的应用软件，经计算机计算和分析，再现实际物理现象的整个过程，以再现、预测和认识真实客观系统演化规律的过程。基于 V&V 的仿真模型的准确度得到实验量化的评估，且准确度不依赖于仿真人员和仿真工具，仿真试验高度融合，仿真工作必须作为试验工作的前端和有效补充；而试验数据必须用于修正仿真模型；由于仿真模型成本低，周期短，因为高质量的仿真模型可以指导试验，进行试验设计工作；同时，由于很多数据试验无法获得，或成本太高，仿真数据可以和试验数据融合，获得更完整的事故过程的描述。

3. M&S 精度评估

由于仿真模型的不确定性以及试验数据的不确定性会对 V&V 结果产生误差，M&S（Modeling & Simulation）精度评估既是对这一误差的量化过程，又是 V&V 结果可信度的评估过程。M&S 精度评估对于建模人员和试验人员都是必要的。很显然，每次的试验结果都是不一致的，所以 M&S 精度评估可以来量化结果的质量。同样，每次仿真计算中数值和物理参数的值都有范围分布，M&S 精度评估可以来量化参数变化对仿真结果输出的影响。M&S 过程的每一个步骤，都有相应的 V&V 工作。见图 8-5。

4. Buncefield 火灾爆炸事故 V&V 基本流程

2005 年英国 Buncefield 火灾爆炸事故发生以后，英国 HSE、UKPIA、荷兰 MHESP、挪威能源研究院等机构联合资助采用 V&V 进行事故的调查与研究，由 FABIG 欧洲火灾爆炸组织具体实施。

FABIG 对 Buncefield 火灾爆炸事故发生发展过程进行了过程分解，把整个事故过程进行细分成可燃气蒸气云团的形成、蒸气云爆炸、储罐火灾等子过程。

针对可燃气蒸气云团的形成划分了无围堰、有围堰、围堰带坡度、不同围堰距落点距

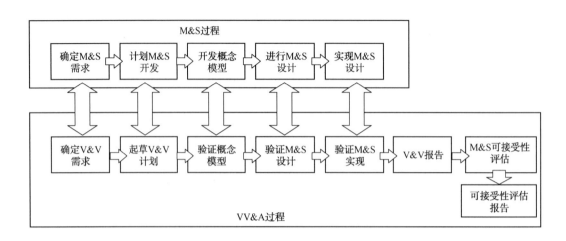

图 8-5　化学事故 M&S 精度评估

离、溢流量、不同物质等情况下物质泄漏形态等若干个基本物理问题，针对每一基本物理问题，依托 HSL 实验场、DNV-GL Spadeadam 实验场、GEXCON 实验场等设计了实验测试方案，开展验证及确认实验，同时依托计算机模拟软件对分解后的问题进行模拟计算与预测评估。通过理论分析、实验测试对计算模型进行修正，修正由于模型不当使用及实验不确定性引发的评估精度及误差等问题，经过适当的修正后，模拟预测和实验测量之间匹配度较好，最后利用模型与事故现场视频及勘察的情况进行对比，实现了对事故形成过程的模拟与验证。见图 8-6。

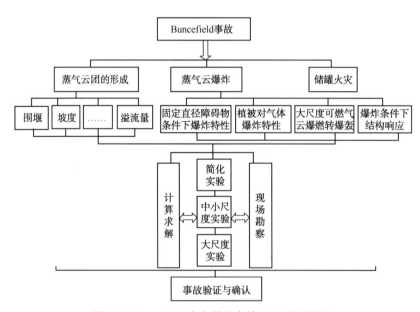

图 8-6　Buncefield 火灾爆炸事故 V&V 基本流程

目前常用的化学事故模拟与验证分析方法主要包括计算机模拟分析方法及实验测试方法。计算机模拟分析方法主要是从流动、传热传质的基本定律出发，建立相关的数学方程，通过计算机求解一些重要参数在事故过程中的变化，对事故进行模拟预测与重构。实验测试分析方法是指通过各种试验来认识事故规律，包括全尺寸实验、小尺寸实验以及简化实验等，为事故调查、事故预测预警等提供相关的技术支撑。

一、化学事故计算机模拟模型及软件方法

对化工生产过程中的所产生的化学事故进行模拟，即在化学事故数学物理模型的基础上，利用数值计算方法和计算机技术，对事故的灾害过程进行模拟，具有非常重要的现实意义，它可以预测事故的发生过程及事故后果的影响范围，从而能更加形象直观地认识所评价单元或系统的危险及危害性。同时，为人员紧急疏散以及提供必要的补救措施提供了科学的依据，准确地确定危险区域和选择最佳疏散路径既可避免和减少人员伤亡，又可以防止盲目的采取应急措施而劳民伤财。所以，开发危险化学品事故模拟软件对化学品事故作深入的研究很有必要，对于科学预防灾害的发生、指导紧急救灾具有重要理论价值和实践意义，为企业、政府职能部门高层决策者在事故情况下的应急决策提供客观依据。

进行化学事故模拟，需要选择合适的事故模型，而事故模型是通过对国内外大量事故案例的统计分析和归纳总结形成事故模型，并在此基础上建立模拟分析的数学模型。

1. 半经验事故模型

化工过程事故的主要形态是泄漏、火灾和爆炸三大类。半经验模型计算简便、省时、便于理解，利用经验或实验公式描述泄漏火灾爆炸后果参数的影响等，不用于对火灾等事故本身的详细描述，常用于一般事故的估算、后果预估和灾害评价，属于一维计算。半经验事故模型能对事故形态、发展趋势和可能后果进行描述。事故形态决定了导致事故发生可能的原因和可能导致的事故后果。其中，泄漏事故的基本形态考虑了气体泄漏、液体泄漏和气液两相流泄漏，火灾事故包括喷射火灾和池火灾等。池火灾模型包含点源辐射（Point source models）和表面辐射模型（Surface emitter models）等。爆炸事故主要有可燃蒸气云爆炸（VCE）、沸腾液体扩展蒸气爆炸（BLEVE）、凝聚相爆炸和压力容器爆炸等爆炸事故模式。TNO、CCPS 等机构对这些模型进行了梳理总结与吸纳，形成了池火、喷射火后果的推荐计算方法，并推荐其在 QRA、事故估算等过程中进行应用。

2. 数学模型

化学事故模拟分析数学模型是根据事故模型和事故假设建立起来的积分模型，结合初始化条件进行推导形成的事故后果参数的积分描述。这些模型包括池火灾模型、喷射火灾模型、蒸气云爆炸模型、沸腾液体扩展蒸气爆炸模型、凝聚相爆炸模型、泄漏速度模型和重气扩散模型。对数学模型方程进行积分求解，所得到的参数比半经验事故模型得到的结

果准确率高、数据多，但是该模型需要一定的数学求解及简单编程经验，不便于快速应用。国外相继开发了大量的该类模型并进行工程应用，数学模型及半经验事故模型多被开发为工程化软件进行工程应用，如 PHAST、ALOHA 等软件。

3. 精细事故模拟

精细事故模拟是利用先进的计算流体力学方法（CFD，Computational Fluid Dynamics），构建描述事故过程的基础三维数学模型（质量、动量、能量方程的偏微分形式），并根据事故现场的情况（包括气象条件、装置设备的尺寸大小、储存条件等）和有关危险物质的物性参数，利用计算机模拟并输出模拟结果的过程。这种模型得到的数据较为准确，可实现对泄漏、燃烧、爆炸事故过程本身的精细化三维描述。国外相继开发了大量的该类模型的软件，如 FDS、FIRE、PHOENICS、FLACS、FLUIDYN、FLUENT 等软件。这些软件对描述流体状态的连续性方程、动量方程、热量方程、扩散方程以及燃烧和爆炸过程进行求解，可以对泄漏、火灾、爆炸事故过程进行三维动态数值模拟，并能给定详细的流场、温度、辐射率等灾害特征参数。这为精确研究事故状态下危险介质的状态（泄漏扩散速率、浓度随时间在空间的分布、液池液体蒸发速率、扩散影响区域等）、热辐射通量空间分布、爆炸超压空间分布等提供了重要的分析方法及工具。但是该类模型构建复杂、运行时间较长，需要较强的流体力学及安全工程学背景，适用于科学研究、复杂事故原因的认定，不便于企业现场人员的使用。

对化学事故进行模拟分析的软件系统主要功能包括：（1）危险介质泄漏扩散、火灾、爆炸灾害过程的动态模拟；（2）根据灾害类型和危险介质的特性分析模拟计算结果，划定灾害事故影响区域；（3）根据灾害模拟分析模型精确计算各种参数，如危险介质泄漏扩散后随时间在空间的浓度分布、热辐射通量及爆炸冲击波在空间的分布等；（4）模拟分析结果能给事故应急救援和救灾决策提供依据。

4. 工程化模拟软件

（1）DNV PHAST 软件

挪威船级社（DET NORSKE VERITAS）简称 DNV，在多年积累的安全管理与技术评价领域工程经验的基础上，开发了应用于石化行业量化风险分析的 SAFETI$_{TM}$ 系列软件，至今已经拥有超过 20 年的历史，在全球同类软件中具有领先地位，尤其是 PHAST RISK（原名 SAFETI，现在更名为 PHAST RISK）量化风险分析软件，是今日全球同类软件中最全面，应用最广泛的。该软件被我国安全管理部门所认可，并且被写进《安全预评价导则》作为推荐的评价方法。PHAST RISK 软件主要的事故后果定量计算模块和风险计算模块组成，其中事故后果计算子模块名称为 PHAST，用户可以单独购买此模块用于计算化学物质泄漏后产生的事故后果。

PHAST 是对事故后果计算的专业软件，可以通过计算得到各种可能的燃烧性、爆炸性和毒性的后果。目前，PHAST 已经广泛应用于以下几个领域：厂区选址、厂区设计和平面布置；模拟计算事故后果的严重程度；为有针对性地采取相应的安全措施提供参考；制定应急救援计划；提高安全意识；开始进行定量风险分析。

PHAST 的计算包括泄漏模块、扩散模块和后果影响模块（包括燃烧性和毒性），下面是其各个功能模块的简单介绍：

泄漏模块是用来计算物料泄漏到大气环境中的流速和状态。PHAST 的泄漏计算考虑了多种可能的情况，包括有：液相、气相或者气液两相泄漏；纯物质或者混合物的泄漏；稳定的泄漏或随时间变化的泄漏；室内泄漏；长输管道泄漏。

扩散模块是通过对泄漏模块得到的结果以及天气情况进行计算来得到云团的传播扩散情况。在扩散模块中，PHAST 也考虑了多种可能的情况，包括：云团中液滴的形成；云团中的液滴下落到(地)表面；下落后在表面形成液池；液池形成后可能会再次蒸发；与空气的混合、云团的传播；云团的降落；云团的抬升；密云的扩散模型；浮云的扩散模型；被动(高斯)扩散模型。

燃烧性模块，在 PHAST 中可以计算得到以下可能的可燃性后果：沸腾液体扩展蒸气爆炸(BLEVE)和火球；喷射火；池火；闪火；蒸气云爆炸。燃烧性模块计算得到的结果有以下几种表征形式：辐射水平；闪火区域；超压水平。当计算晚期爆炸(云团扩散一段距离后发生的爆炸)产生的影响时，可燃物的质量是通过云团扩散模块提供的数据进行计算的。

毒性模块计算主要给出以下结果：浓度随下风向距离变化的曲线；某个位置浓度随时间的变化曲线；室内浓度的变化；毒性概率值或云团中毒性载荷值；毒性致死率。

（2）ALOHA 软件

ALOHA(Areal Locations of Hazardous Atmospheres)是由美国环保署(EPA)化学制品突发事件和预备办公室(CEPPO)和美国国家海洋和大气管理(NOAA)响应和恢复办公室共同开发的应用程序。ALOHA 经过多年的发展，功能逐渐强大，可以用来计算危险化学品泄漏后的毒气扩散、火灾、爆炸等产生的毒性、热辐射和冲击波等。目前 ALOHA 已经成为危险化学品事故应急救援、规划、培训及学术研究的重要工具。

ALOHA 软件的主要功能有：

① 可以模拟危险化学品火灾、爆炸和中毒等事故后果。ALOHA 中采用的是成熟的数学模型，主要有高斯模型、DEGADIS 重气扩散模型、蒸气云爆炸、闪火等成熟的大气扩散、火灾、爆炸等模型。

② 能够预测事故影响范围。对于特定的事故情景，即在给定的危险化学品、泄漏源的特征、事故发生的天气和环境特征等条件下，能够确定火灾、爆炸或中毒事故的影响区域和严重程度。

③ 能够预测敏感点处事故的进展。对于特定的敏感点，例如医院、养老院、学校等一些脆弱性的目标，能够根据建筑物类型，预测室内、外毒气浓度的变化。

④ 应急培训和训练。ALOHA 给出两种工作模式。一种是应急模式，另一种是培训模式。在培训模式下，用户可以根据不同的事故情景，改变输入参数，就可以观察事故影响范围的变化和敏感点处的浓度变化情况，从而得到培训和训练的目的。

5. 基于 CFD 技术的模拟软件

近年来随着计算流体力学(Computational Fluid Dynamics，CFD)分析技术的日益成熟，CFD 模拟工具在化学事故中的应用已越来越得到工业界和学术界的广泛重视。下面对几种比较知名的 CFD 软件作简要介绍。

（1）FDS 软件

FDS(火灾动力模拟)是由美国国家标准局建筑火灾研究实验室开发的基于场模拟的火

灾模拟软件，在火灾安全工程领域中应用十分广泛。FDS 是一个由 CFD（计算流体力学）分析程序开发出来的专门用于研究火灾烟气传播的模型，可以模拟三维空间内空气的温度、速度和烟气的流动情况等。

FDS 是一种基于大涡模拟的火灾模型。它采用数值方法，求解一组描述热力驱动的低速流动的 N-S 方程，重点计算火灾中的烟气流动和热传递过程，同时可以专门模拟喷淋装置和其他一些灭火装置的工作过程。该模型用于防排烟系统和喷淋/火灾探测器启动的设计，另外还适用于各种住宅火灾和工业火灾。通过这几年的发展，FDS 解决了大量消防工程中的火灾问题，同时还为研究基本的火灾动力学和燃烧提供了一个工具。

FDS 火灾动力模拟软件由两部分组成，分别是 FDS 和 Smokeview 部分。其中，FDS 部分主要是用来完成对火灾场的创建和计算。而 Smokeview 部分则是对 FDS 计算结果的可视化，它以三维动态的形式显示火灾发生的全过程。

（2）ANSYS 软件

ANSYS 软件是融结构、流体、电场、磁场、声场分析于一体的大型通用有限元分析软件。由世界上最大的有限元分析软件公司之一的美国 ANSYS 开发，它能与多数 CAD 软件接口，实现数据的共享和交换，如 Pro/Engineer，NASTRAN，Alogor，I-DEAS，AutoCAD 等，是现代产品设计中的高级 CAE 工具之一。

软件主要包括三个部分：前处理模块，分析计算模块和后处理模块。前处理模块提供了一个强大的实体建模及网格划分工具，用户可以方便地构造有限元模型；分析计算模块包括结构分析（可进行线性分析、非线性分析和高度非线性分析）、流体动力学分析、电磁场分析、声场分析、压电分析以及多物理场的耦合分析，可模拟多种物理介质的相互作用，具有灵敏度分析及优化分析能力；后处理模块可将计算结果以彩色等值线显示、梯度显示、矢量显示、粒子流迹显示、立体切片显示、透明及半透明显示（可看到结构内部）等图形方式显示出来，也可将计算结果以图表、曲线形式显示或输出。

软件提供了 100 种以上的单元类型，用来模拟工程中的各种结构和材料。该软件有多种不同版本，可以运行在从个人机到大型机的多种计算机设备上，如 PC，SGI，HP，SUN，DEC，IBM，CRAY 等。

（3）FLACS 软件

FLACS 是 GexCon(CMR/CMI) 公司自 1980 年基于 CFD 技术开发的软件包，可用于模拟复杂建筑和生产区域的通风、有毒气体扩散、蒸气云团爆炸和冲击波，量化和管理建筑及生产区域的爆炸风险。FLACS 具有气体扩散、爆炸、火灾及通风等多个子模块和针对储罐区气体泄漏的气体扩散模块，其功能异常强大。

FLACS 是一个用有限体积法在三维笛卡尔网格下求解可压 N-S 方程的 CFD 软件。FLACS 使用标准的 k-ε 湍流模型，并采用了一些重要的修正。FLACS 采用一个描述火焰发展的模型实现对燃烧和爆炸的建模，研究局部反应随浓度、温度、压力、湍流等参数的变化。对复杂几何形状的准确描述以及将几何形状和流动、湍流和火焰相结合是建模的关键因素之一，也是 FLACS 的一个重要优势。

采用分布式多孔结构的思想(distributed porosity concept)表现几何形状是 FLACS 相比其他 CFD 工具的重要优势之一。将小于网格尺度的火焰用亚格子模型来表现，这对于研究火焰和小于网格尺寸的物体之间的相互作用是很重要的。

此外，FLACS 程序能够研究复杂结构的通风情况，定义泄漏源的种类，气体泄漏到复杂结构的扩散过程，和点燃这样一个真实云团，在更真实场景下研究爆炸过程。因此，这个特点使得 FLACS 可以研究风向、风速、泄漏尺寸、泄漏方向、点火位置和点火时间等因素对爆炸特性的影响。

FLACS 技术开发的最主要目的是对复杂装置内气体爆炸进行模拟。通过求解一组描述流体特性的质量、动量、能量以及组分守恒方程，湍流和化学反应的影响包含在相关的方程中，采用有限体积法技术，利用 SIMPLE 算法，配合边界条件来求解计算区域中的超压、燃烧产物、火焰速度以及燃料消耗量等变量的值。对于爆炸冲击波采用特别的火焰加速求解器进行求解，它能够考虑到火焰与装置、管线、设备等的相互作用及影响，可以直接对气体爆炸冲击波进行计算，同时可以对增加爆炸抑制剂水喷淋等措施情况下的爆炸冲击波等参数进行计算，并做了大量的实验来确保其模型的准确性。

$$\frac{\partial}{\partial t}(\rho\phi) + \frac{\partial}{\partial x_j}(u_i\rho\phi) - \frac{\partial}{\partial x_j}(\rho\Gamma_\phi\frac{\partial}{\partial x_j}(\phi)) = S_\phi \qquad (8-1)$$

式中 ϕ 代表通用求解变量；ρ 为气体密度；x_j 代表在 j 方向上积分；u_i 代表 i 方向上的速度矢量；Γ_ϕ 是扩散系数；S_ϕ 为源项。

CSB 运用 FLACS（FLame ACceleration Simulator）软件对 2005 年 BP 得克萨斯炼油厂燃爆事故进行重构分析，通过对蒸气云的产生过程以及爆炸冲击过程进行模型分析，认为模拟结果与事故现场高度吻合。Davis，Hansen 等人采用 FLACS 软件对 2006 年美国 Danvers 爆炸事故的发生发展过程进行研究，给出了一个新的事故调查结论，认为存在另外一个点火源。BP 利用 FLACS 软件对 2010 年深水地平线平台火灾爆炸事故过程中的井喷过程进行模拟，认为井喷产生的油气蒸气可以到达发动机机房。上述公司对 FLACS 的应用，说明了该软件模拟结果是可靠的。

（4）Fluidyn 软件

Fluidyn 是最知名的环境和工业风险应用三维软件之一，是按照欧洲的立法指导并由 ADEME（法国环境部的行政部门—法国环境与能源控制署）自主开发，经过了数百项研究验证，部分成果已发表在相关期刊、会议论文集中。为专门满足石化、石油和天然气工业的需求，应对潜在的高风险，Fluidyn 软件可以用于定量和定性的风险评估、失效模式和影响分析、后果模拟以及污染扩散模拟。目前，国内外也越来越多地利用 Fluidyn 软件对化学事故后果进行模拟。

Fluidyn 软件具有的特点：基于质量守恒方程的数值解决方案；基于内置 GIS 能够导入其他 GIS 软件包，如 AUTOCAD 创建的 DXF 文件；对地形不平的情况具有明显的优势。特别是城市或工业地形得到适当的考虑，因为对障碍物的数量或特征没有限制。自动和手工内置网格生成器能够精确处理平地及高度起伏地势；能够仿真局部及所有瞬态作用；同时模拟从多个源排放的多种污染物；围绕建筑或复杂地形在风平浪静条件下的风场能够得到模拟。

二、化学事故实验技术

化学事故实验技术即采用实验手段对化学事故的发生发展过程进行重构，化学事故实验技术包括实验室尺度模拟实验、中试尺度模拟实验、全尺度模拟实验等规模。实验测试分析方法具有真实、可控等优点，实验室尺度的实验结果用于指导事故调查中存在放大效应的问题，对于指导事故原因的认证缺乏实际指导作用，全尺度大型实验与实际事故情况接近，但存在测试耗时耗力、投入较大等问题。

国外发达国家如美国、挪威、英国、韩国等发达国家针对化学事故建立了多个联合实验测试平台，建成了一批中、大尺度实验验证平台及装置，如 DNV-GL Spadeadam 实验场、GEXCON Sotra 岛实验场、美国毅博 Exponent 公司实验场、韩国 FPSO 试验场等，形成并具备了开展化学事故中、大尺度实验验证的测试条件，可对泄漏事故、火灾事故、燃爆事故等常见化学事故进行实验与重构验证。

国内目前在化学事故方面主要采用中小尺度的实验为主，缺少中、大尺度大型实验测试，从文献调研来看，国内有研究机构开展过大型燃爆实验，如公安部天津消防所在"八五"攻关项目中开展了 5000m³ 汽油储罐的全表面实验；北京市防化研究院开展过有毒气体扩散过程的大尺度野外实验研究等。煤炭科学研究总院重庆研究院建有亚太地区规模最大、我国唯一的气体粉尘爆炸试验巷道，长度达到了 896m；北京理工大学与军方合作，建立了大型的野外试验场。但在石油化工行业，化学事故燃爆实验研究还是以实验室尺度为主，还缺乏可用于系统开展化学事故燃爆过程和预防控制措施研究的大型实验平台及场地。

1. 化学事故燃爆试验场

中国石化青岛安全工程研究院、化学品登记中心、化学品安全控制国家重点实验室针对国内外近期发生的典型化学事故特点，以 V&V 理论为依托，从 2015 年开始逐步构建了化学事故试验场，可开展小、中、大尺度等不同层级的泄漏、火灾、爆炸等实验测试，为化学事故的子系统级、系统级等层级的实验验证与确认提供了基础条件支撑。本章重点介绍该试验场的部分功能及特点。

燃爆试验场规模近三百亩，划分了泄漏扩散实验平台、油气燃爆试验平台、火灾实验平台等功能区块，可开展不同尺度条件下的化学品泄漏、火灾、爆炸等典型事故场景的试验测试，为不同尺度的化学事故 V&V 验证确认提供技术支持。见图 8-7。

2. 泄漏扩散实验平台

泄漏扩散火灾研究平台，可以系统地开展中大尺度条件下气态、液态化学品泄漏，LNG、油品泄漏等事故条件下的事故特征特性、发展规律及相关抑制技术的研究，同时也为相关事故应急救援演练提供较真实的平台。主要功能包括：

（1）针对现有储罐油品泄漏，LNG 接收站、加气站等站场中可能发生的 LNG 泄漏事故，开展蒸气云蒸发扩散特性研究，提出减缓和控制技术；

（2）研究典型化学品蒸气云蒸发扩散和池火特性研究，提出减缓和控制火灾的方案和技术；

（3）开发化学品蒸发扩散和火灾抑制技术及装备，并应用到 LNG 加气站等站场，从而降低 LNG 加气站发生大面积泄漏扩散和火灾的概率和风险。

泄漏扩散火灾实验平台主要包括控制区、主试验区等功能区，主实验区约为 38m×33m，用以开展 LNG 等化学品液池蒸发扩散试验，包括多个不同尺寸的 LNG 液池、LNG 沟槽及相关配套设施，同时设置燃烧试验等功能区域。见图 8-8。

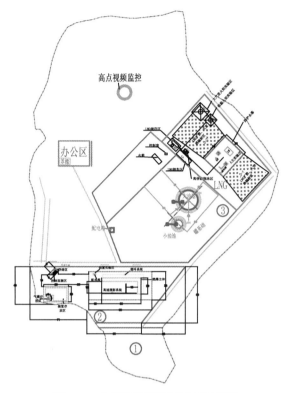

图 8-7 化学事故燃爆试验场示意图

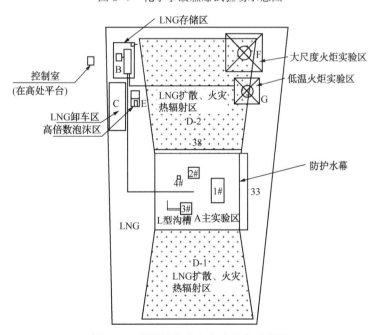

图 8-8 泄漏扩散火灾实验平台示意图

针对福建漳州 PX 储罐火灾事故过程中流淌火的形成过程，利用该实验平台开展了油品泄漏形成泄漏扩散火灾的模拟测试，考察了限制边界条件、敞开边界等单一问题条件下的流淌火发生发展规律，实验边界约为10m×1m，用以开展汽油等化学品流淌火、扩散、着火试验。某一实验测试过程见图8-9。

3. 油气燃爆模拟实验平台

油气燃爆模拟实验平台，主要为油气燃爆相关事故过程机理和预防控制技术的研究提供平台。油气燃爆危险性的基础理论和实验技术的研究，获得复杂空间内油气燃爆过程及可能发生的的爆燃转爆轰（DDT）的全过程模拟试验数据，解决目前国内外对相关过程机理不清楚的现状，为类似事故的危害后果评估、安全设施和控制方案设计提供基础理论、技术规范和关键技术支撑。该试验平台由具有可组装拆卸功能的受限、半受限空间可燃气体燃爆试验装置组成，主体结构为9m×4m×100m（宽×高×长）钢结构框架，内部

图8-9　油品流淌火模拟实验验证过程

可根据具体场景设置不同的阻碍状态。主要功能包括：

（1）开展狭长、阻塞等复杂空间内油气爆燃转爆轰机理研究；

（2）开展典型油气燃爆过程的破坏效应分析；

（3）开展油气燃爆抑制和减缓技术的研究与验证。

利用此试验平台，还可以开展有关油气抑爆技术和设施的测试评估工作，例如管道阻火器的阻火阻爆性能测试评估、防爆墙的性能测试评估、控制室门窗防爆装置的测试评估等等。

针对近年来经常发生的加油站埋地油罐燃爆致人伤亡事故，利用该实验平台开展了油气燃爆过程的模拟测试，考察了不同限制边界条件、气云尺寸、油气浓度等问题条件下的油气燃爆发生发展规律，实验腔体为50m³，用以模拟加油站燃爆事故的影响。80%罐容积条件下实验测试及模拟计算见图8-10和图8-11。实验测试及模拟计算相互验证与确认指导了加油站埋地油罐燃爆事故过程的原因及发生发展过程的认定。

图8-10　封闭空间内油气燃爆实验验证过程

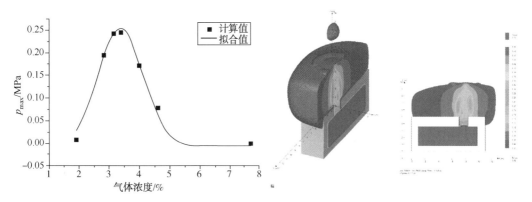

图 8-11 封闭空间内油气燃爆模拟计算过程

4. 火灾实验平台

火灾实验平台，该平台将围绕石化企业的储油罐火灾特点及消防技术要求开展相关试验研究，获取不同油品的燃烧特性数据，为储罐的设计与运行管理提供数据支持，为火灾风险评估提供依据。主要功能包括：

（1）模拟地面池火和油罐火灾，研究火灾特性；

（2）开展灭火剂、灭火技术和灭火方案的效能验证；

（3）设置典型火灾事故场景，研究验证针对性应急处置方案。

通过该试验平台获取的试验数据，具有较高的科学性和准确性，试验尺度与真实储罐的尺度一致，能够真实代表实际火灾过程，所获取的相关数据，可以直接用于大型储油库的火灾风险定量评估、一罐一堤、储罐的安全防护距离评估等。

针对大连"7·16"等储罐火灾事故成因及致灾机理，利用该实验平台开展了储罐全表面火灾的模拟测试，考察了不同储罐直径、不同介质等单一问题条件下的储罐火灾发生发展规律，实验储罐直径 10.6m、20.3m，用以开展储罐全表面火灾的发生发展过程及对相邻罐及人员的伤害，某一实验测试过程见图 8-12。实验测试及模拟计算相互验证与确认指导了储罐火灾事故过程的原因及发生发展过程的认定。

(a)实验测试　　　　　　　　　　　　　(b)模拟计算

图 8-12 直径 10.6m 储罐油品火灾实验与模拟验证过程

第四节　V&V 技术分析及应用案例

本节采用 V&V 技术对已发生的某石化装置燃爆事故进行模拟分析与验证，模拟计算采用二维软件 PHAST 和基于 CFD 技术的软件 FLACS，实验以现场勘查数据为主。

一、事故简介及现场勘察

2008 年湖南某煤气化厂区 CO 变换装置发生管道泄漏并引起燃爆事故，该事故对周边设备及装置等产生了重大冲击。所幸无人员伤亡，但是装置停工数天使得工厂遭受了重大财产损失。

图 8-13 给出了该事故装置的流程图，从酸性气体脱除单元来的变换气进入 2#气液分离器 F2103 进行除液，除液后的变换气继续经换热器 E2111、E2107 进入 3#气液分离器 F2104进行再次除液。最终除液后的变换气经管道去酸性气体脱除单元。泄漏管道位于 2#气液分离器 F2103 至换热器 E2111 之间。爆裂管线直径为 457mm，管壁厚 11mm。管线操作压力为

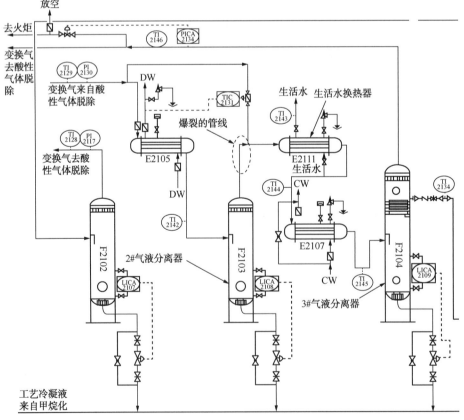

图 8-13　装置流程图

3.27MPa，设计压力为 4.0MPa。管线的操作温度为 102℃，设计温度为 140℃。事故发生时压力表 PI2130 的 DCS 记录数据为 2.97MPa。管线内的变换气的主要成分包括：54% H_2，40% CO_2，5% N_2 以及 1%的其他气体。正常操作情况下，管道内的稳定流率为 281kNm^3/h。泄漏过程中，泄漏口的尺寸逐渐稳步扩大，其最终的形状呈长轴为 2.5m，短轴为 2m 的椭圆形。在模拟计算过程中，假定管线为全管径断裂。

经事故视频显示，发生泄漏 24s 后，气云被点燃引发爆炸。现场的风速为 3m/s，风向为东北风 NE。

事故单元的平面布置及泄漏点位置见图 8-14。该事故单元是个四层框架结构，每一层的地面都为铝制隔栅板，泄漏管道位于第三层，框架结构周边分布有气液分离器、变换器、调节塔等设备。事故单元南面分布有控制室、办公室等有人设施。为了与事故调查现场情况进行比对，笔者在框架结构周边分布有气液分离器、变换器、调节塔等设备的迎爆面及背面分布设置了监测点，周边控制室、办公室等建筑周边也设置了监测点，监测点位置（point 1~point 5）在图 8-14 中进行了标识。

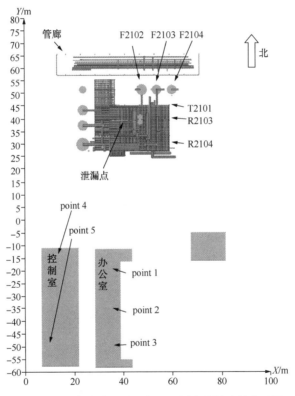

图 8-14　事故单元平面布置及周边关键建筑布置图

二、事故过程及层级划分

首先对事故过程进行了层级划分，把事故整体过程划分为管线断裂泄漏、气云形成、气体点火爆炸、周边设备损坏等子系统。见图 8-15。

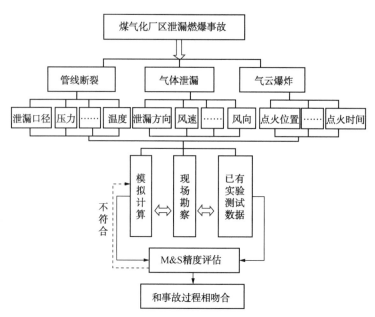

图 8-15 煤气化厂区泄漏燃爆事故过程 V&V 过程

三、事故模拟与验证

1. 事故现场设备损坏及周边建筑损坏情况

TNO 绿皮书 CRP 16E 对不同爆炸超压可造成的损坏情况进行了描述。当爆炸超压达到 7~14kPa 时，会造成铝合金连接板之间的焊点失效。当爆炸超压达到 35~40kPa 时，可造成管廊发生位移。可造成窗面发生破裂的最低爆炸超压为 2kPa，当爆炸超压达到 5kPa 时，50% 的窗户会发生损坏。爆炸超压在 7~15kPa 可造成窗框和玻璃损坏。对天花板造成损坏或者 1% 的玻璃面板发生损坏的超压约为 1~1.5kPa。

事故对周边关键设施及建筑的损坏情况见图 8-16。F2102、F2103、F2104、T2101 等设备受到了不同程度的影响，保温层外的铝板被炸飞。周边建筑物的窗户及玻璃受到不同程度影响，办公室内的天花板也受到了轻微影响。

(a)F2102/F2103/F2104(背对冲击波)　　(b)T2101/R2103　　(c)办公室

图 8-16　爆炸事故现场关键设施及建筑损坏情况

对现场调查到的关键设施受损坏情况进行总结。所有关键设备由保温层覆盖，且保温层外由铝合金板保护，不同设备保温受到的损坏也不一样，同一个设备迎爆面和背爆面的受损情况也不一样。根据 TNO 绿皮书 CRP 16E 分析，这些关键设备及装置受到的爆炸超压总结见表 8-1。

表 8-1　爆炸单元内设备受损情况

编号	设备名称	设备尺寸/m	受损情况	可能的爆炸超压/kPa
F2102	气液分离器	$\phi 4.2 \times 13.4$	90%保温损坏	7~14
F2103	气液分离器	$\phi 3.7 \times 11.6$	75%保温损坏	7~14
F2104	气液分离器	$\phi 3.7 \times 15.6$	50%保温损坏	7~14
T2101	调节塔	$\phi 3.2 \times 26.0$	80%保温损坏	7~14
R2103	变换器	$\phi 4.9 \times 13.8$	50%保温损坏	7~14
R2104	变换器	$\phi 4.9 \times 11.7$	30%保温损坏	7~14

大部分窗户和玻璃受到了破坏。控制室内部远离爆炸冲击一侧的门未受到影响，但是门附近的两块天花板被吹离。办公室的大部分窗框损坏，门框也受到了轻微影响，对现场调查到的爆炸单元邻近的控制室及办公室受损坏情况进行总结，见表 8-2。

表 8-2　邻近建筑物的损坏情况

名称	尺寸/m	受损情况		可能的爆炸超压/kPa
办公室	$15 \times 46.8 \times 19.5$	Point 1	窗框损坏，大部分玻璃损坏	7~15
		Point 2	窗框小程度损坏，50%玻璃损坏	7~15
		Point 3	50%玻璃损坏	5
控制室	$15.0 \times 46.8 \times 4$	Point 4	50%玻璃损坏	5
		Point 5	门附近的两块天花板被吹离	1~1.5

2. 事故模拟研究

国内学者常用经验公式或二维软件如 PHAST 进行事故结果及过程分析，本文采用 PHAST 5.3 分析该起事故的后果。图 8-17 给出了采用二维工程化软件获得的事故模拟结果。该起事故的最远影响距离可达下风向 220m。控制室与泄漏点之间的距离约为 70m，利用 PHAST 计算的该处超压值约为 13.8kPa。但是根据事故现场调查的结果，控制室的门并没有受到超压影响，因此在此处二维模拟结果明显大于事故现场观测到的结果。

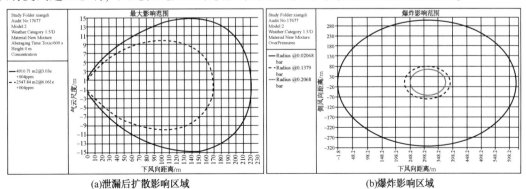

图 8-17　二维事故模拟结果

根据上述情况，认为上述选择的模型精度与现有的现场考察及测试数据偏差较大，精度不符合 V&V 要求，重新选取了三维 3D FLACS 软件进行事故模拟研究。

（1）计算模型

基于工厂实际情况进行三维建模，模型见图 8-18(a)。利用 Microstation 软件，依据事故装置 CO 变换单元的设计图纸结合现场勘察照片进行三维模型绘制。事故单元为四层框架结构，每层地面为铝制隔栅板，泄漏管道位于第三层，框架南面分布有控制室、办公室等有人设施。装置内直径大于 2cm 的管道都在模型中进行了绘制，管道的尺寸和位置都保持与设计文件一致。对关键设备及装置的形状进行了简化。总共的模拟计算空间为 100m×80m×40m。依据事故调查报告，点火源位置设置在泄漏口附近。点火源位置距离控制室距离约为 65m。关键设备及建筑周边设置了监测点，监测点位置见图 8-18。

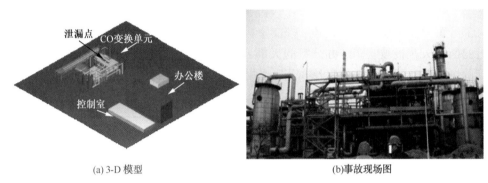

(a) 3-D 模型　　　　　　　　　　　　(b)事故现场图

图 8-18　计算用三维模型

（2）泄漏过程模拟结果

利用 FLACS 软件重建气云泄漏过程，管线内的变换气的主要成分包括：54%H_2，40%CO_2，5%N_2以及 1%的其他气体。正常操作情况下，管道内的稳定流率为 281kNm^3/h。泄漏过程中，泄漏口的尺寸逐渐稳步扩大，其最终的形状呈长轴为 2.5m，短轴为 2m 的椭圆形。在模拟计算过程中，文中假定管线为全管径横向断裂。依据 FLACS JET 计算工具，初始最大的泄漏速率可达 752.549kg/s。泄漏开始时间设定为风场建立后的 5s。

监测区域内的气云变化情况见图 8-19，监测区域设置为覆盖整个变换单元。泄漏开始以后气云体积急剧增加，然后可燃气体气云体积与化学当量比浓度气云体积最终保持稳定，等效化学当量比浓度气云体积约为 950m^3，可燃气体气云体积约为 1800m^3。等效化学当量比浓度气云对爆炸超压产生直接影响，因此，文中采用该值作为爆炸模拟计算的基础。

（3）爆炸过程模拟

文中使用泄漏分析中得到的等效化学当量比浓度气云体积进行爆炸事故后果模拟。分析过程中对气云的形状进行了简化，气云简化为一个 10m×13m×7.3m 的长方体形状。根据事故调查报告，泄漏的气云被静电点燃引爆。因此，模拟过程中的点火源被设置在泄漏点上方位置处，坐标为(49，40，12.3)。爆炸模拟计算中使用的网格是 0.5m×0.5m×0.5m。

模拟得到的爆炸冲击波发生发展过程及其对周边装置设施的影响过程见图 8-20。气云一遇到点火源，即逐步产生强烈的爆炸冲击波(大于 30kPa)，见图 8-20(a)，然后冲击波逐步影响到周边关键设备，随后爆炸冲击波逐步减弱，最终影响到邻近的控制室等建筑物。

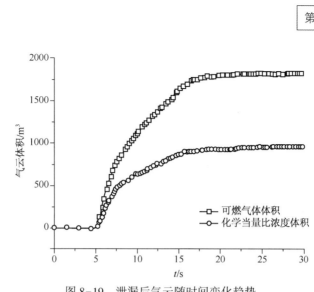

图8-19　泄漏后气云随时间变化趋势

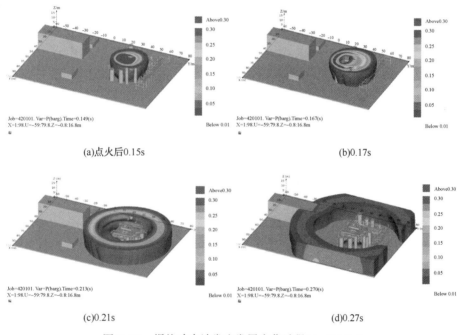

(a)点火后0.15s

(b)0.17s

(c)0.21s

(d)0.27s

图8-20　爆炸冲击波发生发展变化过程(1~30kPa)

　　模拟预测的事故爆炸超压见图8-21，关键设备 F2102、F2103、F2104、T2101 等迎爆面所受到的超压范围约在 25~30kPa 范围之间，而背对冲击波方向一面所受到的超压约在 10~15kPa 之间。事故调查现场勘察发现，F2102、F2103、F2104、T2101 等设施表面的保温层被破坏，保温层外部的铝合金保护薄板不同程度的受损失效。F2102 正对着冲击波方向的薄板受到损坏，而 F2104 背对着冲击波方向的薄板未受到损坏，T2101 设备的全部薄板都受到影响。泄漏点附近的管道及管廊在事故过程中未发生弯曲或者位移。参考 TNO 绿皮书，在模拟得到的这种超压冲击情况下，可造成铝合金保护薄板的连接失效，而不会造成管道破坏。这说明模拟结果与事故现场观察的结果吻合。

　　图8-22 给出了事故单元爆炸对控制室及办公室的影响模拟结果。在办公室监测点 Point 1

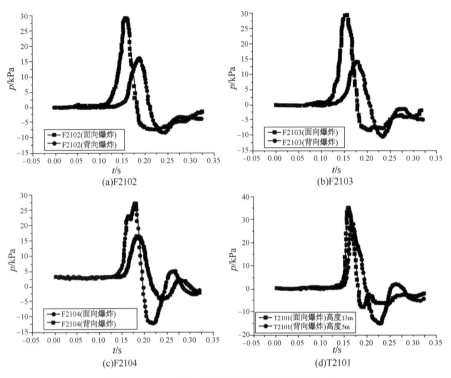

图 8-21　CO 变换单元关键设备受超压情况对比

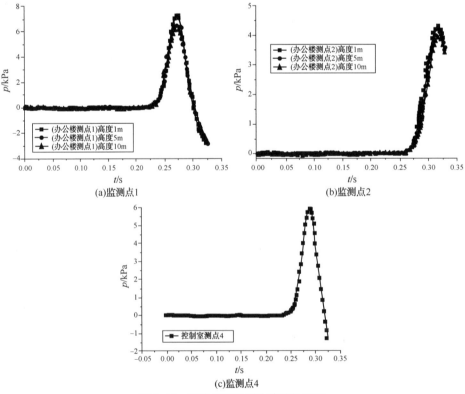

图 8-22　爆炸超压对周边建筑的影响

位置处产生的最大爆炸超压为 7.5kPa，在这种超压情况下，可造成窗框及玻璃的破坏。监测点 Point 2 位置处产生的最大爆炸超压为 4.5kPa，在这种超压情况下，约 50%的窗玻璃可能会受到破坏。在控制室北面的监测点 Point 4 产生的最大超压为 6kPa，在这种超压情况下，约 50%的窗玻璃可能会受到破坏，却不会对窗框产生影响。据事故现场勘察显示，该起事故也对周边建筑产生了影响，事故造成了两个建筑玻璃和窗框的损害，控制室靠门位置处的两块天花板也被吹偏，但是门却没有受到影响。办公室二层和三层楼上的窗框受到了轻微的破坏，办公室的门也受到了轻微的影响，事故现场勘察的结果，这说明该模拟结果与现场观察到的情况相吻合。

根据上述情况，认为上述选择的模型精度与现有的现场考察及测试数据偏差较小，精度符合 V&V 要求，故采用该方法预测的事故发生发展过程作为调查报告的主体。

第九章 系统化过程风险分析

过程风险分析(Process Hazard Analysts，PHA)是过程安全管理的核心要素，它是有组织地、系统地对工艺装置或设施进行危害辨识，为消除和减少工艺过程中的危害、减轻事故后果提供必要的决策依据。过程风险分析关注设备、仪表、公用工程、人为因素及外部因素对于工艺过程的影响，着重分析着火、爆炸、有毒物泄漏和危险化学品泄漏的原因及后果。

从 20 世纪 60 年代以来，在欧洲和美国发生了一系列石化企业重大安全事故，如 1974 年发生在英国 Flixborough 的蒸气云爆炸事故；1975 年发生在荷兰毕克(Beek)的石油裂解装置的蒸气云爆炸事故；1977 年发生在意大利的塞维索(Seveso)的大范围有毒蒸气泄漏事故；1984 年发生在印度博帕尔的异氰酸甲酯泄漏事故等。这些事故造成了严重的人员伤亡、财产损失和环境污染，也使工业界开始逐渐意识到，需要应用系统的方法和技术来预防重大事故。为此，欧美等国家开始推行过程安全管理，从系统安全的角度防控重大事故发生，并取得了很好的效果。近年来，我国接连发生了多起石化行业重特大安全事故，如 2010 年辽宁大连"7·16"原油储罐火灾，2013 年山东黄岛"11·22"原油管道泄漏爆炸，2015 年天津"8·12"爆炸事故等，给人民群众生命财产造成严重损失，造成了不良的社会影响。事故调查结果表明，这些事故发生并非"单个部件"失效或简单失误，而是系统出现了问题。为此，本章将从系统过程风险分析角度，介绍相关技术与方法，以期为企业全面准确识别风险并开展针对性控制提供参考。

第一节 概　述

一、过程风险分析方法

多年来，针对重大事故的预防与控制人们提出了很多工业安全的理论，从早期的事故频发倾向论、能量意外释放论到系统理论事故模型，伴随着人们安全理念的不断变化，防止事故从着重对人的选择、教育和管理转向强调机械设备、生产条件的本质安全；防止事故的责任从劳动者转向设计者、管理者，从个人转向政府。这些理论反映了在生产力发展的不同阶段人们对于事故预防和控制的认识和主导思想，极大地推动了生产力的发展。同时结合生产实践，人们也开发了适用于化工过程的风险分析技术等，常用的如 HAZOP、PHA、FTA、ETA 等分析方法，道化学火灾、爆炸指数法、蒙德指数法、化工厂危险性分级、定量风险评价等量化方法，这些方法解决了很多生产实际问题，并在实践中得到了广泛的应用。每一种工艺危害分析方法都有自己的优势和缺陷，都有其适用性，如表 9-1 所示。

表 9-1　不同工艺危害分析方法的适用性

项目 方法	适用性												
	操作模式		危险等级		工艺复杂性		工艺类型		工艺经验		可用的工艺细节		
	连续	间歇	低	高	低	高	过程	机械电气	低	高	低 如概念设计	中 如详细设计	高 如运行时
定性分析——通过多专业小组辨识和评估危险													
检查表	√	√	√			√	√	√	√		√		
PHA	√	√		√		√	√	√	√		√		
What…if	√	√	√			√	√	√	√	√		√	√
What…if/检查表	√	√	√			√	√	√	√	√		√	
HAZOP	√	√	√			√	√	√	√	√	√	√	√
FMEA	√		√			√	√	√	√	√		√	√
定量分析——采取数值估计已辨识出的场景风险													
火灾、爆炸指数（FEI）	√	√		√		√	√			√		√	√
化学品暴露指数（CEI）	√			√		√	√			√		√	√
LOPA	√	√		√		√	√	√		√		√	√
故障树	√	√		√			√	√		√		√	√
事件树	√	√		√			√	√		√		√	√
人员可靠性分析（HRA）	√	√				√	√	√	√	√		√	√
QRA	√	√		√		√	√			√		√	√

　　现今的化工生产系统日趋复杂化和大型化，石油、化工装置的规模越来越大，生产装置的密集程度越来越高，对操作、控制及安全的要求也越来越严格，需要应用系统的方法和技术来预防重大事故。

二、系统化过程风险分析方法

系统化过程风险分析是指根据评估对象特点，选择系统风险分析方法，实现全面准确的风险识别、评估与控制。以陶氏化学为例，如图9-1所示，采用层进式风险分析方法，对于不同风险等级的工艺设施，采取不同的风险分析方法。

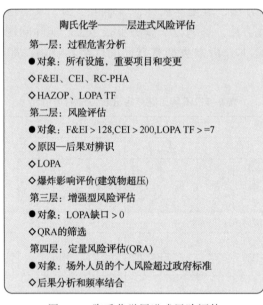

图9-1 陶氏化学层进式风险评估

目前，国外多采用定性、半定量到定量风险分析相结合的系统过程风险分析技术，如图9-2所示。最左边是定性方法，通常用于识别场景，并定性判断风险是否可以容忍。中间为半定量工具(或简化的定量工具)，这类方法可用于评估风险的数量级。最右边为定量

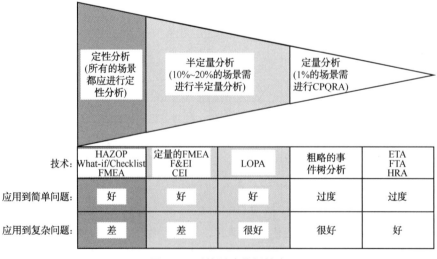

图9-2 系统风险分析技术

工具，这些工具可以分析更为复杂的场景，并能用于风险比较和风险决策。图 9-2 所示的百分比仅作为示意。通常情况下所有的场景都是通过定性方法来识别并评估，一些过于繁琐或复杂的情况使用半定量风险评估方法，少数情况下可能需要采用比半定量更严格的定量风险评估方法。

近几年来，HAZOP、LOPA、QRA 等技术在国内石化企业得到越来越多的应用。企业多以 HAZOP 技术系统识别过程风险，对识别出的高风险事件，采用 LOPA 技术确定防护措施的完整性和有效性。其中，对于某些可能导致重特大事故的场景，采用 QRA 技术，精确量化风险，并提出针对性措施加以控制。为此，本章将对 HAZOP、LOPA 和 QRA 技术进行详细介绍。

<h2>第二节　HAZOP 分析技术</h2>

<h3>一、HAZOP 分析方法概述</h3>

HAZOP(Hazard and Operability Analysis，危险与可操作性分析)方法是由英国帝国化学(ICI)公司于 20 世纪 70 年代早期提出的。

HAZOP 分析是一种用于辨识设计缺陷、工艺过程危害及操作性问题的结构化分析方法，方法的本质就是通过一系列的会议对工艺图纸和操作规程等相关资料进行分析。在这个过程中，由各专业人员组成的分析组按规定的方式系统地研究每一个单元(即分析节点)，分析偏离设计工艺条件的偏差所导致的危险和可操作性问题。

HAZOP 分析小组分析每个工艺单元或操作步骤，识别出那些具有潜在危险的偏差，这些偏差通过引导词引出，使用引导词的一个目的就是为了保证对所有工艺参数的偏差都进行分析，并分析它们的可能原因、后果和已有安全保护措施等，同时提出应该采取的安全保护措施。

HAZOP 分析方法明显不同于其他分析方法，它是一个系统工程。HAZOP 分析必须由不同专业组成的分析组来完成。HAZOP 分析的这种群体方式的主要优点在于能相互促进、开拓思路，这也是 HAZOP 分析的核心内容。

问题一：HAZOP 的特点是什么？

（1）发挥集体智慧；

（2）借助引导词激发创新思维；

（3）系统全面地剖析事故剧情。

问题二：HAZOP 的主要目的是什么？

HAZOP 分析是检查和确认设计或在役装置是否存在安全和可操作性问题以及已有安全措施是否充分。HAZOP 分析不以修改设计方案为目的，提出的建议措施是对原设计的补充与完善。HAZOP 分析包括两个方面，一是工艺危害分析，二是可操作性分析。前者是以安全为目的；后者则关心工艺系统是否能够实现操作、是否便于开展维护或维修。

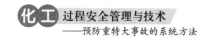

问题三：HAZOP 方法的地位是什么？

在过程安全管理(PSM)的诸多要素中，工艺危害分析是核心的要素之一(如图 9-3 所示)，它有助于识别工艺系统存在的危害，并及时采取措施予以消除或控制。根据工艺系统的特点，可以选用不同的工艺危害分析方法，也可以同时采用多种分析方法。HAZOP 是上述方法之一，它是结构性和系统性都很强的方法，被工业界广泛采用。

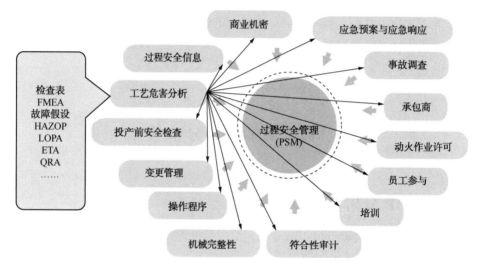

图 9-3　HAZOP 与 PSM 的关系

问题四：HAZOP 分析对于过程安全的意义？

工艺危险分析是实现过程安全的基础工作和关键环节。HAZOP 分析是非常强大的定性危险识别工具，通过团队的努力及智慧，有助于识别工艺系统存在的危害，有利于系统性地改进工艺系统的设计和操作方法，实现安全生产。

在 HAZOP 分析过程中，分析团队可以加深对工艺系统的认知，及时提出改进意见；在参与讨论的过程中，也可以提升团队成员的安全意识。HAZOP 分析的主要成果以分析报告的形式体现。善用该报告非常有助于提升工厂的过程安全管理水平。开展 HAZOP 分析是企业落实"生产安全，预防为主"理念的有效措施。全面识别和分析工厂潜在的事故，完善针对潜在重大事故的预防性安全措施，相当于把安全防线提前。

问题五：HAZOP 的开展阶段和应用范围？

HAZOP 分析的开展阶段可以贯穿整个装置的生命周期。在装置的基础设计阶段、详细设计阶段、生产运行阶段、变更管理、拆除阶段都可使用。

归纳来说 HAZOP 分析适用于装置生命周期的三个阶段：设计阶段、在役阶段以及变更和退役阶段。最合适开展 HAZOP 分析的时间是设计阶段，因为此阶段提出的建议措施，可以更有效、更彻底地进行落实和更改，能够大量地降低人力物力的投入同时获得更大的安全受益。

此外对间歇操作过程，操作规程等都可以进行 HAZOP 分析。

二、HAZOP 分析的作用

HAZOP 分析的目的是识别工艺生产或操作过程中存在的危害，识别不可接受的风险状况。其作用主要表现在以下两个方面：

1. 尽可能将危险消灭在项目实施早期

识别设计、操作程序和设备中的潜在危险，将项目中的危险尽可能消灭在项目实施的早期阶段，节省投资。

在项目的基础设计阶段采用 HAZOP，意味着能够识别基础设计中存在的问题，并能够在详细设计阶段得到纠正。这样做可以节省投资，因为装置建成后的修改比设计阶段的修改昂贵得多。

2. 为操作指导提供有用的参考资料

HAZOP 分析为企业提供系统危险程度证明，并应用于项目实施过程。对许多操作，HAZOP 分析可提供满足法规要求的安全保障。HAZOP 分析可确定需采取的措施，以消除或降低风险。

HAZOP 能够为包括操作指导在内的文件提供大量有用的参考资料，因此应将 HAZOP 的分析结果全部告知操作人员和安全管理人员。根据以往的统计数据，HAZOP 可以减少 29% 设计原因的事故和 6% 操作原因的事故。

三、HAZOP 术语

（1）分析节点　又称工艺单元，指具体确定边界的设备（如两容器之间的管线）单元，对单元内工艺参数的偏差进行分析。

（2）操作步骤　间隙过程的不连续动作，或者是由 HAZOP 分析组分析的操作步骤。可能是手动、自动或计算机自动控制的操作，间隙过程每一步使用的偏差可能与连续过程不同。

（3）引导词　用于定性或定量设计工艺指标的简单词语，引导识别工艺过程的危险。

（4）工艺参数　与过程有关的物理和化学特性，包括概念性的项目如反应、混合、浓度、pH 值及具体项目如温度、压力、相数及流量等。

（5）工艺指标　确定装置如何按照希望进行操作而不发生偏差，即工艺过程的正常操作条件。

（6）偏差　分析组人员使用引导词对每个分析节点的工艺参数（如流量、压力等）进行系统分析后发现的系列偏离工艺指标的情况，可用"引导词+工艺参数"或"工艺参数+引导词"的形式得到。在 IEC 61882 中推荐的化工装置偏差的形式通常是"引导词+工艺参数"。

（7）原因　发生偏差的原因。一旦找到发生偏差的原因，就意味着找到了对付偏差的方法和手段，这些原因可能是设备故障、人为失误、不可预料的工艺状态（如组成改变）、外界干扰（如电源故障）等。

（8）后果　偏差所造成的结果。后果分析是假定发生偏差时已有安全保护系统失效；

不考虑那些细小的与安全无关的后果。

（9）安全措施　指设计的工程系统或调节控制系统，用以避免或减轻偏差发生时所造成的后果（如报警、联锁、操作规程等）。

（10）补充措施　修改设计、操作规程，或者进一步进行分析研究（如增加压力报警、改变操作步骤的顺序等）的建议。

四、HAZOP 实施流程

HAZOP 分析需要将工艺单元或操作程序划分为分析节点，然后用引导词找出过程中存在的危险，识别出那些具有潜在危险的偏差，并对偏差原因、后果及控制措施等进行分析。

HAZOP 原理框图如图 9-4 所示。

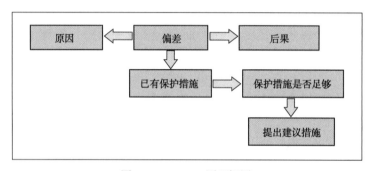

图 9-4　HAZOP 原理框图

从原理框图中可见，HAZOP 分析主要分成三个梯队。第一梯队，从原因到偏差，从偏差到后果，可以形成一个完整的事故场景；第二梯队，针对以上事故场景，罗列现有保护措施，并通过风险分析，判断保护措施是否足够；第三梯队，在风险评估后，当事故场景的风险仍处于可接受范围之外的，就需要提出建议措施以降低风险，或者对装置操作有帮助的可操作性问题，可以一起提出。

HAZOP 具体工作程序如下：

（1）收集相关资料，对目标工艺单元或操作步骤进行节点划分；

（2）选择一个节点，解释此节点设计意图；

（3）节点内选择一个参数，对参数用引导词搭配出有意义的偏差；

（4）列出可能引起偏差的原因；

（5）解释每条原因引起的偏差所能导致的后果；

（6）由原因到偏差导致后果，形成一个完整的事故场景；

（7）识别假定事故场景的安全控制措施或保护措施；

（8）基于风险矩阵对假定事故场景进行评价风险；

（9）根据分享评估结果，综合可操作性的要求，提出建议措施。

图 9-5 为 HAZOP 分析的流程图。

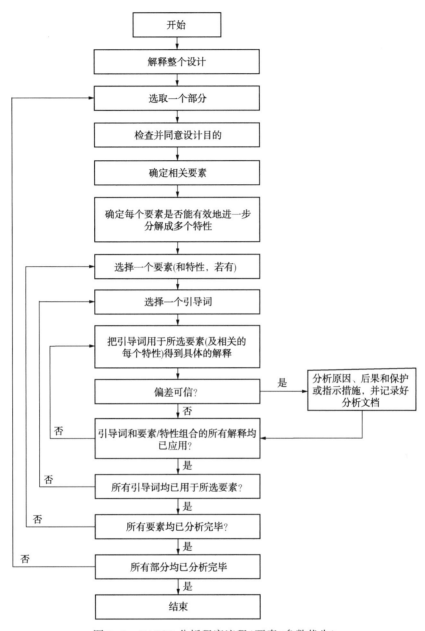

图 9-5 HAZOP 分析程序流程(要素/参数优先)

五、HAZOP 分析注意事项

1. HAZOP 小组团队的组建

HAZOP 分析团队的组建基于一个原则:具有不同知识背景的、不同专业的人员在一起工作会比独自一人单独工作更具有创造性,能识别更多的问题的共识。

一般的 HAZOP 小组成员由 HAZOP 主席/组长、记录员、工艺工程师、仪表工程师、设备工程师、安全工程师、资深操作人员组成,在需要时,还可以邀请项目相关的电气工程师、专利商、供应商等参与。

小组团队成员的专业是否完整决定了此小组能否全面地、系统性地梳理和辨识项目的风险。其中，合格的 HAZOP 组长是引导本小组分析的关键。

2. HAZOP 分析相关资料的收集

建设项目和科研开发的中试及放大装置，开展 HAZOP 分析所需资料包括但不限于：

（1）建设项目自然条件；

（2）所有物料的危险化学品安全技术说明书(MSDS)数据；

（3）工艺设计资料：

① 工艺流程图(PFD)；

② 工艺管道及仪表流程图(P&ID)；

③ 工艺流程说明；

④ 工艺操作规程；

⑤ 装置界区条件表；

⑥ 装置的平面布置图；

⑦ 爆炸危险区域划分图；

⑧ 自控系统的联锁逻辑图及说明文件；

⑨ 消防系统的设计依据及说明；

⑩ 泄压、通风和排污系统及公用工程系统的设计依据及说明；

⑪ 废弃物的处理说明；

⑫ 设备设计的最大物料储存量；

⑬ 工艺参数的安全操作范围

⑭ 对设计所依据的各项标准或引用资料的说明；

⑮ 同类装置事故案例；

⑯ 其他相关的工艺技术信息资料。

（4）设备设计资料：

① 设备和管道数据表；

② 安全阀、爆破片等安全附件的规格书和相关文件；

③ 自控系统的联锁配置资料或相关的说明文件；

④ 安全设施设计资料(包括安全检测仪器、消防设施、防雷防静电设施、安全防护用具等的相关资料和文件)；

⑤ 其他相关资料。

对于在役装置，除了以上列明的资料外，开展 HAZOP 分析还需要以下资料：

① 装置分析评价的报告；

② 相关的技改、技措等变更记录和检维修记录；

③ 本装置或同类装置事故记录及事故调查报告；

④ 装置的现行操作规程和规章制度；

⑤ 其他的资料。

注：应确保分析使用的资料是最新版的资料，资料应准确可靠。

3. HAZOP 分析的节点划分

HAZOP 节点划分的目的：便于一部分一部分地进行 HAZOP 分析；在节点内找偏离，通过偏离挖掘事故场景。其目标在于：在节点内尽可能包含完整的事故场景。

对于连续的工艺过程，HAZOP 分析节点可能为工艺单元（工艺流程图的一部分）；对于间歇过程来说，HAZOP 分析节点可能为操作步骤。

节点划分没有统一标准，可根据系统复杂性，和个人习惯划分，大的节点可以跨越几张图纸，小的节点可以详细到一条管线。节点划分的不恰当，会影响 HAZOP 分析的质量和进度。

目前，HAZOP 分析主流的节点划分方式有两种：

（1）以工艺介质流向为核心，每一工艺介质为一个节点，节点范围可以跨越多张 PID 图纸；

（2）以工艺单元或设备/设备组合（比如储罐、塔、反应器、压缩机等）为中心，将管线按照一定的规则划入，设备的附件可划入同一节点，以达到一个完整的工艺目的，以一张或多张 PID 为节点。

资深的 HAZOP 分析主席会针对不同情况，秉承不怕重复只怕遗漏的原则，灵活运用节点划分形式，便于小组讨论。

在 HAZOP 分析节点划分时，应该注意：

（1）节点划分不可过小。例如一条管线、一个换热器、一台离心泵。这样的缺陷是事故场景的两头在外，现有的保护措施大多也在外，分析质量差，同时到分析下个节点时，还要重复分析。

（2）节点划分不可过大。例如蒸馏塔加几个进液罐、几个出液罐、再沸器、冷凝器。这样的缺陷是节点内包含的事故场景过多，容易遗漏。

划分节点后的目的不是分析节点内的事故，而是通过节点内的偏离，挖掘出整个事故场景，加以分析。确定所要分析的偏离才是划分节点的目的，即偏离在节点内，原因和后果可以在节点外。

4. HAZOP 分析偏差的选择

偏差（Deviation）指偏离所期望的设计意图。可用"引导词+工艺参数"或"工艺参数+引导词"的形式得到。

IEC 61882 推荐的 11 个标准引导词如表 9-2 所示。

表 9-2 标准引导词及其含义

工艺	引导词	含义
连续工艺	无	正常状态的完全否定
	少	定量增加
	多	定量减少
	伴随	定性修改/增加
	部分	定性修改/减少
	相反	正常状态的逻辑取反
	异常	完全替代

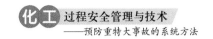
续表

工艺	引导词	含义
间歇工艺	早	相对于时钟时间早
	晚	相对于时钟时间晚
	先	相对于顺序或序列先
	后	相对于顺序或序列后

除此之外，还有一些概念性参数可以辅助快速得到偏差，例如：泄漏、仪表、维护、采样、压力分界、位置布置、开停车、振动、静电、可操作性、图纸、安全等。

在 HAZOP 分析中，参数除具体参数（如温度、压力、液位、流量、组成等）外，还包括概念性参数（如泄漏、维护、仪表、启动停止、压力分界等）。

使用引导词和参数两两搭配，即可得到一个偏差矩阵，有意义的偏差在矩阵中用√表示，见表9-3。

表9-3　偏离矩阵

项目	无	过多	过少	伴随	部分	相反	异常
流量	√	√	√	√	√	√	√
压力		√	√				√
温度		√	√				√
组成					√		√
液位	√	√	√				√
相态（汽相）	√	√	√				√

节点类型不同，与其对应的有意义偏离也各不相同，偏差与设备的应用矩阵如表9-4所示。

具体的偏离在描写时应描述清楚，坚持以下原则：

流量到线；压力、温度到点；操作到步骤；液位到设备。

详细偏离描述的时候，应加上设备名称和位号。例如：

偏离书写应为：加热炉 F101 煤油进料线流量（无）

避免写为：流量无，进料量无

思考：设计文件有两类参数，操作参数和设计参数，偏离哪个参数 HAZOP 审查要重点关注的呢？

表9-4　偏差与设备的应用矩阵

偏离	节点类型				
	塔	储槽/容器	管线	热交换器	泵
高流量			√		
低/无流量			√		
高液位	√	√			
低液位	√	√			
高界面		√			
低界面		√			
高压力	√	√	√		

偏离	节点类型				
	塔	储槽/容器	管线	热交换器	泵
低压力	√	√	√		
高温度	√	√	√		
低温度	√	√	√		
高浓度	√	√	√		
低浓度	√	√			
逆/反向流动			√		
管道泄漏				√	
管道破裂				√	
泄漏	√	√	√	√	√
破裂	√	√	√	√	√

注释：偏离操作参数可能会导致操作问题，偏离设计参数可能会导致安全问题。因此偏离的参数以设计参数为准。

5. HAZOP 分析的原因及后果

（1）原因（Cause）

指导致偏离（影响）的事件或条件。一般落脚在设备失效、人员失误，外部事件上。以下以容器失效、设备故障、公用工程失效、人员失误、外部事件等为例进行说明。

容器失效：管线、导管、储罐、容器、胶管、玻璃视镜、垫片、密封等失效。

设备故障：泵、压缩机、搅拌器、阀门、仪表、传感器、控制器、虚假联锁、排放、释放等失效。

公用工程失效：停电、氮气、水、制冷、压缩空气、加热、流体输送、蒸汽、通风等失效。

人员失误：操作失误、维修失误等。

外部事件：吊车冲击、天气条件、地震、相邻装置事故冲击、人为破坏、消极怠工等。

产生偏离的原因，多指系统中某个设备或元件失效或误操作，可以是节点外资料不详的区域，导致节点内的工艺参数产生偏离。

清楚描述原因，不同的原因可能导致完全不同的后果，应对不同的原因进行单独分析。

HAZOP 分析时，一般不考虑"双重故障"，但特殊情况下可以考虑多个设备损坏同时发生。只要引发数个设备损坏的原因是同一个的场景，或者事故后果非常严重的情景。

"双重故障"不考虑的情况举例如表 9-5 所示。

表 9-5　"双重故障"举例

	双重故障	举例
1	同时发生两起仪表或设备故障	（1）温度计和压力计同时出现故障； （2）冷却中断及 TSH/PSV 同时出现故障
2	安装在设备上的两个安全装置都未能按照设计要求起作用	PSH 出现故障并且 PSV 在达到整定压力时不起跳或被堵塞

HAZOP 分析原因的标准是找初始原因（或直接原因），即导致事故发生的原因。原因分析可以增进对事故发生机制的了解，有助于确定相关的安全措施。

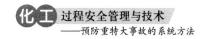
（2）后果（Consequence）

指偏离所导致的结果（不利后果）。后果有不同类型和不同的严重程度之分，不同类型分别指对人、环境、财产、企业声誉等的影响；严重程度是对影响程度的量化，例如：死亡人数的多少；直接经济损失数额等。

分析后果时，分析团队应首先忽略现有的安全措施（例如：报警、停车、放空等），假设安全措施失效，在这个前提下分析事故场景可能出现的最严重后果。这种分析方法的优点是能够提醒分析团队关注可能出现的最严重的后果，清楚地认识到问题的严重程度，不易产生对保护措施的错误判断。

那么问题来了，在 HAZOP 分析后果时，压力过高，高到多少才算高？温度过高，高到多少才算高？可以参考以下数据：

① 压力过高（高到多少？）

超过操作压力，影响产品产量、质量问题；

超过设计压力，薄弱环节泄漏；

超过设计压力 1 倍以上，破裂；

超过设计压力 4 倍以上，物理爆炸。

② 温度过高（高到多少？）

超过操作温度，影响产品产量、质量问题；

超过设计温度，材质强度变低，产生泄漏；

超过液相物料的沸点，物料汽化。

6. HAZOP 分析的风险评估

评估风险等级是 HAZOP 审查分析的重要环节，因为团队要判断现有安全措施是否充分，是否将风险降低到可接受水平。如果认为现有安全措施已经把风险降低到可接受水平，危险场景分析到此结束。如果认为现有安全措施不能把风险降低到可接受水平，那么分析团队要提出一系列建议措施。

进行 HAZOP 分析最常用的工具是风险矩阵。

风险矩阵：就是将每个损失事件发生的可能性（Likeli-hood）和后果严重程度（Severity）两个要素结合起来，根据风险（R）在矩阵中的位置，确定其风险等级。$R=f(L, S)$。

中国石化 HSE 风险矩阵如图 9-6 所示。

从图 9-6 中可以看出，图中左侧为后果严重程度，分为四类：人员伤害、财产损失、环境影响和声誉影响，每类分 A~E 共 5 个严重程度。矩阵右侧为频率，分为 6 个数量等级。

矩阵中深灰和黑色为高风险区域，若最终风险落在此区域内，需要及时整改；中灰区域为中风险区域，也称为 ALARP（最低合理可行）区域，最终风险落在此区域内，在投入和安全产出不成比例的情况下是可以接受的；浅灰区域为低风险区域，最终风险落在此区域是可以普遍接受的，并希望在日后的生产管理工作中将风险保持在此区域内。

风险分析步骤如下：

（1）在不考虑已有的任何安全措施（现有安全措施失效）的情况下辨识可信的最恶劣后果，分析其严重性及风险程度；

（2）然后将已设的安全措施考虑进去，判断风险衰减程度，检查风险是否降低到可接受程度；

风险矩阵

严重性		人员伤害	财产损失	环境影响	声誉影响	1	2	3	4	5	6
				后果		可能性—半定量(次/年)					
						$10^{-5}\sim10^{-6}$	$10^{-4}\sim10^{-5}$	$10^{-3}\sim10^{-4}$	$10^{-2}\sim10^{-3}$	$10^{-1}\sim10^{-2}$	$\geq10^{-1}$
						可能性—定性					
						世界范围内未发生过	世界范围内发生过/石油石化行业内未发生过	石油石化行业发生过/石油石化行业世界范围内发生过多次	系统内发生过/石油石化行业发生过多次	本企业发生过/系统内发生过多次	作业场所发生过/本企业发生过多次
A		急救处理；医疗处理，但不需住院；短时间身体不适	事故直接经济损失在10万元以下	装置内或围护堤内泄漏，造成本装置内污染	企业内部关注；形象没有受损	A1	A2	A3	A4	A5	A6
B		工作受限；1~2人轻伤	事故直接经济损失10万元以上，50万元以下；局部停车	排放很少量的有害污染物，有害污染废弃物，造成企业界区内污染，没有对企业界区外周边环境造成污染	社区、邻居、合作伙伴影响	B1	B2	B3	B4	B5	B6
C		3人以上轻伤，1~2人重伤（包括下同）；职业工业中毒、职业相关疾病；部分失能	事故直接经济损失50万元以上，200万元以下；1~2套装置停车	见表A.1	本地区内影响；政府介入，公众关注负面后果	C1	C2	C3	C4	C5	C6
D		1~2人死亡或丧失劳动能力；3~9人重伤	事故直接经济损失200万元以上，1000万元以下；3套及以上装置停车	见表A.1	国内影响；政府和公众、媒体关注负面后果	D1	D2	D3	D4	D5	D6
E		3人以上死亡；10人以上重伤	事故直接经济损失1000万元以上，失控火次或爆炸	见表A.1	国际影响	E1	E2	E3	E4	E5	E6

图9-6　中国石化HSE风险矩阵

187

（3）明确现阶段风险程度是否可以接受；

（4）风险仍处于不可接受区域，则必须提出建议措施。

由此可以看出，风险分析的过程也就是确定是否需要增加建议措施的过程。

7. HAZOP 分析的保护措施和建议措施

保护措施（Safeguards）：又称现有安全措施、现有防护措施，是指当前设计、已经安装的设施或管理实践中已经存在的安全措施。它是防止事故发生或减缓事故后果的工程措施或管理措施。

对于新建装置，是指那些出现在 P&ID 图上的措施；对于在役装置，是指那些安装在生产装置上的措施。

常见的安全措施有：安全阀、报警系统、紧急切断阀、防火堤、安全仪表系统（SIS）、防火系统、阻火器、爆破片、操作规程等。

注意：安全措施应独立于产生偏差的原因。

建议措施（Recommendation）：是指所提议的消除或控制危险的措施。

HAZOP 分析过程中，如果现有安全措施不足以将事故场景的风险降低到可以接受的水平，HAZOP 分析团队应提出必要的建议降低风险。

增加建议措施的原则：

（1）满足法律、法规和设计标准规范要求；

（2）避免事故，或尽可能降低事故发生率；

（3）尽量缩小事故后果影响范围和程度。

当风险降低到某个程度，当前可以普遍接受时，就认为是安全的。

在审查安全措施的充分性时，根据风险矩阵判断风险是否降到"风险可接受标准"以下，即前面讲的风险分析；更进一步的判别方法是针对一个"原因-后果"对所形成的事故场景进行保护层分析（简称 LOPA）。

六、HAZOP 案例展示

本示例的目的是介绍 HAZOP 分析方法的基本情况。假设一个简单的工厂生产过程，如图 9-7 所示。物料 A 和物料 B 通过泵连续地从各自的供料罐输送至反应器，在反应器中合成并生成产品 C。假定为了避免爆炸危险，在反应器中 A 总是多于 B。完整的设计描述将包括很多其他细节，如：压力影响、反应和反应物的温度、搅拌、反应时间、泵 A 和泵 B 的匹配性等，但为简化示例，这些因素将被忽略。工厂中待分析的部分用粗线条表示。

分析部分是从盛有物料 A 的供料罐到反应器之间的管道，包括泵 A。这部分的设计目的是连续地把物料 A 从罐中输送到反应器，A 物料的输送速率（流量）应大于 B 物料的输送速率。分析结果参考表 9-6。

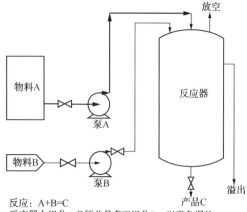

反应：A+B=C
反应器中组分A必须总是多于组分B，以避免爆炸
图 9-7　生产过程的简化流程

表 9-6 进料管线 HAZOP 分析记录表

公司名称	—	装置名称	反应器	日期	2016.6.24
工艺单元	—	分析组成员	A、B、C、D	图纸号	图3

分析节点图

设计意图：物料 A 自供料罐来，以大于物料 B 的输送速率，连续输送至反应器

序号	参数	引导词	偏差	可能原因	后果	安全措施	建议安全措施	责任人
1	流量	无/少	物料 A 输送管线流量过低或无流量	1. A 的供料罐液位过低或无	可能导致没有物料 A 仅有物料 B 流入反应器，发生爆炸	无	1. 在 A 供料罐安装一个低液位报警；2. 设 A 供料罐液位低/低联锁停止泵 B	A
				2. 泵 A 故障停	同上	无	1. 增设物料 A 进料管线流量显示及流量低报警；2. 增设物料 A 进料管线流量低联锁停泵 B；3. 泵 A 增设备用泵	B
				3. 物料 A 输送管道堵塞	同上	无		
				4. 物料 A 输送管线阀门误关	同上	无		
2	流量	多	物料 A 输送管线流量过高	泵 A 选型不对	1. 可能导致进入反应器 A 的量过多，从而引起产品量减少；2. 可能引起产品质量中将含过多的 A，导致产品质量不合格。3. 进反应器物料 A 过多，导致反应器内物料溢出，通过溢流管物料溢流至环境，环境污染。如果物料易燃易爆，遇到点火源易引起火灾或爆炸	无	1. 建议在试车时检测泵的流量和特性；2. 反应器增设围堰，防止物料溢流后大面积扩散引起安全隐患	C
3	流量	伴随	物料 A 管线中含有杂质	1. A 供料罐被污染 2. 输送 A 的过程中，可能发生侵蚀、腐蚀或伴随成分分解	未知	未知	1. 对 A 供料罐定期抽样检测；2. 物料 A 管线增设过滤器	A
4	流量	相反	物料 A 管线逆流	反应器压力高于泵 A 出口压力	可能导致装有反应物料 A 的供料罐被返回的物料污染	无	对物料 A 输送管线做相应的防腐、保温及伴热等	B
5	流量	异常	供料罐内物料不是 A 物料	供料罐内原料错误	未知，将取决于原料	无	见 3 建议措施	B
6	泄漏		物料 A 输送管道泄漏	管道老化、腐蚀、安装不当等	物料 A 泄漏至环境，引起环境污染，如果物料 A 易燃易爆，遇到点火火源可能引起火灾或爆炸	无	1. 建议泵 A 附近增设可燃气体报警仪；2. 对于物料 A 输送管线增设紧急切断设施	D

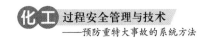

第三节 保护层分析方法

一、概述

在过程工业中，来自不同专业的人员进行危害分析与评估时，往往就"多安全为安全，需要多少保护措施，每一个保护措施降低了多少风险"等问题进行激烈的争论。保护层分析技术(以下简称"LOPA")希望运用合理、客观、基于风险的方法回答这些关键问题。20 世纪 80 年代末，当时的美国化学品制造商协会在《过程安全管理标准责任》中建议将"足够的保护层"作为过程安全管理体系的一个组成部分。美国化工过程安全中心 CCPS 出版的《化工过程安全自动化指南》和 IEC 61511《过程工业领域安全仪表系统的功能安全》中建议将 LOPA 作为确定安全仪表系统功能完整性水平(SIL)的方法之一。2001 年 CCPS 发布了 LOPA 方法的指南《保护层分析——简化的过程风险评估》(Layer of Protection Analysis：Simplified Process Risk Assessment)。LOPA 是在危险识别的基础上，进一步评估过程保护层的有效性并进行风险决策的系统方法。危险与可操作性分析(HAZOP)得到的危险剧情，是在 LOPA 的基础，HAZOP 得出的推荐安全措施，是在 LOPA 调整保护层的候选，因此 LOPA 是 HAZOP 技术的延展和深入。2000 年以来 LOPA 在国际上得到广泛应用，荷兰的应用科学研究机构(TNO)在 LOPA 方法的原理、实施方法研究和推广应用方面作了许多有意义的工作。例如，TNO 的工业安全部提供 LOPA 的技术服务和技术经济效益评估；TNO 开发了一个工具包称为 SQF(Safety Quality Factor)，SQF 考虑了人的因素在独立保护层(Independent Protective Layer，IPL)中的作用。目前美国、欧洲、日本、韩国包括台湾地区都有专业安全评价公司对所有大型石化企业实施 LOPA 评估。

二、LOPA 技术基本原理

LOPA 是一种半定量的风险评估技术。LOPA 通常使用初始事件后果严重程度和初始事件减缓后的频率大小(数量级)近似表征场景的风险。场景为单一的原因/后果对，场景中可能有各种阻止事故后果发生的不同类型保护层，如果其中的一个保护层按照设计的功能发生作用，则可以阻止事故后果的发生。由于每一保护层在要求时都可能发生失效，所以必须提供充足的保护层来减小事故场景风险。LOPA 分析是一种特殊的事件树分析形式，LOPA 中的保护层可以类比于事件树的分支。与事件树一样，LOPA 计算不期望事件的频率，见式(9-1)和图 9-8。

$$f_i^C = f_i^I \times \prod_{j=1}^{J} PFD_{ij} = f_i^I \times PFD_{i1} \times PFD_{i2} \times \cdots \times PFD_{ij} \qquad (9-1)$$

式中，f_i^C 为初始事件 i 的后果 C 的频率；f_i^I 为初始事件 i 的初始频率；PFD_{ij} 为初始事件 i 中第 j 个阻止后果 C 的独立保护层(IPL)的要求时失效概率(PFD)。

LOPA 典型分析步骤为：①识别后果，筛选场景；②选择一个原因/后果场景；③识别

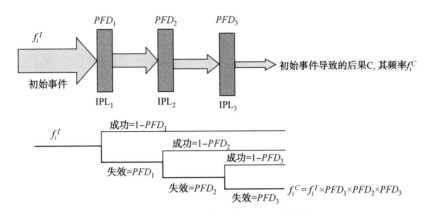

图 9-8 典型的 LOPA 分析图

场景初始事件，并确定初始事件频率（次数/年）；④识别 IPL，评估每个 IPL 的 PFD；⑤计算初始事件减缓后的发生频率，根据后果和减缓后的发生频率评估场景风险；⑥进行风险决策。

过程工业典型的保护层包括本质更安全设计、基本过程控制系统、关键报警与人员干预、安全仪表功能、物理保护（安全阀等）、释放后物理保护、工厂应急响应和社区应急响应等八重保护。对于特定场景，识别现有的保护层是否满足 IPL 的要求并确定合适的 PFD 是 LOPA 的核心内容。

三、独立保护层 IPL

IPL 是能够阻止场景向不良后果继续发展的一种设备、系统或行动，并且独立于场景初始事件或场景其他保护层的行动。IPL 的有效性根据 PFD 进行确定，PFD 定义为系统要求时 IPL 失效，不能完成一个具体功能的概率。设备、系统或行动作为 IPL，必须满足：①有效性：按照设计的功能发挥作用，必须有效的防止后果发生；②独立性：独立于初始事件和任何其他已经被认为是同一场景的 IPL 的构成元件；③可审查性：对于阻止后果的有效性和 PFD 必须能够以某种方式（通过记录、审查、测试等等）进行验证。

1. IPL 的有效性

如果某个设备、系统或行动确信为 IPL，那么它必须有效地防止该场景不期望的后果。为了确保 IPL 的有效性，它必须满足：

（1）能及时检测到条件，以采取正确的行动防止不良后果的发生。

（2）在可用的时间内，IPL 有足够的能力采取所要求的行动，如果需要一个具体的规格（如安全阀泄放面积，防火堤容积等），那么安装的防护措施是否能够符合这些要求？对于所要求的行动，IPL 的强度是否充足？IPL 的强度包括：物理强度（例如防爆墙或防火堤）、某特定场景条件下阀门的关闭能力（例如阀门弹簧、驱动器或部件的强度）和人员强度（例如所要求的任务是否在操作人员的能力范围内）。

如果防护措施不能满足这些要求，则它就不能作为 IPL。

2. 独立性

LOPA 方法使用独立性，以确保初始事件或其他 IPL 不会对特定的 IPL 产生影响，而降低保护层完成功能的能力。独立性要求 IPL 的有效性应独立于：

（1）初始事件的发生或后果；

（2）同一场景中其他已确信的 IPL 的任何构成元件失效。

3. 可审查性

元件、系统或行动必须经审查，表明其符合 LOPA 独立保护层减缓风险的要求。审查程序必须确认 IPL 如果按照设计发生作用，它将有效地阻止后果。审查还应确认 IPL 的设计、安装、功能测试和维护系统的合适性，以取得 IPL 特定的 *PFD*。功能测试必须确认 IPL 所有的构成元件运行良好，满足 LOPA 的使用要求。审查过程应记录发现的 IPL 条件，上次审查以来的任何修改，以及跟踪改进措施的完成情况。

四、典型的独立保护层

1. 本质更安全设计功能

如果工艺设计功能能够防止后果发生，则本质更安全设计功能可视为一种 IPL。一些公司考虑本质更安全工艺设计功能有一个非零的 *PFD*，也就是说，在实际工业中，已经证实它们具有一定的失效模式。这些公司将本质更安全的工艺设计功能作为一种 IPL，这些 IPL 的设计是为了防止后果的发生，如一个泵的叶轮设计得非常小，以至于无法对下游容器产生高压。对于本质更安全设计功能，还可采取消除场景而不是作为 IPL 的做法。例如，设计的设备可以承受内部爆炸，那么所有的由于内部爆炸导致容器破裂的场景就因此被消除。使用这种方法时，过程设计将不作为 IPL，因为没有场景或后果需要考虑。

然而，LOPA 分析人员应认识到本质更安全工艺设计功能可能发生失效，在维修或维护过程中，小叶轮可能被替换为较大的叶轮等。因此对于本质更安全设计功能需要适当的检查和维护（审计）以确保过程变更不会改变本质安全设计功能的有效性。

本质更安全设计是否作为 IPL 或作为消除场景的一种方法，取决于组织内部所采用的 LOPA 方法。这两种办法都可以使用，但必须保持一致性。

2. 基本过程控制系统 BPCS

BPCS 的设计是为了使过程处在安全工作区域，在一定的条件下可以作为一种 IPL。BPCS 经常配置成具有安全保护作用，并且在安全仪表系统（SIS）之前做出反应。如果 BPCS 符合下面的标准，则可作为 IPL：

（1）BPCS 与 SIS 是在物理上分离的装置，包括传感器、逻辑控制器和最终执行器；

（2）BPCS 故障不是造成初始事件的原因；

（3）BPCS 有可用的、合适的传感器与执行器来执行 SIS 相似的功能。

BPCS 是一个相对较弱的 IPL，因为 BPCS 几乎没有冗余元件、有限的自测试能力以及安全性有限的访问及变更控制权。当考虑 BPCS 作为 IPL 的有效性时，BPCS 安全访问控制方案尤其重要。如果安全系统不够完善，逻辑修改、报警旁路和联锁旁路等人员失误可能会严重降低 BPCS 系统的预期性能。

在同一场景中，当 BPCS 具有多个功能时，其 IPL 的数量可使用方法 A 或方法 B 进行判断。方法 A 假设一个单独 BPCS 回路失效将使其他所有共用相同逻辑控制器的 BPCS 回路都失效。方法 B 假设如果一个 BPCS 回路失效，最可能是传感器或最终控制元件失效，而 BPCS 逻辑控制器仍正常运行。工业实践表明，在典型的工业装置中，检测设备和最终执行元件的失效率通常远高于 BPCS 逻辑控制器的失效率。方法 B 允许共用同一逻辑控制器的 BPCS 中有限的其他回路元件作为相同场景下的其他 IPL。这种两种方法运用的差异见图 9-9。

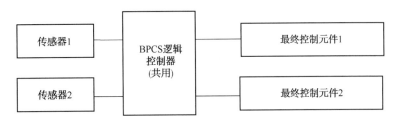

方法A：1个IPL(如果满足IPL其他要求)
方法B：2个IPL(如果满足IPL其他要求)

图 9-9　同一场景下有多个回路的典型 BPCS 逻辑控制器

方法 A 简单易用，属于保守方法，它消除了影响独立保护层 PFD 的共因模式失效。方法 B 为非保守的方法，可能忽略某些重要因素的相互作用，特别是共因失效。方法 B 需要分析人员具有丰富的 BPCS 逻辑控制器的设计与实际运行经验，并且有充足可用的数据时，才能使用。在使用方法 B 时，为了防止误提高 BPCS 的有效性，如果初始事件不涉及 BPCS 逻辑控制器失效，那么建议在同一场景下，作为独立保护层 BPCS 回路不应超过 2 个，并且每一控制回路都应满足 IPL 的所有其他要求。

IEC 61508 和 IEC 61511 中 BPCS 的安全保护作用效果被限制在 SIL1 安全完整性水平的 PFD 上界，即在进行保护层分析时，BPCS 的 PFD 应该比 0.1 大（0.1 是 SIL1 水平的 PFD 上界）。但是如果使用方法 B，可能导致 BPCS 的 PFD 小于 0.1，那么应该像对待 SIS 那样，依照 IEC 61508 和 IEC 61511 来设计、安装、测试和维护 BPCS。

把 BPCS 的动作和操作人员干预区分开来也十分重要。BPCS 保护层通常是自动反应，不需要操作人员的任何直接干预。如果通过报警或其他形式提示操作人员采取行动以保护系统，最好将这种情况考虑为人员干预保护层。对任意的一个保护层不重复考虑，这在分析中是最重要的。

3. 关键报警和人员干预

关键报警和人员干预保护层是指操作人员或其他工作人员对报警响应或在系统常规检查后，采取的防止不良后果的行动。总体而言，与工程控制相比，通常认为人员响应的可靠性较低，必须慎重考虑人员行动作为 IPL 的有效性。然而，不把条件良好的人员行动作为 IPL 又太保守。人员行动作为 IPL 应满足：

（1）必须能够检测到要求操作人员采取行动的指示或信号。这些指示必须始终对操作人员可用，并且简单明了，易于理解。

（2）操作人员必须有足够的时间采取行动。采取行动可用的时间越长，人员行动 IPL 的 PFD 越低。操作人员在决策时应要求不需要经过计算或复杂的诊断，无需考虑中断生产费用与安全之间的平衡。

（3）不应期望操作人员在执行 IPL 要求的行动时同时执行其他任务，并且操作人员正常的工作量必须允许操作人员可以作为一个 IPL 有效采取行动。

（4）在所有合理的情况下，操作人员都能采取所要求的行动。

（5）定期进行培训并记录，使操作人员训练有素，能够完成特定报警所触发的要求任务。

（6）指示和行动通常应独立于其他任何已经作为 IPL 或初始事件序列中的报警、仪表或其他系统。

4. 安全仪表功能

一个安全仪表功能(SIF)由传感器、逻辑控制器和执行元件组成，具有一定的安全完整水平(SIL)。安全仪表功能通过检测超限或异常条件，控制过程进入功能安全状态。安全仪表功能 SIF 在功能上独立于 BPCS，通常被视为一种 IPL。安全仪表功能系统的设计、冗余水平、测试频率和类型将决定 LOPA 中 SIF 的 *PFD*。

5. 物理保护（安全阀，爆破片等）

如果这类设备得到正确的设计和维护，则它们可以视为一种 IPL，它们能够提供较高程度的超压保护。压力容器规范要求系统的安全阀应针对所有可能的场景进行设计（如火灾、冷却失效、控制阀失效等），并且不能赋予其他任何要求，这意味着安全阀作为 IPL 仅提供超压保护作用。

LOPA 小组或分析人员应对每个安全阀的服役环境进行评估，确定适当的 *PFD*。特别是安全阀处于污染、腐蚀、两相流或释放管汇处物质易发生冻结的情形，这些情况将导致安全阀系统无法实现安全泄放。对于这些潜在的运行问题，可使用氮吹扫、安全阀下安装爆破片、安装在线检测和维修功能的平行安全阀、两相流释放设计等解决方法。此外，人为影响可能导致安全阀设计、安装、测试等错误。因此为每个安全阀确定 *PFD* 时，必须认真考虑每个系统的实际运行环境和人为错误的影响。在 LOPA 分析中，这些设备的有效 *PFD* 通常高于预期的失效概率值。

泄放系统的目的是提供超压保护，但泄放物质如果排放到大气中，可能导致额外的危害场景，例如有毒气云、易燃气云和环境污染等，这取决于释放物的特性、控制系统类型和环境保护系统。LOPA 分析人员必须确定释放设备 IPL 按照期望的运行情况下新场景的风险，并确定是否需要其他 IPL 以满足风险容忍标准。超压风险也许可以容忍，但是来自安全阀或爆破片的环境释放风险可能高于所预期的。

6. 释放后保护设施

释放后保护设施是指危险物质释放后，用来降低事故后果的保护设施，如防火堤、防爆墙、防爆舱、耐火涂层、阻火器、防爆器、自动水幕系统等。如果这些 IPL 的设计、建造、安装和维护正确，在一定场景中可视为 IPL。这些装置的目的是防止严重后果发生，如果设计完善，这些被动系统可作为 IPL 降低具有潜在严重后果的事件频率。然而，在一些场景中也可能需要对一些不严重的后果进行分析，如防火堤内火灾。

耐火涂层是降低设备热输入率的一种保护方式，耐火涂层可以降低泄放的规模、为系统降压或为消防系统提供更多的响应时间。如果耐火涂层被作为 IPL，则必须证明耐火涂层能有效防止后果或为采取其他行动提供了充足的时间。耐火涂层还应满足当直接暴露于火灾中，耐火涂层应保持完好，喷射器或软管的喷射水不会使其脱落。其他的被动独立保护层，如阻火器或防爆器，很容易受到污染、堵塞、腐蚀、潜在的维护失误以及意想不到的失效等。对于这些设备，当确定 PFD 值时必须考虑实际运行环境，必须谨慎分配 PFD 值。

7. 工厂和社区应急响应

消防队、人工喷水系统、工厂撤离、社区撤离、避难所和应急预案等应急响应措施通常不视为 IPL，因为它们是在事故发生之后被激活，并且有太多因素（时间延迟）影响了它们的整体有效性。社区的应急响对工厂的工人没有提供任何保护。

8. 非独立保护层

管理实践、程序和培训可以协助建立人员行动的 PFD，但它们本身不应视为 IPL。表 9-7 总结了通常不被考虑作为 IPL 的防护措施。

表 9-7 通常不考虑作为 IPL 的防护措施一览表

防护措施 （通常不考虑作为 IPL）	说明
培训和取证	在确定操作员工行动 PFD 时，可能需要考虑这些因素，但是它们本身不是 IPL
程序	在确定操作员工行动 PFD 时，可能需要考虑这些因素，但是它们本身不是 IPL
正常的测试和检测	对于所有的危险评估，假设这些活动是合适的，它是确定 PFD 的判断基础。正常的测试和检测将影响某些 IPL 的 PFD。延长测试和检测周期可能增加 IPL 的 PFD
维护	对于所有的危险评估，假设这些活动是合适的，它是确定 PFD 的判断基础。维护活动将影响某些 IPL 的 PFD
通信	作为一种基础假设，假设工厂内具有充足的通信。差的通信将影响某些 IPL 的 PFD
标识	标识自身不是 IPL。标识可能不清晰、模糊、容易被忽略等。标识可能影响某些 IPL 的 PFD
火灾保护	积极的火灾保护通常不考虑作为一种 IPL，因为对大多数场景，它是一种事故发生以后的事件，它的可用性和有效性可能受到所包围的火灾/爆炸的影响。然而，如果在特定的场景中，公司能够说明它满足 IPL 的要求，则它可以作为 IPL（如使用塑料管道和易碎开关等）。 注意：火灾保护是一种减缓 IPL，因为它试图在事件已经发生后，阻止更大的后果。对一些场景，如果耐火绝缘满足标准规范和公司标准，它可作为一种 IPL
信息可用，要求易理解	这是一种基础要求

五、独立保护层的 PFD

在 LOPA 中，IPL 降低后果频率的有效性使用 PFD 进行量化。给 IPL 确定合适的 PFD 是 LOPA 过程中一个重要组成部分。因为 LOPA 是一种简化的方法，PFD 通常使用最接近的数量级。PFD 值范围从最弱的 IPL（1×10^{-1}）到最强的 IPL（$1 \times 10^{-4} \sim 1 \times 10^{-5}$）。

目前已有大量的工业数据库，如 OREDA、EuReData 等可以使用。这些数据库的主要优点就是它们是基于工业现场数据，但是不足之处就是失效所需要的信息往往不能够被充分收集，如运行总时间、技术水平、失效原因、环境条件等。这样得到的失效数据往往比实际值要大很多，其主要原因为：①对随机失效和老化失效缺少区分；②对不同设备采用的不同技术缺少区分；③不完全的故障隔离等。尽管这样，工业数据库对人们来说还是非常有价值，特别是在没有其他可用数据源的情况下。过高的失效数据会导致 PFD 计算结果偏大，却也是更安全的结果。对于供应商的数据，这些数据通常较为乐观，因为这些数据是在清晰的、维护良好的背景下开发的。除工业数据库和供应商数据库外，还可通过失效模式、影响和诊断分析(FMEDA)得到某一设备某一种失效模式的失效率以及安全失效和危险失效的比例。与工业数据库相比，FMEDA 的结果是针对具体设备的，具有更高的准确性。

对特殊工艺，失效频率与工艺细节及运行环境密切相关。对这类工艺，最准确的失效频率来源于这些系统的实际统计数据。如果企业具有完善的机械完整性及事故调查管理系统，具备收集及分析数据的能力，则就可能提供可靠的失效率，从而提高 LOPA 方法的可信度。许多过程工厂只有近期的可靠性数据库，且这些数据库仍在充实过程中。针对这类情况，开始时，可通常采用外部数据进行 LOPA 分析，之后对这些数据进行分析修正以更好地反映企业实际情况。

选择 PFD 时应注意以下问题：

① 在整个分析过程中，使用的所有失效率数据的保守程度应一致；

② 选择的失效率数据应具有行业代表性或能代表操作条件。如果有历史数据，则只有该历史数据充足并具有统计意义时才能使用。如果使用普通的行业数据，需要对数据进行调整，以反映具体的条件和情形。

许多失效率数据库包含的数据精确到两位或两位以上，数据精确度超过 LOPA 的要求，因此这些数据需要取整至最近的整数数量级。失效率数据中通常包括了内在的假设，如操作参数范围、介质、基本测试频率、维护程序等。因此，确保过程中使用的失效率数据与数据内在的基本假设相一致非常重要。过程工业典型 IPL 的 PFD 见表9-8。

表9-8 过程工程典型 IPL 的 PFD

IPL	说明 （假设具有完善的设计基础、充足的检测和维护程序）	PFD （来自文献和工业）
"本质更安全"设计	如果正确地执行，将大大地降低相关场景后果的频率	$1 \times 10^{-1} \sim 1 \times 10^{-6}$
BPCS	如果与初始事件无关，BPCS 可确任为一种 IPL	$1 \times 10^{-1} \sim 1 \times 10^{-2}$ （IEC 规定$>1 \times 10^{-1}$）
人员行动，有 10min 的响应时间	简单的、记录良好的行动，行动要求具有清晰的、可靠的指示	$1.0 \sim 1 \times 10^{-1}$
人员对 BPCS 指示或报警的响应，有 40min 的响应时间	简单的、记录良好的行动。行动要求具有清晰的、可靠的指示 （IEC 61511 限定了 PFD）	1×10^{-1} （IEC 要求$>1 \times 10^{-1}$）
人员行动，有 40min 的响应时间	简单的、记录良好的行动。行动要求具有清晰的、可靠的指示	$1 \times 10^{-1} \sim 1 \times 10^{-2}$
安全仪表功能 SIL1	见 IEC 61508 和 IEC 61511	$1 \times 10^{-1} \sim 1 \times 10^{-2}$
安全仪表功能 SIL 2		$1 \times 10^{-2} \sim 1 \times 10^{-3}$
安全仪表功能 SIL 3		$1 \times 10^{-3} \sim 1 \times 10^{-4}$
安全阀	防止系统超压。这类系统的有效性对服役的条件比较敏感	$1 \times 10^{-1} \sim 1 \times 10^{-5}$

IPL	说明 （假设具有完善的设计基础、充足的检测和维护程序）	PFD （来自文献和工业）
爆破片	防止系统超压。这类系统的有效性对服役的条件比较敏感	$1\times10^{-1}\sim1\times10^{-5}$
地下排污系统	降低储罐溢流、断裂、泄漏等严重后果的频率	$1\times10^{-2}\sim1\times10^{-3}$
开式通风口	防止超压。	$1\times10^{-2}\sim1\times10^{-3}$
耐火涂层	减少热输入率，为降压/消防等提供更多的响应时间	$1\times10^{-2}\sim1\times10^{-3}$
防爆墙/舱	限制冲击波，保护设备/建筑物等，降低爆炸重大后果的频率	$1\times10^{-2}\sim1\times10^{-3}$
阻火器或防爆器	如果安装和维护合适，这些设备能够防止通过管道系统或进入容器或储罐内的潜在回火	$1\times10^{-1}\sim1\times10^{-3}$

充分利于工业数据库、供应商数据、FMEDA 数据、公司的数据和经验，充分考虑数据中的假设以及设备具体的运行环境，可以为 LOPA 提供良好的失效数据估计。

此外，保护层分析的一个至关重要的方面是确保每个 IPL 被且仅被考虑一次。保护层之间必须完全独立，因为在分析中要使用概率相乘。例如，当考虑容器的机械完整性时，确定机械完整性 PFD 必须在释放装置未防止事故发生的情形下进行。因此，必须考虑容器机械在低于释放阀阈值时因为振动而失效的概率，或容器机械由于释放阀在高压情况下没有合理作用而失效的概率。否则 PFD 将会低于并且会对整体的事故发生频率做出偏低 PFD 的危险估计。每个保护层在 LOPA 中是排序的，必须确保在排在某一保护层前面的保护层失效的情况下也能进行评估。在分析中综合考虑这些原则有助于避免在整体失效率上做出偏低的 PFD 的危险估计，而这样的估计有可能导致不安全的安全系统设计。

第四节 QRA 技术

定量风险评价（Quantitative Risk Assessment，简称 QRA）是对某一设施或作业活动中发生事故频率和后果进行定量分析，并与风险可接受标准比较的系统方法。定量风险评估在分析过程中，不仅要求对事故的原因、过程、后果等进行定性分析，而且要求对事故发生的频率和后果进行定量计算，并将计算出的风险与风险标准相比较，判断风险的可接受性，提出降低风险的建议措施。

定量风险评价方法自 1974 年拉姆逊教授（Rasmussen）评价美民用核电站的安全性开始，在国外逐步应用，如英国、美国、澳大利亚、新加坡和马来西亚等国家以及许多知名国际公司，危险化学品选址、平面布局优化和装置的危险性分析均要求采用该技术。

近年来，国内在定量风险评估技术和管理方面发展较快，2011 年，国家安全生产监督管理总局发布了《危险化学品重大危险源监督管理暂行规定》（国家安全生产监督管理总局令 第 40 号），明确指出：构成一级或者二级重大危险源，且毒性气体实际存在（在线）量与其在《危险化学品重大危险源辨识》中规定的临界量比值之和大于或等于 1 的；构成一级重大危险源，且爆炸品或液化易燃气体实际存在(在线)量与其在《危险化学品重大危险源辨识》中规定的临界量比值之和大于或等于1的，应当采用定量风险评价方法进行安全评估，确定个人和社会风险。2013年，国家安全生产监督管理总局发布了国内首个定量风险评估行业标准《化工企业定量风险评价导则》(AQ/T 3046—2013)。2014年6月，国家安监总局公布2014年第13号文《危险化学品生产、储存装置个人可接受风险标准和社会可接受风险标准(试行)》，为石油化工企业开展定量风险评估技术提供了准则。

定量风险评估技术在企业风险精确量化、风险控制、安全规划、搬迁、总图布置、安全距离确定等难点问题起到关键作用，同时，也为识别大风险、消除大隐患、防止大事故，为设计、运行、安全管理及决策提供技术支撑。

定量风险评价方法的核心是对事故发生概率(f)和事故后果(c)的拟合，可以用式(9-2)来表示：

$$R = \sum_{i=1}^{n} (f_i \times c_i) \tag{9-2}$$

式中　f_i——事故发生的频率，年；

　　　c_i——表示该事故产生的预期后果；

　　　R——事故产生的风险，1/年。

典型的定量风险评价过程如图9-10所示。

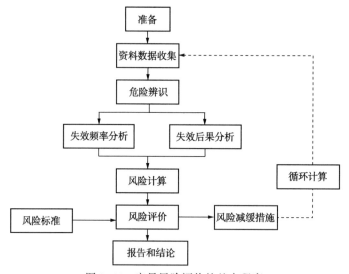

图9-10　定量风险评价的基本程序

一、前期准备与资料收集

准备工作是定量风险评价的基础，定量风险评价是一个团队的工作，首先成立定量风险评价工作组，人员组织和培训是准备工作中最重要的部分。同时，定量风险评价是一种系统化的方法，对实施过程需要进行系统化的管理。

定量风险评估的过程是建立模型，然后再进行模型计算的过程。先把评价目标模型化，然后再进行失效频率和失效后果的计算，为使分析尽可能地建立在准确的基础上，应对所有相关数据的收集。

资料数据通常包括一般资料数据、人口数据和点火源。

一般资料数据见表9-9。

表9-9 定量风险评价收集的一般资料数据

类别	一般资料数据
危害信息	危险物质存量、危险物质安全技术说明书(MSDS)、现有的工艺危害分析(如危险与可操作性分析 HAZOP)结果、点火源等
设计和运行数据	区域位置图、平面布置图、设计说明、工艺技术规程、安全操作规程、工艺流程图(PFD)、管道和仪表流程图(P&ID)、设备数据、管道数据、运行数据等
减缓控制系统	探测和隔离系统(气体探测、火焰探测、毒性探测、电视监控、联锁切断等)、消防、水幕等减缓控制系统
管理系统	管理制度、操作和维护手册、培训、应急、事故调查、承包商管理、机械完整性管理、变更和作业程序等
自然条件	大气参数(气压、温度、湿度、太阳辐射热等)、风速及大气稳定度联合频率;现场周边地形、现场建筑物等
历史数据	事故案例、设备失效统计资料等
人口数据	评价目标(范围)内的人口分布

人口分布统计时,应根据评价目标,确定人口统计的地域边界;应考虑人口在不同时间上的分布,如白天与晚上;应考虑娱乐场所、体育馆等敏感场所人员的流动性,同时也应考虑已批准的规划区内可能存在的人口。对人口数据可采用实地统计数据,也可采用通过政府主管部门、地理信息系统或商业途径获得的数据。

石油化工企业典型点火源分为点源,如加热炉、机车;线源,如公路、铁路;面源,如厂区外的化工厂、冶炼厂。应对评价单元的工艺条件、设备设施、平面布局等资料进行分析,结合现场调研,确定最坏事故场景影响范围内的潜在点火源,并统计点火源的名称、总类、方位、数目以及出现的概率等。

二、危险辨识与评价单元选择

对评价对象进行系统的危险辨识,识别系统中可能对人造成急性伤亡或对物造成突发性损坏的危险,确定其存在的部位、方式以及发生作用的途径和变化规律。危险辨识可采用系统危险辨识方法、重大危险源辨识、事故案例分析以及其他等效的危险辨识方法。

根据评价目的,可对辨识出的所有危险性单元开展定量风险评价;也可对辨识出的危险进行初步评价并选择需要进行定量风险评价的单元。选择的单元应能代表被评价对象的风险水平;单元选择结果应征得风险评价委托方或相关主管部门的认可。评价单元选择可采用危险度评价法和设备选择数法。

三、失效频率分析

危险物质的泄漏是产生火灾、爆炸、中毒等事故的根源。泄漏场景可根据泄漏孔径大小分为完全破裂以及孔泄漏两大类,有代表性的泄漏场景见表9-10。当设备(设施)直径小于150mm时,取小于设备(设施)直径的孔泄漏场景以及完全破裂场景。

表 9-10 泄漏场景

泄漏场景	范围/mm	代表值/mm
小孔泄漏	0~5	5
中孔泄漏	5~50	25
大孔泄漏	50~150	100
完全破裂	>150	① 设备(设施)完全破裂或泄漏孔径>150mm ② 全部存量瞬时释放

泄漏场景的选择应考虑设备(设施)的工艺条件、历史事故和实际的运行环境,设备(设施)通常包括管道、固定的带压容器和储罐、固定的常压容器和储罐、泵、换热器、压力释放装置、仓库、爆炸物储存、铁路槽车或汽车槽车以及运输船舶10大类。

失效频率通常使用工业失效数据库、企业历史数据、供应商的数据和基于可靠性的失效概率模型。目前,国外一些机构如挪威船级社(DNV)、英国健康与安全局(HSE)和美国化工过程安全中心(CCPS)等都有类似的数据库。此外,需针对国内的实际情况对基础泄漏频率进行设备修正和管理修正。

四、失效后果分析

1. 源项和气云扩散模型

源项和气云扩散的计算主要考虑泄漏(释放)、闪蒸和液池蒸发、射流和气云扩散、火灾和爆炸。

在计算危险物质泄漏、扩散、火灾和爆炸时,有多种模型,应根据评价的目的和目标选择模型。在一些特殊情况下,可能希望获得更可靠的计算结果,需要用到CFD等复杂模型。因此,模型选择具有一定的不确定性。不过,在应用这些模型的时候,使用者应论证其科学性。模型的科学性可以通过有效性测试的结果、模型比较研究和(或)发表的文献来论证。

2. 泄漏

对每一个泄漏场景应选择一个合适的泄漏模型,泄漏位置应根据设备(设施)实际情况而确定。在过程或反应容器中,当容器内同时存在气相和液相时,应模拟气相泄漏和液相泄漏两种场景。

泄漏方向要根据设备安装的实际情况确定。如果没有准确的信息,泄漏方向宜设为水平方向,与风向相同。对于地下管道,泄漏方向宜为垂直向上。泄漏物质一般考虑为无阻挡释放,同时需要考虑最大可能泄漏量和有效泄漏时间的确定。

3. 闪蒸和液池蒸发

过热液体泄漏计算应考虑闪蒸的影响,当闪蒸比例大于0.2时,不考虑形成液池。液池扩展应考虑地面粗糙度、障碍物以及液体收集系统等影响,如果存在围堰、防护堤等拦蓄区,且泄漏的物质不溢出拦蓄区时,液池最大半径为拦蓄区的等效半径。

4. 扩散

计算扩散时,应至少考虑射流扩散及根据扩散初始密度、Richardson 数等条件选择重气扩散和非重气扩散。

室内的容器、油罐和管道等设备泄漏后，应考虑建筑物对扩散的影响，如果建筑物不能承受物质泄漏带来的压力，可设定物质直接释放到大气中；如果建筑物可以承受物质泄漏带来的压力，则室外扩散源项应考虑建筑物内的源项以及通风系统的影响，其位置由通风系统的排风口位置来决定。

扩散计算时，宜选择代表稳定、中等稳定、不稳定、低风速、中风速和高风速等多种天气条件，应选择十六种风向。气象统计资料宜取自评价单元附近有代表性的气象站，对于沿海地区宜采用沿海气象站的气象统计数据。

5. 火灾和爆炸

火灾、爆炸发生的具体场景与物质特性、储存参数、泄漏类型和点火类型等有关，可采用事件树分析确定各种火灾、爆炸事件发生的类型及概率。

可燃有毒物质在点火前应考虑毒性影响，在点火后应考虑燃烧性影响。非受限气云延迟点火发生闪火和爆炸时，可将闪火和爆炸考虑为两个独立的过程：无爆炸超压影响的闪火，概率为0.6；无闪火影响的蒸气云爆炸，概率为0.4。爆炸产生的冲击波超压影响距离计算可采用TNO方法。

五、风险计算

定量风险评价风险度量分为个体风险和社会风险。个体风险可表现为个体风险等高线，社会风险可表现为$F-N$曲线和潜在生命损失(PLL)。

个体风险和社会风险结果应满足：个体风险应在标准比例尺地理图上以等高线的形式给出，宜表示出频率大于10^{-8}/年的个体风险等高线；社会风险应绘制$F-N$曲线。

个体风险计算程序步骤如下：

(1) 选择一个泄漏场景(LOC)，确定LOC的失效频率f_S；

(2) 选择一种天气等级M和该天气等级下的一种风向ϕ，给出天气等级M和风向ϕ同时出现的联合概率$P_M \times P_\phi$；

(3) 如果是可燃物释放，选择一个点火事件i并确定点火概率P_i。

如果考虑物质毒性影响，则不考虑点火事件；

(4) 计算在特定的LOC、天气等级M、风向ϕ及点火事件i(可燃物)条件下网格单元上的死亡概率$P_{个体风险}$，计算中参考高度取1m；

(5) 计算(LOC、M、ϕ、i)条件下对网格单元个体风险的贡献；

$$\Delta IR_{S,M,\phi,i} = f_S \times P_M \times P_\phi \times P_i \times P_{个体风险} \cdots\cdots \quad (9-3)$$

(6) 对所有的点火事件，重复(3)~(5)步的计算；对所有的天气等级和风向，重复(2)-(5)步的计算；对所有的LOC，重复(1)-(5)步的计算，则网格点处的个人风险由下式计算。

$$IR = \sum_S \sum_M \sum_\phi \sum_i \Delta IR_{S,M,\phi,i} \cdots\cdots \quad (9-4)$$

网格点的个体风险计算程序见图9-11。

社会风险计算步骤如下：

(1) 首先确定以下条件：

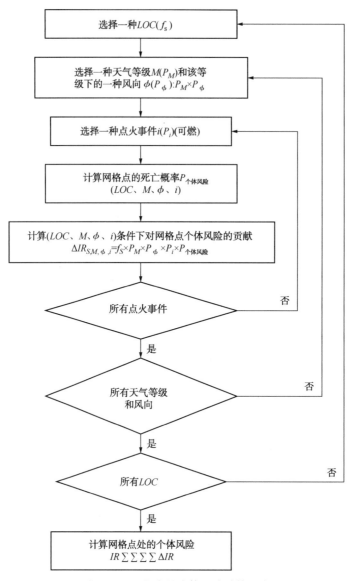

图 9-11 网格点的个体风险计算程序

① LOC 及其失效频率 f_s;

② 选择天气等级 M, 概率为 P_M;

③ 选择天气等级 M 下的一种风向 ϕ, 概率为 P_ϕ;

④ 对于可燃物, 选择条件概率为 P_i 的点火事件 i。

（2）选择一个网格单元, 确定网格单元内的人数 N_{cell};

（3）计算在特定的 LOC、M、ϕ 及 i 下, 网格单元内的人口死亡百分比 $P_{社会风险}$, 计算中参考高度取 1m。

（4）计算在特定的 LOC、M、ϕ 及 i 下的网格单元的死亡人数 $\Delta N_{S,M,\phi,i}$;

$$\Delta N_{S,M,\phi,i} = P_{社会风险} \times N_{cell} \qquad (9-5)$$

（5）对所有网格单元，重复（2）-（4）步的计算，对 LOC、M、ϕ 及 i，计算死亡总人数 $N_{S,M,\phi,I}$；

$$N_{S,\ M,\ \phi,\ I} = \sum_{\text{所有网格单元}} \Delta N_{S,\ M,\ \phi,\ i} \tag{9-6}$$

（6）计算 LOC、M、ϕ 及 i 的联合频率 $f_{S,M,\phi,i}$；

$$f_{S,\ M,\ \phi,\ i} = f_S \times P_M \times P_\phi \times P_i \tag{9-7}$$

对所有的 $LOC(f_S)$、M、ϕ 及 i，重复（1）-（6）步的计算，用累积死亡总人数 $N_{S,M,\phi,i} \geqslant N$ 的所有事故发生的频率 $f_{S,M,\phi,i}$ 构造 F-N 曲线。

$$F_N = \sum_{S,\ M,\ \phi,\ i} f_{S,\ M,\ \phi,\ i} \rightarrow N_{S,\ M,\ \phi,\ i} \geqslant N \tag{9-8}$$

社会风险计算流程见图 9-12。

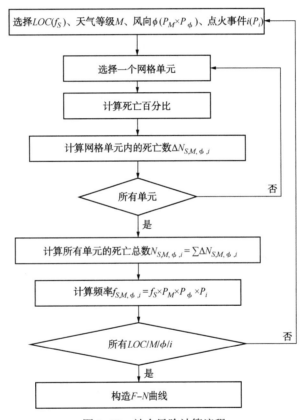

图 9-12 社会风险计算流程

六、风险评价及风险接受标准

企业在进行定量风险评价前，应确定风险标准值。风险可接受准则可采用 ALARP 原则，见图 9-13。

（1）如果风险水平超过容许上限，该风险不能被接受；

（2）如果风险水平低于容许下限，该风险可以接受；

（3）如果风险水平在容许上限和下限之间，可考虑风险的成本与效益分析，采取降低

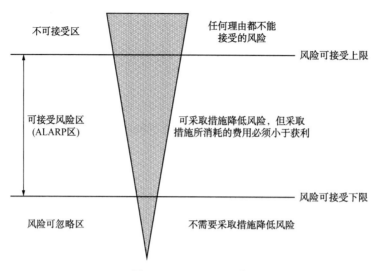

图 9-13　ALARP 原则

风险的措施，使风险水平"尽可能低"。

　　将风险评价的结果和风险可接受标准相比较，判断项目的实际风险水平是否可以接受。如果评价的风险超出容许上限，则应采取降低风险的措施，并重新进行定量风险评价，并将评价的结果再次与风险可接受标准进行比较分析，直到满足风险可接受标准。

七、定量风险评价案例分析

　　定量风险评价越来越引起人们的重视，近年来，在石油化工和天然气领域中得到了广泛应用，以加油站、LNG 接收站和石油化工装置定量风险评估案例如下。

1. 加油站定量风险评估案例

（1）加油站工艺流程简介

　　卸油：采用密闭方式卸油，油罐均安装有高液位报警装置。装满汽油的油罐车达到加油站罐区后，在油罐密闭卸油口附近停稳熄火，用连通软管将油罐车与油罐的密闭卸油口快速接头接好，接好静电接地装置，静止 15min 后开始卸油，卸完油后，拆除连通软管，人工封闭好油罐卸油口快速接头，拆除静电接地装置，等待约 5min 后，发动油品罐车缓慢离开罐区。

　　卸油工艺流程见图 9-14。

图 9-14　卸油工艺流程

　　加油：采用潜油泵加油，通过油泵把油品从储罐抽出，由管道经过加油机的油气分离器、计算器，再经加油枪加到受油容器中。加油工艺流程见图 9-15。

（2）气象条件

　　加油站所处地为典型的暖温带半湿润大陆性季风气候，夏季炎热多雨，冬季寒冷干燥，春、秋短促。年平均气温 10~12℃，1 月-7~-4℃，7 月 25~26℃。极端最低-27.4℃，极

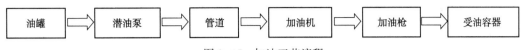

图 9-15　加油工艺流程

端最高 42℃以上。

风向方面，冬季盛行偏北风；夏季盛行偏南风；春多西南风，冷空气前下时则主要为偏北大风；秋季为偏南风向偏北风过渡的季节。年平均风速在 1.8~3m/s 之间。风速受地理环境的影响较大。

大气稳定度是一个重要的污染气象特征参数。大气处于稳定状态时，污染物在大气中扩散速率小，范围窄，最大落地浓度距离远；大气处于不稳定状态时，出现情况与上述情况相反。因而根据长期常规气象资料统计分析各类稳定度的出现频率，有助于阐明当地大气扩散能力的强弱。

采用修订的帕斯奎尔稳定度分类法（$P \cdot S$ 法）统计得到的各季、年的大气稳定度出现频率，并同时统计出各类稳定度下的平均风速，结果见表 9-11。

表 9-11　稳定度分布频率及平均风速

时间项目	稳定度	A	B	C	D	E	F
春季	分布频率/%	0.00	1.63	12.77	69.70	13.32	2.58
	平均风速/(m/s)	—	1.08	3.32	6.09	3.34	1.47
夏季	分布频率/%	0.00	2.72	11.28	72.42	9.51	4.08
	平均风速/(m/s)	—	1.60	3.40	5.24	3.06	1.53
秋季	分布频率/%	0.00	1.92	13.74	65.11	14.97	4.26
	平均风速/(m/s)	—	0.64	3.29	6.26	3.01	1.87
冬季	分布频率/%	0.00	0.28	8.01	71.27	16.16	4.28
	平均风速/(m/s)	—	0.50	3.09	6.17	2.97	1.68
年	分布频率/%	0.00	1.64	11.46	69.63	13.47	3.80
	平均风速/(m/s)	—	1.15	3.29	5.93	3.09	1.66

由表 9-11 可见，各季及年均以中性（D）稳定度出现频率最高，稳定类（E、F）和不稳定类（B、C）出现频率相当，强不稳定类（A）未出现，中性、稳定类和不稳定类年出现频率分别为 69.63%、17.27% 和 13.10%。

各类稳定度下的平均风速与该类稳定度出现频率有关，D 类稳定度下的平均风速最大，为 5.93m/s，C、E 类次之，分别为 3.29m/s 和 3.09m/s，B、F 类最小，分别为 1.15m/s 和 1.66m/s。

（3）点火源情况

在量化风险评估模式执行点燃模拟时，点燃数据取决于一天 24h 的活动形式，如人的活动、白天轮班值勤工作、行驶汽车数量等皆会影响点火源分布。将一天的时间区分为白天和晚上两种时段，白天的点燃分布是以上班时间为准，比例为 0.24，晚上的点燃分布比例为 0.76。

点燃一般可分为两种，分别为立即点燃和延迟点燃。如果事件发生泄漏，产生立即点火最有可能是来自外力撞击、摩擦静电等引起的泄漏事件。立即点火的点火概率应考虑设备类型、物质总类和泄漏形式。不发生立即点火的可燃性泄漏可产生飘浮性可燃性蒸气云。延迟点火的点火概率应考虑点火特性、泄漏物特性以及泄漏发生时点火源存在的概率。点火源形式可分为下述三种：

① 点源(如：火炬和加热炉模式等)；

② 线源(如：公路、铁路、输电线路等)；

③ 面源(如：厂区外的化工厂、住宅区模式等)。

通过对加油站点火源情况分析，并结合现场调研以及与技术人员的讨论，对加油站的点火源进行辨识，输入量化风险计算软件，见表 9-12。

表 9-12 加油站界区内外点火源

点火源	类型	点火概率	点火时间/s	出现概率	
				白天	晚上
界区内点火源					
站房	面源	0.01	60	1	1
易捷便利店	面源	0.01	60	1	1
界区外点火源					
日坛路	线源	0.03	60	150 辆/10min 30km/h	80 辆/10min 40km/h
秀水街	线源	0.03	60	150 辆/10min 30km/h	80 辆/10min 40km/h

发生泄漏事故地点周边的公路或铁路的点火概率与平均交通密度 d 有关。平均交通密度 d 的计算公式为

$$d = N \times E/V \tag{1}$$

式中　N——每小时通过的汽车数量，单位为 h^{-1}；

　　　E——道路或铁路的长度，单位为 km；

　　　V——汽车平均速度，单位为 $km \cdot h^{-1}$。

如果 $d \leq 1$，则 d 的数值就是蒸气云通过时点火源存在的概率，此时

$$P(t) = d(1 - e^{-\omega t}) \tag{2}$$

式中 ω 为单辆汽车的点火效率，单位为 s^{-1}。

如果 $d \geq 1$，则 d 表示当蒸气云经过时的平均点火源数目；则在 $0 \sim t$ 时间内发生点火的概率为

$$P(t) = 1 - e^{-d\omega t} \tag{3}$$

式中 ω 为单辆汽车的点火效率，单位为 s^{-1}。

(4) 人口分布

人口分布统计时，遵循以下原则：

① 根据评价目标，确定人口统计的地域边界；

② 考虑人员在不同时间上的分布，如白天与晚上；

③ 考虑娱乐场所、体育馆等敏感场所人员的流动性;

④ 考虑已批准的规划区内可能存在的人口。

根据加油站的实际运行情况,界区内人口分布情况分别详见表 9-13。

表 9-13 加油站界区内人口分布情况

区域	白天(9:00~17:00)人数/个	晚上(17:00~9:00)人数/个
站房	5	2
加气区	6	4

注:加油站共有员工 22 人。

(5)失效事件及频率分析

失效事件的分析主要包括泄漏孔径或尺寸的合理选择、泄漏时间的判定和泄漏量的确定,这些数据都将作为失效事件后果模拟的基本输入数据。

参考 SY/T 6714 推荐做法和 TNO 风险评估导则,泄漏失效事件的确定主要原则如下:

① 泄漏部位。

泄漏位置对失效事故占有重要的角色。储罐、工艺管线、工艺设备及其相关设施操作作为物料的进口、储存、处理和出口。本项目失效事故模拟及其量化计算将按不同段位的事故情况进行。

② 泄漏孔径大小。

失效事故根据泄漏孔径大小可分为完全破裂以及孔泄漏两大类。当设备(设施)直径小于 150mm 时,取小于设备(设施)直径的孔泄漏场景以及完全破裂场景。

③ 探测和切断系统的判定。

该过程包括两个步骤:确定探测和切断系统的等级;参照特定的后果计算,评价探测及切断系统对后果的影响。表 9-14 中针对工艺单元的探测和切断系统提供了关于量化等级分级(A,B 或 C)的指南。表中的数据只适用于对连续泄漏产生的后果的评估,不适宜对 4540kg 以上的烃化合物在 3min 以内瞬间泄漏的探测及切断计算。

表 9-14 探测和隔离系统的分级指南

探测系统类型	探测系统等级
专门设计的仪器仪表,用来探测系统的运行工况变化所造成的物质损失(即压力损失或流量损失)	A
适当定位探测器,确定物质何时会出现在承压密闭体以外	B
利用照相机或探测器进行外观检查	C
隔离系统类型	隔离系统等级
直接在工艺仪表或探测器启动,而无需操作者干预的隔离或停机系统	A
操作者在控制室或远离泄放点的其他合适位置启动的隔离或停机系统	B
手动操作阀启动的隔离系统	C

通过对探测和隔离系统的分级,结合人因分析的结果,各孔径下的泄漏时间见表 9-15。

表 9-15　基于探测及隔离系统等级的泄漏时间

探测系统等级	隔离系统等级	泄放时间
A	A	5 mm 泄漏孔径，20min 25 mm 泄漏孔径，10min 100 mm 泄漏孔径，5min
A	B	5 mm 泄漏孔径，30min 25 mm 泄漏孔径，20min 100 mm 泄漏孔径，10min
A	C	5 mm 泄漏孔径，40min 25 mm 泄漏孔径，30min 100 mm 泄漏孔径，20min
B	A 或 B	5 mm 泄漏孔径，40min 25 mm 泄漏孔径，30min 100 mm 泄漏孔径，20min
B	C	5 mm 泄漏孔径，60min 25 mm 泄漏孔径，30min 100 mm 泄漏孔径，20min
C	A，B 或 C	5 mm 泄漏孔径，60min 25 mm 泄漏孔径，40min 100 mm 泄漏孔径，20min

泄漏时间的确定由以下几部分所组成：

a. 泄漏物质到达探测器的时间；

b. 探测信号到切断阀的反应时间；

c. 自动切断阀门的时间；

d. 在自动探测及切断系统失效情况下，人为确认和判定信号的时间；

e. 在自动探测和切断系统失效情况下，人去现场切断阀门和系统的时间等。

如果加油站发生泄漏，可能会发生报警，以便采取紧急切断措施，隔离泄漏部位。但是，如果检测系统失效，或延迟关断等，则可燃物料的泄漏会持续较长时间或直至泄漏完为止。

因此，发生泄漏后的实际反映和可能的后果取决于不同的制约因素。为了分析其发生泄漏的各种不同情况，本次量化分析中，根据检测及报警、ESD 关断和延迟关断情况，把泄漏场景分化为 1min 泄漏和 10min 泄漏，其中 1min 泄漏概率为 0.99，10min 泄漏概率为 0.01，然后根据基础失效频率得出相应的发生概率，从而使得风险评估结果更加具有合理性。

风险是失效可能性和后果严重性的组合，失效可能性包含了各种因素，其中有管理因素。由于各种因素差别很大，为了统一采用了打分方法，其中管理系数采用了调查和概率统计方法。FM 主要是对企业的管理水平进行评级，一个公司的工艺安全管理体系的有效性会对机械完整性有显著影响。可采用 SY/T 6714 推荐的管理系统评价方法。此方法采用风险工程学的理论，将管理系统评价分为 13 大类，总共 1000 分。完成管理系统评估所需的单独访问的次数随着应用的不同而不同。在很多情况下，一次个别的访问可以回答涉及以上两个或者更多岗位的问题，不过，一般都至少需要进行 4 次访问。参加调查人员的数目是任意的，参与人数多，取得的结果就更可靠。有两个或多个调查人员，管理系统评估组就可以对他们的记录做比较，这样常常可以避免对重要信息的忽视和误解。本项目泄漏频率的修正系数参考目前国内同行业的平均水平，我们国家石油化工行业的基本泄漏频率修正系数在 $FM=0.5$ 左右，这个参数也将作为加油站的泄漏频率管理因素系数。

泄漏频率计算程序如下：

a. 辨识某工艺单元的设备种类，如储罐、工艺管线、阀门、法兰和脱甲烷塔等；

b. 计算工艺单元内某种设备的数量；

c. 提供设备的基本泄漏频率；

d. 根据设备的使用率（如运行时间），调整相关泄漏频率；

e. 为某工艺单元所有设备及各种不同的泄漏孔径估计泄漏频率。

根据加油站每天的加油车辆数量和每辆车的加油时间对管道和加液软管进行了时间因子修正，根据每天槽车卸车数量和卸车时间对槽车卸车软管进行时间因子修正，加液软管、管道修正因子为 0.97，槽车卸车软管修正因子为 0.125。

加油站泄漏场景修正后的泄漏频率见表 9-16。

表 9-16　加油站泄漏频率　　　　　　　　　　年

序号	名称	总泄漏频率	中孔	大孔
1	加液软管泄漏	9.989×10^{-5}	9.989×10^{-5}	
2	管道泄漏	3.479×10^{-7}	3.015×10^{-7}	4.647×10^{-8}
3	槽车卸车软管泄漏	7.348×10^{-6}	6.680×10^{-6}	6.680×10^{-7}
4	埋地油罐爆炸	1.370×10^{-5}	1.37×10^{-5}	
5	人孔井泄漏火灾	1.252×10^{-6}	1.084×10^{-6}	1.672×10^{-7}

（6）个体风险

加油站个体风险的个体风险等高线见图 9-16，从图可知，加油站界区内的个人年风险均低于 1.0×10^{-3}/年。加油站周围的有重要公共建筑物和高敏感场所，人员密度相对较大，该范围内的风险不能高于 3.0×10^{-6}/年，但有部分建筑物风险较大，可增加防护措施降低风险至合理可接受水平。

（7）社会风险

加油站界区内外社会风险 F-N 曲线见图 9-17，由图可看出：社会风险处在 $10^{-3} \sim 10^{-5}$/年范围内，处于 ALARP 区域。从图 9-18 中可知，日坛路加油站界区内外白天和晚上的社会风险，在同样 $\geqslant N$ 人死亡的情况下，白天的社会风险相对大于晚上的社会风险，主要由于白天的人口分布密度相对较大。

2. LNG 接收站定量风险评估案例

LNG 接收站定量风险评估在人口统计、失效事件及频率分析、个体风险和社会风险计算原则基本与加油站类似，其个体风险和社会风险曲线图见图 9-19 和图 9-20。

（1）个体风险

从图 9-19 可知，LNG 接收站界区内的个人年风险均低于 1.0×10^{-3}/年，即界区内没有

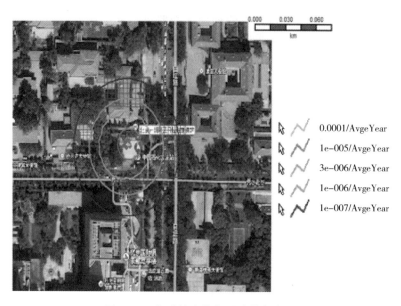

图 9-16 加油站个体年风险等高线图

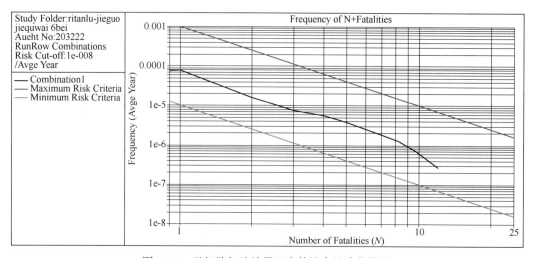

图 9-17 日坛路加油站界区内外社会风险曲线图

出现 1.0×10^{-3}/年个体风险等高线。公众个体年风险均低于 1.0×10^{-5}/年,即 1.0×10^{-5}/年个体风险等高线没有进入居民区。

（2）社会风险

从图 9-20 可知,LNG 接收站界区内外社会风险处在 $10^{-3} \sim 10^{-5}$/年范围内,处于 ALARP 区域,总体社会风险可接受。从图 9-21 中可知,LNG 接收站界区内外白天和晚上的社会风险,在同样≥N 人死亡的情况下,白天的社会风险相对大于晚上的社会风险。

3. 炼油装置定量风险评估案例

典型炼油装置的定量风险评估计算原则与加油站和 LNG 接收站相似。其个体风险和社会风险曲线图见图 9-22 和图 9-23。

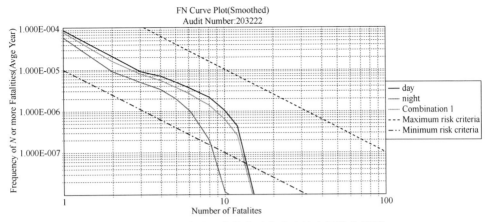

图 9-18 加油站界区内外白天和晚上社会风险曲线图

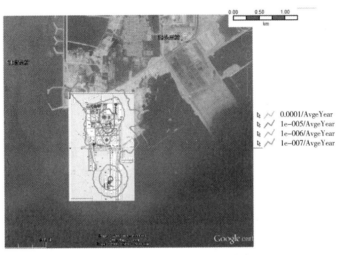

图 9-19 LNG 接收站个体年风险等高线图

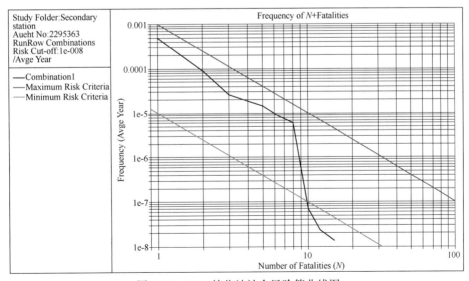

图 9-20 LNG 接收站社会风险等曲线图

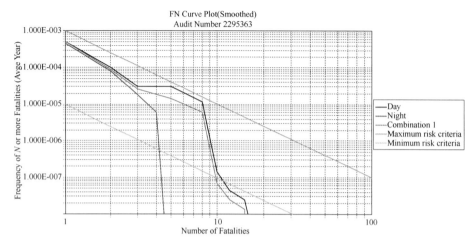

图9-21 LNG 接收站界区内外白天和晚上社会风险曲线图

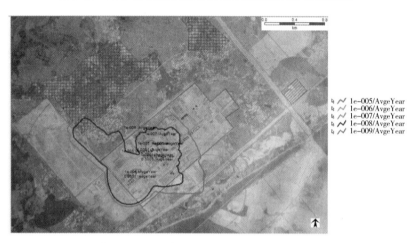

图9-22 典型炼油装置个体年风险等高线图

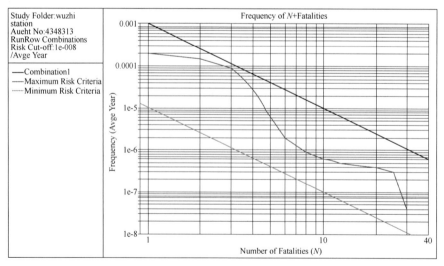

图9-23 典型炼油装置社会风险等曲线图

第十章　安全水平量化评估

第一节　概　述

各类安全事故的背后不仅隐藏着技术等方面的客观原因，还反映出安全管理中的各种缺陷。早在 20 世纪 80 年代末 90 年代初，一些跨国公司和大型企业为了改善自身的社会形象和减少事故造成的损失，开始建立自律性的职业健康安全和环境保护的管理制度，并逐步形成了比较完善的体系。随着完善的体系化安全管理理念逐渐深入人心，系统化安全管理模式的实践运行逐步成为安全生产工作者的主要工作内容之一。

尽管安全管理体系的实施对预防事故效果早已得到认可，但是对于安全管理体系及其评价标准仍然存在很多认识上的分歧。管理体系在运行过程中是非常复杂的，需要有庞大的组织机构作为基础、大量的程序制度作为支撑、不同层级的人员作为运行主体。如果安全管理体系的结构松散又缺乏评估标准就会造成安全管理体系无法实现持续改进。目前，很多大型企业和机构对安全管理体系评估标准和方法进行研究，并开发出多种安全管理体系的评估指标体系，希望将这些指标与安全管理活动关联起来，以便为企业改善安全管理体系的运行效果提供指导。

在我国，以 OSHAS 18001 系列标准为评估依据而展开的职业健康安全管理体系表现出洋为中用过程中的"水土不服"现象。该体系标准具有普遍适用性特征，强调安全管理体系性、规范性的理念和方法，但缺少具体实施过程的指导。企业在实际运行时感到内容空洞，安全管理体系只作书面文章成为国际通病，结果经常出现体系文件与实际管理不一致的局面。更有甚者，一些企业以展示安全管理体系审核指标为最终目的，建立一些空洞的管理制度和程序，造成体系与实际管理存在严重的"两张皮"现象。所以，在一些企业中安全管理体系实际运行效果远未达到完善管理的目的，甚至成为企业安全管理有效、高效运行的累赘与障碍。也正是安全管理体系在实际运行效果上表现出的巨大差异和可能带来的不适应，一些传统行业的企业对标准化的职业健康安全管理体系持观望的态度，甚至是怀疑和排斥。

安全管理体系评估是组织安全管理工作的重要内容，可以通过第三方认证、上级部门审核等方式进行，也可以以组织自查、自评的方式进行，其目的是确定安全管理状态、发现差距、保证持续改进。所以，评估工作对安全管理体系的有效运行有着重要的影响。评估是一项技术要求很高的工作，需要按照一定的标准进行。但是这种标准提供的是一些原则性的要求，执行标准有较强的主观性，而且需要丰富的管理和评估经验，所以一些组织往往以第三方注册认证形式进行评估，而很少有组织主动对其自身安全管理体系的有效性、完整性和合规性进行评价。出现这种情况和前面所述的体系建立和运行中的种种问题，主要原因也是在于缺乏一种有效的评估方法，组织不能很好地把握体系要素的实质内容，没有切实可行的标准推动体系运作。

第二节 国内外量化评估工具介绍

目前国际多家科研机构和跨国公司开发了具有不同特点的量化评估工具，国内一些大型企业也在学习国外经验的基础上开发了适合于自身特点的量化评估工具。

1978 年，挪威船级社（DNV）以损失因果模型为基础，推出了国际安全评级系统（ISRS）第 1 版。经过近 40 年的不断更新和完善，2009 年推出了第 8 版，形成了由 15 个程序，127个子程序，742 个子项组成的 QHSE 管理评价和持续改进工具。2005 年开始，神华集团引入五星 NOSA 安全评级系统，并达到三星标准。2007 年神华在原有基础上结合自身特点开发了本质安全管理量化评价体系，并通过信息系统的方式进行持续的监控，现已成为神华集团 HSE 方面最核心管理手段。

2006 年中石油部分企业试点 QHSE 管理体系量化评价。与体系审核结果"通过/不通过"相对应，评价结果为具体的分值，便于被评价对象理解目前的管理水平及与同行相比所处的位置。

2012 年南方电网集团、中国电力投资集团陆续开发建立了量化风险管理体系，并逐步通过试点推广到各下属单位。

中国石化青岛安全工程研究院在与中国石化经济技术研究院合作开发的课题"城市炼厂综合检查与评价"中开发了相应的量化评估系统，同时在与 TUV 合作的设备完整性管理体系课题中也开发了相应的用于对设备完整性管理进行评估的量化评价体系。

下面重点对 DNV 的 ISRS 评估系统进行介绍。

一、ISRS 评估系统介绍

ISRS 是一个衡量、改进和展示健康、安全、环境及业务绩效等方面的系统，能够帮助企业管理风险、推进持续改进，同时，系统中所描述的最佳管理实践，还可以为管理者提供过程绩效的详尽信息，帮助管理者制定各项安全决策。ISRS 系统主要引用的标准包括：质量管理体系（ISO 9001）、环境管理体系（ISO 14001）、职业健康安全管理（OHSAS 18001）、资产管理体系（PAS 55-1、PAS 55-2）、风险管理（ISO 30001）、高度危险化学品过程安全管理（29 CFR 1910.119）、重大危险化学品法令（Seveso II）、Baker（贝克报告经验）、企业社会责任(Global Reporting Initiative 2002)。

ISRS的理论基础是损失因果模型(见图10-1),这种模型继承了以往事故致因理论的思维模式。但是,DNV又认为导致损失的最深层的原因是控制上的不足,这就为实施安全管理、改善控制方法、提高控制水平奠定了理论基础。而且在这种理论观点的指导下,"一切事故都是可以避免的"这一观念更容易让人接受。

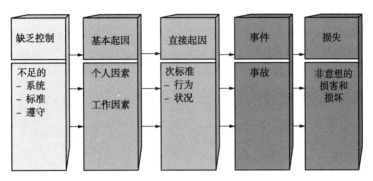

图10-1 损失因果模型

DNV在分析控制因素不足的具体内容时,提出了15个方面的内容,建立起评级系统的主程序框架,并将各程序分解为具体问题,问题的设计反映组织体系活动的某个方面或环节,基于在典型组织中实施此活动所需要的组织资源进行评估。同时,评估的每个问题都对证据指标进行了约定,从而实现管理体系的全面、全过程评估,以真实地反映组织在管理风险及持续改进方面所作出的努力。具体程序见表10-1。

表10-1 ISRS程序、子程序、分值表

程序	子程序	分数	程序	子程序	分数
1 领导	1.1 目的和价值观 1.2 目标 1.3 方针 1.4 战略 1.5 相关方参与 1.6 业务流程 1.7 业务风险 1.8 问责 1.9 领导承诺 1.10 工艺安全领导	2946	3 风险 评价	3.1 健康危害因素识别和评价 3.2 安全危害因素识别和评价 3.3 安保危害因素识别和评价 3.4 环境危害因素识别和评价 3.5 客户期望识别和评价 3.6 任务风险评价 3.7 工艺安全信息 3.8 工艺危害分析	2796
2 规划 和 行政	2.1 业务规划 2.2 工作计划和控制 2.3 行动跟踪 2.4 管理系统文件 2.5 记录 2.6 工艺安全计划	1404	4 人力 资源	4.1 人力资源系统 4.2 招聘 4.3 个人绩效管理 4.4 奖励和处分 4.5 离职 4.6 组织变更管理 4.7 工艺安全人力资源	1633

续表

程序	子程序	分数	程序	子程序	分数
5 合规 保证	5.1 法规 5.2 运营许可 5.3 行业规范和标准 5.4 向主管机关报告 5.5 信息安全 5.7 合规评价 5.8 工艺安全法规 5.9 工艺信息安全	1714	9 风险 控制	9.1 健康危害因素控制 9.2 安全危害因素控制 9.3 安保危害因素控制 9.4 环境危害因素控制 9.5 原料和产品质量控制 9.6 操作规程 9.7 准则 9.8 工作许可 9.9 警示标识 9.10 个人防护设备 9.11 工艺危害控制 9.12 控制工艺风险的操作规程 9.13 重大事故隐患报告	3951
6 项目 管理	6.1 项目协调 6.2 项目计划 6.3 项目执行 6.4 项目控制 6.5 项目关闭 6.6 项目工艺安全的审查	1497	10 资产 管理	10.1 维修程序 10.2 维修计划和日程 10.3 维修实施 10.4 维修审核 10.5 常规检查 10.6 现场状态巡视 10.7 特殊设备检查 10.8 设备使用前检查 10.9 工程变更管理 10.10 检查、测量和测试设备 10.11 并购和出售 10.12 资产完整性管理 10.13 工艺安全检查	2849
7 培训和 能力	7.1 培训系统 7.2 培训需求分析 7.3 讲师资质 7.4 培训实施 7.5 领导入职引导 7.6 通用入职引导 7.7 上岗引导 7.8 培训系统评价	1476	11 承包 商管理 理和 采购	11.1 承包商/供应商选择 11.2 承包商运行管理 11.3 承包商/供应商绩效管理 11.4 供应链和采购 11.5 物流 11.6 工艺区域的承包商管理	2026
8 沟通和 推广	8.1 沟通系统 8.2 会议协调 8.3 管理会议 8.4 小组会议 8.5 联合委员会 8.6 辅导 8.7 表扬 8.8 主题活动 8.9 工作外信息 8.10 工艺安全宣传	2038	12 应急 准备	12.1 应急需求评价 12.2 现场应急计划 12.3 场外应急计划 12.4 危机计划 12.5 业务持续计划 12.6 应急计划审核 12.7 应急沟通 12.8 应急保护系统 12.9 能量控制 12.10 应急小组 12.11 演练 12.12 急救 12.13 医疗支持 12.14 外部支援和互助 12.15 重大事故预案	2155

续表

程序	子程序	分数	程序	子程序	分数
13 事件 学习	13.1　事件学习系统 13.2　向成功学习 13.3　参与调查 13.4　未遂事故和次标准状况 13.5　投诉管理 13.6　事件公布 13.7　工作外事故 13.8　措施跟踪 13.9　事故报告核实 13.10　事件分析 13.11　攻关小组	1869	15 结果和 评审	15.1　业务成果 15.2　管理评审 15.3　向相关方报告 15.4　残余风险管理	1045
14 风险 监控	14.1　健康危害因素监控 14.2　安全危害因素监控 14.3　安保危害因素监控 14.4　环境危害因素监控 14.5　客户满意度 14.6　监控的有效性 14.7　认可度调查 14.8　行为观察 14.9　任务观察 14.10　审核 14.11　工艺危害监控	2199	合 计		137	31598

　　国际安全评级系统(ISRS)是一种全面的管理体系评估工具，内容涉及质量、安全、健康和环境，以安全健康为主要内容。ISRS评估内容不仅具有非常高的要素覆盖率，还关注了要素的实现过程和方法，针对企业的自身特点可以弹性选择评价范围，并提供了较为完善的打分方法和评级制度。但这种评估方法大量的关注了安全管理实施细节，必然造成评估过程繁琐、耗时较长；另外，由于国内外组织的安全管理制度要求和整体环境的差别，一些评估内容和表达方式往往不能被很好的理解和接受，从而也减弱了国内组织主动参照评估要求进行体系改善的能力。

二、评估系统对比分析

　　不同的量化评估系统有其各自的特点，本章将前文介绍的几种评估系统进行了对比分析(见表10-2)，对比的内容包括适用范围、应用领域、评估理念、实施方法、结论形式、能力要求、判断标准和发展年限几个方面，以求在未来的课题研发和成果转化过程中扬长避短，吸取各种评估系统的优点。

表 10-2 对比分析表

项目	ISRS	NOSA 五星	中国石油	TÜV 设备完整性	经研院城市炼厂
适用范围	适用于对企业的质量、安全、环境和职业健康管理状况的评估	适用于企业安全、环境和职业健康管理的评估	适用于中国石油公司范围内企业的安全、环境和职业健康管理评估	适用于企业的设备管理状况和运行状况的评估	适用于企业安全、环境管理状况评估
应用领域	任意	电力、机械、矿山	石油化工	石油化工	炼油化工
评估理念	受评估企业在提升 QHSE 业绩方面的努力程度	受评企业风险控制的效果和取得的成绩	受评估企业在提升 QHSE 业绩方面的努力程度及其符合性	符合性和风险控制的效果	符合性和风险控制效果
实施方法	员工访谈、文件审查、现场查看	现场查看为主	员工访谈、文件审查、现场查看	文件审查、现场查看	员工访谈、文件审查、现场查看
结论形式	打分、分级	打分、分级	打分、分级	打分	打分
能力要求	有专业要求	专业要求不高	有专业要求	专业要求非常高	有专业要求
判断标准	主管定性、客观定量	客观定量	主管定性、客观定量	主管定性、客观定量	主管定性、客观定量
发展年限	40	60	5	2	2

三、注意事项

在理论方面，各种评估方法首先应该有一个理论框架以保证评估过程的科学性；其次，评估体系要完整，应该覆盖技术、组织和人的因素，还要能够反映他们之间相互关系以及安全管理体系与组织和外界环境的关系；评估方法应可靠、有效，评估方法有效才能证明建立这种方法的理论基础正确，结构和内容的有效性也确保管理体系评估理论框架的合理。除此之外，从实际应用角度出发，评估方法还应该是简单易行的，不需要专门的知识和经验；评估方法要具有弹性以保证能够适用于不同的工作内容；评估方法还要反映出持续改进的要求，这也是任何安全管理体系所追求的目标。

在安全管理体系绩效评价指标的设定上应关注：在指标和安全之间有直接联系；能产生并获得必要的数据；能够进行定性的表达；概念表达要清晰，不能产生理解上的偏差；每个指标的重要性能够被理解并接受；不能被轻易的操作，也就是不能被篡改，而出现造假情况；设定内容可管理，即具有操作弹性；指标要有意义；可以被整合进通常的操作行为；具有很好的应用性；能与事故根原因进行关联；在每一层面的精确数据都能有效控制和确定；数据指标情况能够采取局部行动，也就是可干预。

第三节　石化企业安全水平量化评估技术

一、量化评估工具介绍

1. 工具特点

石化企业安全水平量化评估系统(Quantitative Safety Assessment，QSA)是用于衡量、改进和展示企业的安全方面管理绩效的量化评价工具。企业可以根据本评估工具，评价自身安全管理优势与劣势，也可以向利益相关方(监管机构、合作方、客户等)证明企业安全风险控制和持续发展的能力。该工具采用国际通行的安全管理量化评估技术，结合中国石化企业风险特点，融合中国石化 HSE 管理体系及相关制度要求，由中国石化青岛安全工程研究院开发完成。

此套量化评估工具，针对石化企业提出了系统性管理理念，从全局出发，考虑了安全风险管理的要求，强调了针对石油石化行业特点的安全管理现状评估，引进壳牌、埃克森美孚、BP、雪佛龙、道达尔等国家能源化工公司优秀实践，针对企业安全管理与装置实际状态给出完整评估，并根据法规要求和国际公司的优秀实践给出建议，以供决策层制定决策时进行参考。

此工具体现了中国石化青岛安全工程研究院在安全量化评估方面和对国际能源化工公司安全实践及国际知名 HSE 研究机构经验的研究成果，具有专业性和先进性的特点。

QSA 可应用于：

① 评价管理体系的有效性并核实体系运行信息的真实性；

② 发现需要改进的薄弱环节和方向；

③ 评估装置设施的整体安全性水平；

④ 发现现场隐患，实现对重点风险的有效管控；

⑤ 可以量化的检验程序、制度执行的有效性；

⑥ 实现同一企业的历史数据纵向对比和同行业企业绩效横向对比；

⑦ 检验中国石化 HSE 管理体系的执行程度。

推进体系的改善和持续改进主要依据：

QSA 是在中国石化 HSE 管理体系的框架下开发，分析了当前国际能源化工公司的 HSE 管理体系(框架)，对其中优秀的做法进行了融合，以确保企业在评估时，可以获取提升的方向和目标，为制定提升方案、对策等提供依据。

2. 设计理念

(1) 过程控制的引入

过程方法的目的是提高组织在实现规定的目标方面的有效性和效率。过程方法的好处有：

① 对过程进行排列和整合，使策划的结果得以实现；

② 能够在过程的有效性和效率上下功夫；

③ 向顾客和其他相关方提供组织一致性业绩方面的信任；

④ 组织内运作的透明性；

⑤ 通过有效使用资源，降低费用，缩短周期；

⑥ 获得不断改进的、一致的和可预料的结果；

⑦ 为受关注的和需优先安排的改进活动提供机会；

⑧ 鼓励人员参与，并说明其职责。

因此，安全管理同样需要关注企业过程的确定、策划与控制，并对安全管理过程进行关注，会对风险控制具有重要意义。

（2）风险管理的引入

风险管理是指如何在项目或者企业一个肯定有风险的环境里把风险可能造成的不良影响减至最低的管理过程。风险管理当中包括了对风险的量度、评估和应变策略。理想的风险管理，是一系列排好优先次序的过程，使当中的可以引致最大损失及最可能发生的事情优先处理、而相对风险较低的事情则置后处理。

由于风险具有带来利益与损失的双重特性，精确评价风险及其级别，会对企业增加收益、减少损失方面具有积极意义。

（3）新型安全理念的引入

评估系统在中国石化 HSE 管理体系的框架下开发，并同时引入了相应的安全理念，这些安全理念包括：

① 安全源于设计，安全源于管理，安全源于责任；

② 谁的业务谁负责，谁的属地谁负责，谁的岗位谁负责；

③ 上岗必须接受安全培训，培训不合格不上岗；

④ 任何人都有权拒绝不安全的工作，任何人都有权制止不安全的行为；

⑤ 所有事故都可以预防，所有事故都可以追溯到管理原因；

⑥ 尽职免责，失职追责。

3. 组成框架

按照系统理论的方法，在评估工具设计时，对整体性、关联性、等级结构、动态平衡等系统应该具有的基本特征进行了考虑。主要表现在对工具框架的整体设计、管理体系评估与固有危险评估关系的矩阵化、二级要素与三级要素及评估项的层次结构、系统设置为开放性系统。

QSA 工具由安全管理评估和装置(设施)安全性评估两部分组成，其中安全管理评估 16 个要素是对安全管理情况的评估，系统内部嵌入了 PDCA 循环，见图 10-2、图 10-3。

装置(设施)安全性评估主要针对企业装置的安全防护措施完好性和有效性开展评估，按照保护层设置理念，从本质安全设计、设备安全、运行安全、泄漏监测、工程安全防护、消防与应急等 6 个要素开展评估。如图 10-4 所示。

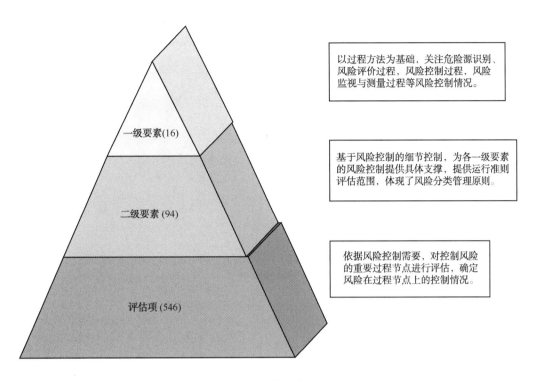

以过程方法为基础，关注危险源识别、风险评价过程，风险控制过程，风险监视与测量过程等风险控制情况。

基于风险控制的细节控制，为各一级要素的风险控制提供具体支撑，提供运行准则评估范围，体现了风险分类管理原则。

依据风险控制需要，对控制风险的重要过程节点进行评估，确定风险在过程节点上的控制情况。

图 10-2　评估要素层次

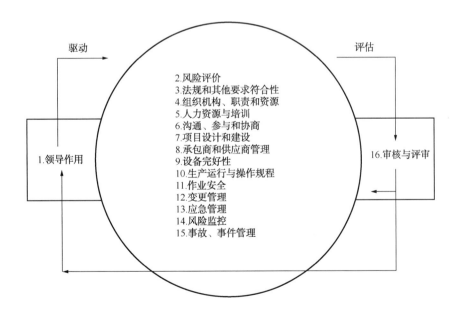

图 10-3　安全管理水平评估要素驱动示意图

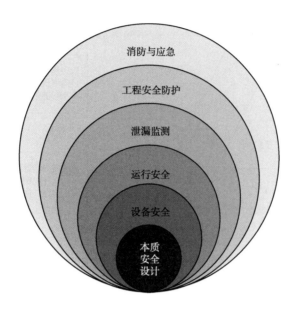

图 10-4 装置(设施)安全性评估要素设置

QSA 的每个要素由不等的子要素组成，每个子要素又可以分为不同的评估项，评估项分为 4 种类型，根据评估对象不同，采用不同的评估项类型，以测量企业、部门、岗位对风险的控制程度。

这些评估项是中国石化安全工程研究在安全各个领域多年的实践积累、研究成果，及多年对国际能源化工公司、HSE 研究机构实践成果研究的基础上，秉承"可以精确测量，方可精确管理"的理念，开发出的系统工具。

4. 评分系统

(1) 问题类型

问题类型设置为是否式、部分/全部式、专业判断式、百分比式 4 种，如图 10-5 所示:

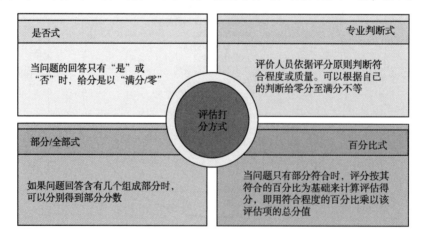

图 10-5 问题设置类型

①是否式。当问题的回答只有"是"或"否"时，给分是以"满分/零"。例如符号为"XO 30"：毫无保留回答"是"，则所得分数为 30 分，任何其他的回答都没有分。

②部分/全部式。如果问题回答含有几个组成部分时，可以分别得到部分分数。例如"2/10"，表示每个子问题为 2 分，全部得分是 10 分。

③专业判断式。有些问题的评分要基于"专业判断"，评估人员依据评分原则判断符合程度或质量。可以根据自己的判断给零分至满分不等。评判指南里通常会对这部分问题的计分方法提供指引。例如"PJ-60"指南：25%陈述 A、25%陈述 B、50%陈述 C。

④百分比式。如果符合程度可以用部分来表示，得分便基于符合程度的百分比。表示符号为"%"后随一个数字，如(%30)。把衡量出来的符合程度百分比乘以这个后随的数，来计算出问题的真正得分。

计算每种分类的分数，是用此分类符合程度的百分比乘上此分类的总分，如标有"% 30"可按以下方法进行评分：

50%符合×30 分 = 15 分

总分 = 15

（2）给分条件

对于所有问题的评估，都需要，满足"3 & 90"原则：

①已经确认存在且运行超过 3 个月；

②至少90%符合运行要求才能够给分。

（3）问题分值

问题得分类型，基于在典型组织中风险失控产生的后果大小。问题所分配的分值高，表明所需要评估的对象在风险失控后后果严重；问题所分配的分值低，表明所需要评估的对象在风险失控后后果轻。即总得分反映了组织在管理风险及推进持续改善方面所做出努力的大小，见表 10-3。

表 10-3　各类问题赋分等级

问题分值级别						
120	90	75	60	45	30	15
所控制的风险失控后后果严重→所控制的风险失控后后果轻						

对于实施活动的资源的需求情况可以根据事故后果矩阵进行判定，见表 10-4。

表 10-4　事故后果矩阵

分值级别	人员伤害	财产损失	环境影响	声誉影响
120	3 人以上死亡；10 人以上重伤	事故直接经济损失 1000 万元以上；失控火灾或爆炸	见表 10-5 E	国际影响
90	1~2 人死亡或丧失劳动能力；3~9 人重伤	事故直接经济损失 200 万元以上，1000 万元以下；3 套及以上装置停车	见表 10-5 D	国内影响；政府介入，媒体和公众关注负面后果

分值级别	人员伤害	财产损失	环境影响	声誉影响
75	3人以上轻伤，1~2人重伤(包括急性工业中毒，下同)；职业相关疾病；部分失能	事故直接经济损失50万元及以上，200万元以下；1~2套装置停车	见表10-5 C	本地区内影响；政府介入，公众关注负面后果
60	工作受限；1~2人轻伤	事故直接经济损失10万元以上，50万元以下；局部停车	见表10-5 B	社区、邻居、合作伙伴影响
45	急救处理；医疗处理，但不需住院；短时间身体不适	事故直接经济损失在10万元以下	见表10-5 A	企业内部关注；形象没有受损
30	未遂事件发生，未产生伤害及损失	事故直接经济损失在5万元以下	装置内或防护堤内泄漏，造成本装置轻微污染	企业装置关注；形象没有受损
15	未遂事件发生，未产生伤害及损失	事故直接经济损失在2万元以下	装置内或防护堤内泄漏，未造成污染	班组关注；形象没有受损

环境影响严重性等级及说明情况见表10-5。

表10-5　环境影响严重性等级及说明

后果严重性等级	说　　明
A	环境影响—装置内或防护堤内泄漏，造成本装置内污染
B	环境影响—排放很少量的有毒有害污染废弃物，造成企业界区内污染，没有对企业界区外周边环境造成污染
C	环境影响 —因污染物排放造成企业界区外轻微污染，不会使当地群众的正常生活受到影响； —发生在江、河、湖、海等水体及环境敏感区的油品泄漏量在1吨以下或发生在非环境敏感区的油品泄漏量10吨以下； —危险化学品以污水形式排出厂界，其危险物质相对环境风险数小于或等于40
D	环境影响 —因环境污染直接导致3人以下死亡或10人以下中毒或重伤的； —因环境污染疏散、转移人员5000人以下的； —因环境污染造成直接经济损失500万元以下的； —因环境污染造成跨县级行政区域纠纷，引起一般性群体影响的； —对环境造成一定影响，尚未达到较大突发环境事件级别的

续表

后果严重性等级	说　　明
E	环境影响 ——因环境污染直接导致 3 人以上死亡或 10 人以上中毒或重伤的； ——因环境污染疏散、转移人员 5000 人以上的； ——因环境污染造成直接经济损失 500 万元以上的； ——因环境污染造成国家重点保护的动植物物种受到破坏的； ——因环境污染造成乡镇以上集中式饮用水水源地取水中断的； ——造成跨设区的市坂行政区域以上影响的突发环境事件

注 1："以上"包括本数，"以下"不包括本数。

注 2："环境敏感区"参见中华人民共和国环境保护部令第 2 号《建设项目环境影响评价分类管理名录》第三条，环境敏感区，是指依法设立的各级各类自然、文化保护地，以及对建设项目的某类污染因子或者生态影响因子特别敏感的区域，主要包括：

（一）自然保护区、风景名胜区、世界文化和自然遗产地、饮用水水源保护区；

（二）基本农田保护区、基本草原、森林公园、地质公园、重要湿地、天然林、珍稀濒危野生动植物天然集中分布区、重要水生生物的自然产卵场及索饵场、越冬场和洄游通道、天然渔场、资源性缺水地区、水土流失重点防治区、沙化土地封禁保护区、封闭及半封闭海域、富营养化水域；

（三）以居住、医疗卫生、文化教育、科研、行政办公等为主要功能的区域，文物保护单位，具有特殊历史、文化、科学、民族意义的保护地。

注 3：危险物质相对环境风险数的计算见《中国石化集团公司水体环境风险防控要点》。

注 4：危险化学品见《危险化学品名录》；

注 5：D/E 级别与《中国石化环境事件管理规定》（中国石化能〔2015〕492 号）一般环境事件/较大环境事件以上的级别相对应

（4）评估计算

① 安全管理水平评估分值计算与分级。

单个要素得分：

$$T_i = \frac{\sum_{j=1}^{m} S'_j}{\sum_{j=1}^{m} S_j} \times 100 \tag{10-1}$$

平均得分：

$$T = \frac{1}{16} \sum_{i=1}^{16} T_i \tag{10-2}$$

式（10-1）、式（10-2）中 T_i 为第 i 个要素得分率；T 为总得分率；S_j 为第 j 个问题的总分；S'_j 为第 j 个问题的实际得分；i 为要素序号；j 为第 i 个要素问题顺序号；m 为第 i 个要素中问题总数。

对于安全管理水平评估等级划分原则是每隔 7~10 分取一个区间，自 20~100，分为 10 个级别，见表 10-6。

表 10-6 安全管理评估得分分级表

级别	1	2	3	4	5	6	7	8	9	10
分值	20~28	28~36	36~43	43~50	50~57	57~64	64~72	72~80	80~90	90~100
区间	8	8	7	7	7	7	8	8	10	10

注：每个区间都不包括下限，但是包括上限，如第 4 级，判定 $43<T\leqslant50$ 判定。

② 装置(设施)安全性评估分值计算与分级。

装置(设施)安全性评估部分满分为 10000 分。其中，安全设计 600 分，设备安全 2000 分，运行安全 2500 分，泄漏监测 1500 分，工程安全防护 1600 分，消防与应急 1800 分。子要素具体分值分布见装置(设施)安全性评估要素检查表。每个检查项分值为子要素分值/检查项数量。如果某个检查项在企业不适用，则总分应扣除该检查项分值，得分中该项也不得分。最后企业得分取得分率，即企业得分=得分/总分×100。

对于装置(设施)安全性保护层评估等级划分原则是每隔 5 或 10 分取一个区间，自 45~90，分为 10 个级别，见表 10-7。

表 10-7 装置(设施)安全性评估得分分级表

级别	1	2	3	4	5	6	7	8	9	10
分值	45~50	50~55	55~60	60~65	65~70	70~75	75~80	80~85	85~90	90~100
区间	5	5	5	5	5	5	5	5	5	10

③ 安全水平等级矩阵。

根据安全管理水平评估、现场保护层评估所得到的级别，按照图 10-6 安全水平等级矩阵，可以得到最终安全水平等级。

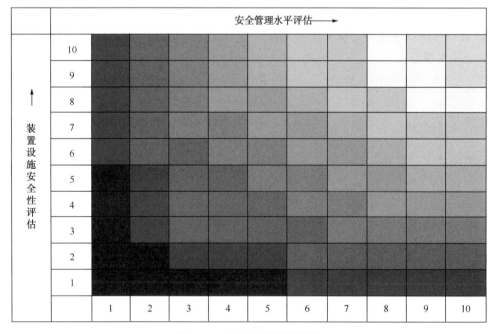

图 10-6 安全水平等级矩阵

安全管理水平划分的 10 级，从 1 级至 10 级代表了企业安全管理水平的从一般到优秀，是安全管理水平提升的过程，见图 10-7。

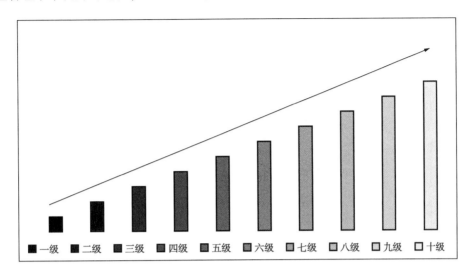

■一级　■二级　■三级　■四级　■五级　■六级　■七级　■八级　■九级　□十级

图 10-7　安全管理水平级别递升图

（5）评估结果的应用

① 纵向对比。通过多次量化评估工作，可以获取企业多年的安全管理数据，通过对获取数据的综合评估结果及各要素之间的前后对比，得到企业在安全水平方面的改进和停滞，对企业的针对性安全对策的制定起到支撑作用。

② 横向对比。通过量化评估可以开展企业之间的横向对比，可以结合历史数据，开展不同年份的横向对比，为企业之间的经验分享，互相借鉴提供帮助。

5. 评估组织实施

利用 QSA 工具，按照要求进行组织实施，采用现场评估方式进行评估，需要时，根据委托方和被评估方要求（在合同中进行约定）进行评估。

6. 评估组织方式与程序

（1）选择评价单位

对于不同规模的组织，可以采用按照要素评价和按照部门评估两种方式开展，规模较小的组织按照要素评估，规模大的组织按照部门评估。评估组不局限于某一种方式，可根据具体情况分别采用两种方式或两种方式的组合。

（2）评价形式

在运用 QSA 评估企业安全管理水平时，必须是在对一个管理系统进行评估或评价，去核实系统是否如实地存在和有效运作，这些核实工作包括检查记录和所有层面的员工面谈以及进行实况的考察。

（3）评估程序

QSA 评估系统主要坚持利用现有的安全管理信息系统初步获取数据，策划评估重点领域，按照策划的重点实施评估，评估完成后，对企业整改情况进行复核，主要流程见图 10-8。

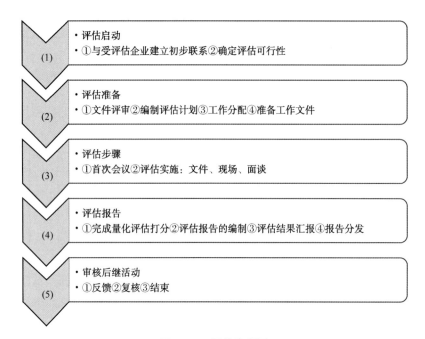

图 10-8　评估流程图

其评估程序是：

① 评估启动

a. 与受评估方建立初步联系

评估组长应与受评估方就评估的实施进行初步联系，联系可以是正式的也可以是非正式的。

建立初步联系的目的是：

- 与受评估方的代表建立沟通渠道；
- 确认实施评估的权限；
- 提供有关评估目标、范围、方法和评估组组成（包括技术专家）的信息；
- 授权需要用于策划评估的相关文件和记录；
- 确定与受评估方的活动和产品相关的适用法律法规要求、合同要求和其他要求；
- 确认与受评估方关于保密信息的披露程度和处理的协议；
- 对评估做出安排，包括日程安排；
- 确定特定场所的访问、安保、健康安全或其他要求；
- 就观察员的到场和评估组向导的需求达成一致意见；
- 针对具体评估，确定受评估方的关注事项。

b. 确定评估的可行性

应确定评估的可行性，以确信能够实现评估目标。确定评估的可行性应考虑是否具备下列因素：

- 策划和实施评估所需的充分和适当的信息；
- 受评估方的充分合作；

- 实施评估所需的足够时间和资源。

当评估不可行时，应向评估委托方提出替代建议并与受评估方协商一致。

② 评估准备

a. 文件评估

应评审受评估方的相关管理体系文件，以收集信息，例如过程、职能方面的信息，以准备评估活动和适用的工作文件；

了解体系文件范围和程度的概况以发现可能存在的差距。

适用时，文件可包括管理体系文件和记录，以及以往的评估报告。文件评审应考虑受评估方管理和组织的规模、性质和复杂程度以及评估目标和范围。

b. 编制评估计划

评估组长应根据评估方案和受评估方提供的文件中包含的信息编制评估计划。在编制评估计划时，评估组长应考虑以下方面：

- 适当的抽样技术；
- 评估组的组成及其整体能力；
- 评估对组织形成的风险。

对于初次评估和随后的评估，评估计划的内容和详略程度可以有所不同。评估计划应具有充分的灵活性，以允许随着评估活动的进展进行必要的调整。

鉴于企业性质不同，装置（设施）安全性评估开展之前，应根据过程危害分析结果及企业的实际需求确定评估范围。对于上游企业，建议选取 5 个输气站场或站库作为评估对象。对于炼化企业，建议选择 2 套炼油装置、2 套化工装置、1 个原油或成品油罐区、1 个液化烃罐区为评估对象。对于下游企业，建议选择 5 个站库为评估对象。

评估计划应包括或涉及下列内容：

- 评估目标；
- 评估范围，包括受评估的组织单元、职能单元以及过程；
- 评估准则（QSA）及可能在本工具之外需要引用的文件；
- 实施评估活动的地点、日期、预期的时间和期限，包括与受评估方管理者的会议。
- 使用的评估方法，包括所需的评估抽样的范围，以获得足够的评估证据，适用时还包括抽样方案的设计；
- 评估组成员、向导和观察员的作用和职责；
- 为评估的关键区域配置适当的资源。

评估计划还包括：

- 明确受评估方本次评估的代表；
- 评估报告的主题；
- 后勤和沟通安排，包括受评估现场的特定安排；
- 针对实现评估目标的不确定因素而采取的特定措施；
- 保密和信息安全的相关事宜；
- 来自以往评估的后续措施；
- 所策划评估的后续活动；

- 在联合评估的情况下，与其他评估活动的协调。

评估计划可由评估委托方评审和接受，并应提交给受评估方。受评估方对评估计划的反对意见应在评估组长、受评估方和评估委托方之间得到解决。

c. 工作分配

评估组长可在评估组内协商，将对具体的过程、活动、职能或场所的评估工作分配给评估组每位成员。评估组长应适时召开评估组会议，以落实工作分配并决定可能的改变。为确保实现评估目标，可随着评估的进展调整所分配的工作。

d. 准备工作文件

评估组成员应收集和评审与其承担的评估工作有关的信息，并准备必要的工作文件，用于评估过程的参考和记录评估证据。这些工作文件可包括：

- QSA 工具(软件和本手册)；
- 评估方案给出的抽样方案；
- 记录证据的软件或表格。

③ 评估实施

a. 首次会议

应与受评估方管理者及适当的受评估的职能、过程的负责人召开首次会议。会议的详略程度应与受评估方对评估过程的熟悉程度相一致。会议应由评估组长主持。首次会议应包括以下内容：

- 介绍与会者，并概述与会者的职责；
- 确认评估目标、范围和准则；
- 与受评估方确认评估计划和其他相关安排；
- 评估中所用的方法，包括告知受评估方评估证据将基于可获得信息的样本；
- 介绍由于评估组成员的到场对组织形成的风险的管理方法；
- 确认评估组和受评估方之间的正式沟通渠道；
- 确认已具备评估组所需的资源和设施；
- 确认有关保密和信息安全事宜；
- 有关末次会议的信息；
- 有关如何处理评估期间可能的评估发现的信息。

b. 评估实施

包括文件、现场、面谈。

应评审受评估方的相关文件，以确定文件所述的体系与评估准则的符合性；收集信息·以支持评估活动。

只要不影响评估实施的有效性，文件评审可以与其他评估活动相结合，并贯穿在评估的全过程。

在评估期间，可能有必要对评估组内部以及评估组与受评估方、评估委托方之间的沟通做出正式安排，尤其是法律法规要求强制性报告不符合的情况。评估组应定期讨论以交换信息，评定评估进展情况，以及需要时重新分配评估组成员的工作。

在评估中，适当时，评估组长应定期向受评估方、评估委托方通报评估进展及相关情况。在评估中，如果收集的证据显示受评估方存在紧急或重大风险，应及时报告受评估方，适当时向评估委托方报告。对于超出评估范围之外的引起关注的问题，应予记录并向评估组长报告，以便可能时向评估委托方和受评估方通报。当获得的评估证据表明不能达到评估目标时，评估组长应向评估委托方和受评估方报告理由以确定适当的措施。这些措施可以包括重新确认或修改评估计划，改变评估目标、评估范围或终止评估。随着评估活动的进行，出现的任何变更评估计划的需求都应经评审，适当时，经评估方案管理人员和受评估方批准。

这类面谈的对话内容是按照 QSA 里各要素及其子要素下面的问题，答者在适当的情况下提供资料文件来支持回答问题。根据回答的结果和资料核实的结果来评分。这是安全管理评估中最主要和关键的内容。

尽可能抽出在统计上有效的且足够数量的员工来进行面谈，确保评价结果的可信度。与员工的面谈应尽可能在独立的地点进行，评估人员应保存必要的记录，但记录是保密的。

评估人员和熟知组织安全相关管理情况的人进行面谈，面谈应该包括以下三类不同的员工：高层管理人员、基层负责人、操作人员。这类面谈的内容是以 QSA 的管理要素及其要素下面的问题为基础展开的，主要参见访谈清单，根据回答的结果和资料核实的结果来评分。

访谈人员一般包括，但不限于以下几类：

- 公司高层管理人员；
- 安全总监、安全管理部门各级负责人；
- 生产、工艺部门负责人；
- 设备管理部门负责人；
- 工程部门负责人；
- 物资装备、采购部门负责人；
- 人力资源部负责人；
- 设备维保人员；
- 员工培训人员；
- 职业健康管理人员；
- 基层负责人；
- 员工代表；
- 承包商代表(员工)。

评估中，应通过适当的抽样来收集、验证与评估目标、范围和准则有关的信息，包括与职能、活动和过程间接口有关的信息。只有能够验证的信息方可作为评估证据。评估发现的评估证据应予以记录。在收集证据的过程中，评估组如果发现了新的、变化的情况或风险，应予以关注。

需要受评估方提供及装置(设施)安全性评估组需要收集的资料如下：

- 安全评价报告；
- HAZOP/SIL 评估报告；

- 隐患台账；
- P&ID 和 PFD 图纸；
- 工艺技术规程；
- 操作规程；
- 平面布置图；
- 管道和设备数据表；
- 联锁摘除和恢复记录；
- 现场和远传仪表校验记录；
- 可燃和有毒气体报警仪检验和测试报告；
- DCS/紧急切断报警管理程序；
- 安全阀台账和校验报告；
- 盲板管理规定和台账；
- 阀门锁定管理文件等。

装置(设施)安全性评估现场评估包括对装置(设施)的现场检查和现场测试。评估人员首先查看 P&ID 图，安全措施设计、检测和定期维护记录，然后进行现场确认，现场确认时检查阀门、管道、安全阀、消防系统等的安全状态，必要时进行测试，如可燃有毒气体报警仪的测试。使用装置(设施)安全性评估记录表进行记录，并进行评分。一般对于每类设备设施选择 5 个样本进行检查。当实际设备设施数量小于 5 个时，取实际的数量进行评估。

④ 评估报告

a. 完成定量评估打分

对于搜集到的证据，评估组应集中评估证据与本手册中各要素下的评估项指南之间的符合程度，给出各评估项的得分，最终由软件进行计算，获得本次评估的最终结果。

b. 评估报告的编制

根据以上各步骤的评价，结合评估评判标准，最终评判安全管理的级别，并汇总最终书面报告。

c. 报告分发

根据评估委托方的要求或合同约定，确定报告分发对象，对完成后的报告进行分发。

⑤ 评估后继活动

a. 反馈

向委托方反馈：如果事先(如评估协议或合同中)进行了约定，需要将评估结果对委托方反馈，如评估报告可以说明评估结果，可不进行单独反馈。

向企业反馈：如果事先(如评估协议或合同中)进行了约定，需要将评估结果对企业反馈，如评估报告可以说明评估结果，可不进行单独反馈。

b. 复核

针对评估过程中发现的问题，被评估方在一个月内进行整改，被评估方确定整改完成后，评估组成员对整改情况进行再次评估，以验证风险得到有效控制。

c. 结束

项目资料移交：项目资料包括对前期策划的资料（审核计划等）、电子数据（评估软件输入数据）、评价报告，在项目完成后，由评估组组长统一汇总，按照归档清单提供给评估技术委员会，进行合规性评定。

存档：对于移交的资料通过评定后，对评估数据提交总数据库，其他纸质档案移交档案保管单位进行存档保管。

第四节 量化评估技术应用范例

以某石油公司安全水平量化评估数据为例，介绍量化评估工具输出结果。

一、评估绩效状况

1. 安全管理评估要素得分情况

某石油公司安全管理评估各要素得分情况详见表10-8和图10-9。

表10-8 总体得分表

序号	一级要素	可能得分	评估得分	得分率
01	1-领导作用	1297.00	584.00	45.03
02	2-风险评价	2533.00	1135.00	44.81
03	3-法规和其他要求符合性	646.00	274.00	42.41
04	4-组织机构、职责和资源	917.00	679.00	74.05
05	5-人力资源和培训	1327.00	990.00	74.6
06	6-沟通、参与和协商	1163.00	768.00	66.04
07	7-项目设计和建设	1201.00	682.00	56.79
08	8-承包商和供应商管理	1200.00	776.00	64.67
09	11-设备完好性	1978.00	928.00	46.92
10	10-生产运行与操作规程	1749.00	853.00	48.77
11	11-作业过程控制	1767.00	1130.00	63.95
12	12-变更管理	1175.00	450.00	38.3
13	13-应急管理	1625.00	882.00	54.28
14	14-风险监控和测量	1471.00	543.00	36.91
15	15-事故事件管理	1091.00	302.00	27.68
16	16-审核和评审	534.00	189.00	35.39
	合计	21674	11162	51.51

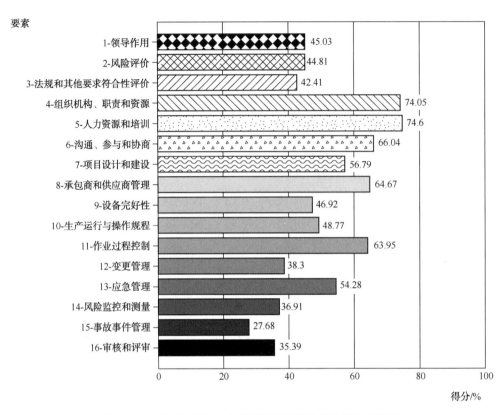

图 10-9　某石油公司安全管理评估各要素总体得分示意图

由图 10-9、表 10-8 可知，得分最高的三个要素分别是：5-人力资源和培训，4-组织机构、职责和资源，6-沟通、参与和协商，得分率分别为：74.6%，74.05%，66.04%。

（1）要素 5-人力资源和培训，突出表现：制定了完善的人力资源管理程序，人力资源计划基本符合企业发展的战略规划，员工培训管理细致、有效，基本满足公司战略规划发展需要。特别是 A 石油分公司人力资源管理部门对离职人员的离职面谈、离职体检工作做的非常细致、到位。

（2）要素 4-组织机构、职责和资源，突出表现：省、地市、县分公司分别按照要求建立、健全了组织机构，成立了安全管理委员会、各专业分委员会、安全监督部门、督察大队。安全管理职责界定比较清晰，安全责任体系（制）完善，对主要的岗位、部门职责进行了界定。特别是省、地市公司两级安全总监认真负责、率先垂范、真抓实干。A 石油分公司督察大队，组成人员懂业务、素质高，能够查出问题，并能够督查整改到位，奖惩分明，效果明显。

（3）要素 6-沟通、参与和协商，突出表现：企业制定了安全会议制度，会议中有决策、安排、执行和反馈情况。安委会成员来自省市公司、油库等不同阶层和部门，一些重大问题需通过安委会决议，会议决策受到领导关注，会议精神通过企业 OA 系统进行发布，系统中发文记录可以显示文件的接收情况。油库的班组活动记录中都有安委会精神的传达学习记录。每位员工都有安全管理信息系统访问专用账号，可以进行访问和参与电子培训教学。

得分最低的三个要素分别是：15-事故事件管理，16-审核和评审，14-风险监控，得分率分别为：27.68%，35.39%，36.91%。

（1）要素15-事故事件管理，改进空间：建议公司对事故/事件基于风险（考虑发生频率和严重性）的原则进行分级管理，以确定不同风险级别的事件调查流程、事件调查人员组成、事件调查深度等要求；依据事故/事件金字塔模型，建议公司定期通过事件复核（如考虑从急救药箱记录等途径来复核事件是否及时上报）和事件统计分析等，掌握事件管理的状况，以验证事件管理系统的有效性。

（2）要素16-审核和评审，改进空间：公司的发展在于决策，决策的基础是对公司真实情况的掌握，建议公司定期开展管理评审，掌握管理体系运行情况，评审内容可包括而不限于以下内容：目标和结果的比较、工作计划的实施进度、安全绩效的趋势分析、管理体系的审核结果、相关方的建议等，通过管理评审的综合评价，输出有针对性的措施，帮助公司不断提升安全绩效水平。

（3）要素14-风险监控和测量，改进空间：建议公司将风险评价、风险控制工作与风险监控有效结合，即对风险控制措施落实的效果进行定期评估；建议针对识别出的高风险工作任务或作业活动，开展全过程的任务观察，以评估作业指导书的适宜性和可操作性。

2. 装置（设施）安全性评估得分情况

某石油公司装置（设施）安全性评估各要素得分情况详见表10-9和图10-10。

表10-9　总体得分表

	一级要素	可能得分	评估得分	得分率
01	1-本质安全设计	3600.00	2650.00	73.61
02	2-设备安全	4200.00	3438.00	81.66
03	3-运行安全	9000.00	6412.00	71.25
04	4-泄漏监测	7400.00	5425.00	71.83
05	5-工程防护	3800.00	3030.00	71.46
06	6-消防与应急	8700.00	5790.00	70.4
合计		36700	26745	73.85

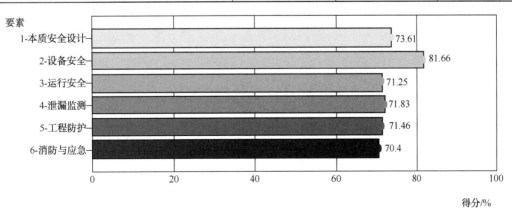

图10-10　某石油公司装置（设施）安全性评估各要素总体得分示意图

3. 评估结果

依据表10-8、表10-9可知，本次评估要素平均得分(%)安全管理评估要素为51.51，装置(设施)安全性评估要素为73.85。由图10-6安全水平等级矩阵进行判级为4级。

二、安全管理评估部分要素得分情况

1. 风险监控

（1）得分情况

要素14的得分情况(%)见表10-10和图10-11。

表 10-10　要素 14 得分情况

序号	要素名称	可能得分	审核得分	得分率%
01	14.01-职业健康风险监控	195.00	66.00	33.85
02	14.02-职业安全风险监控	405.00	264.00	65.19
03	14.03-过程安全绩效监控	195.00	15.00	7.69
04	14.04-安全视频监控系统	90.00	45.00	50
05	14.05-安全观察	258.00	153.00	59.3
06	14.06-任务观察	283.00	0.00	0
07	14.07-监控的有效性	45.00	0.00	0
	总分	1471	543	36.91

二级管理要素:14-风险监控统计

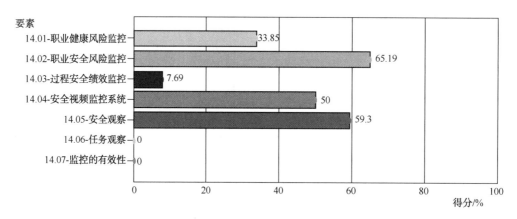

图 10-11　要素 14 得分情况

（2）主要改进建议

① 建议对设施、管理程序、人员因素等方面存在的风险建立包括检查、设备状态的检测、控制工艺泄漏和安全操作限值、绩效考核标准、持续评审等内容的监控机制。

② 建议建立任务观察机制，对所有的单项高风险工作任务的全过程实施观察，以确保所有或部分任务按具体的程序要求正确地执行。任务观察应根据风险评价来决定观察的优先次序；应制定整体和局部任务及工作流程观察计划；观察人员应经过培训；有规范的记

录和报告；对观察结果进行趋势分析；对发现的问题进行跟踪落实，闭环管理；对观察任务定期评审。

③ 建议对职业健康、职业安全、过程安全、安全观察、任务观察等监控机制和活动参照合适的绩效标准和计划，对监控的充分性、有效性进行评价，以采取有效的措施纠正监控体系存在的不足。

2. 事故事件管理

（1）得分情况。

要素 15 的得分情况（%）见表 10-11 和图 10-12。

表 10-11 要素 15 得分情况

序号	要素名称	可能得分	审核得分	得分率%
01	15.01-事故事件调查与分享	525.00	141.00	26.86
02	15.02-未遂事件和不符合管理	75.00	47.00	62.67
03	15.03-纠正措施	164.00	60.00	36.59
04	15.04-事故事件统计分析	327.00	54.00	16.51
	总分	1091	302	27.68

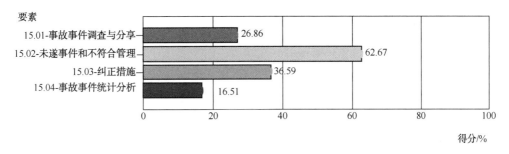

图 10-12 要素 15 得分情况

（2）主要改进建议

事故事件调查与分享：

① 公司事故管理规定和事故管理程序中，对人员死亡、交通事故和设备事故等方面的定义。无损失工时事故、工作能力受限事件、职业病、医疗处理事件等方面的定义。建议公司明确需报告和调查的相关事件定义，如：损失工时事故、工作能力受限事件等。

② 公司对未遂事件没有分级，调查处理采用同样流程；建议对事件基于风险（考虑发生频率和严重性）进行管理，确定不同风险级别的事件调查流程、事件调查人员组成、事件调查深度等要求。

③ 建议公司设置事故事件调查人员的选用标准，包括专业资历、培训经历、调查经验等方面，筛选人员成立事故事件调查专家库，并定期对其进行专项事故事件调查技巧的培训。

事故事件统计分析：

虽然公司近年来无上报事故发生，但是应建立事故事件数据分析机制，建议公司将历年来上报的未遂事件作为数据纳入其中，同时做出趋势统计分析。

3. 审核和评估

（1）得分情况

要素 16 的得分情况（%）见表 10-12 和图 10-13。

表 10-12　要素 16 得分情况

序号	要素名称	可能得分	审核得分	得分率%
01	16.01-审核	294.00	126.00	42.86
02	16.02-管理评审	135.00	33.00	24.44
03	16.03-报告	105.00	30.00	28.57
	总分	534	189	35.39

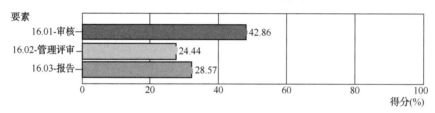

图 10-13　要素 16 得分情况

（2）主要改进建议

① 管理评审。查阅《安全设备处上半年工作总结及下半年工作计划》发现公司有进行管理评审的痕迹。但是无评审指标系统和措施跟踪。公司的推动力在于决策，把握正确的决策导向尤其重要，建议公司通过进行管理评审，掌握管理体系的现状、适宜性、充分性和有效性以及方针和目标贯彻落实及实现情况，进而进行综合评价，输出有针对性的措施，帮助公司不断提升安全绩效水平。

② 报告。公司编制的社会责任报告，主要上报销售公司。建议公司以年报或企业社会责任报告的方式正面宣传公司安全绩效，并发放给关键的利益相关方。报告的质量及可靠性应经过第三方验证，并收集利益相关方对报告的反馈意见。

三、装置（设施）安全性评估部分要素得分情况

1. 本质安全设计

（1）得分情况

要素 1 的得分情况（%）见表 10-13 和图 10-14。

表 10-13　要素 1 得分情况

序号	要素名称	可能得分	审核得分	得分率%
1	1.1-安全布局	1200.00	1000.00	83.33
2	1.2-故障安全	1200.00	600.00	50
3	1.3-本质安全	1200.00	1050.00	87.5
总分		3600	2650	73.61

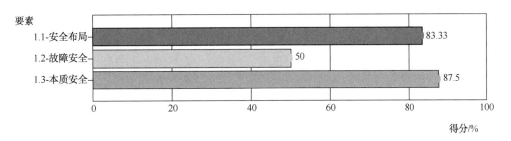

图 10-14　要素 1 得分情况

（2）主要改进建议

① 区域规划。现场检查发现 A 油库油罐区距离西侧居民区(零散居民区，少于 100 人)距离为 28m，小于 GB 50074—2014 规范表 4.0.10 中要求的 45m；A 油库油罐区距离西侧道路为 12m，小于规范要求的 20m。

② 故障安全。现场检查四个油库，根据国家安监总局 40 号令关于"两重点一重大"的要求，构成重点监管的危险化学品和重大危险源的，需要采用紧急切断设施。经检查 A、B 两个油库均为设紧急切断设施；C 油库已上紧急切断系统，而 D 油库由于和某公司两家单位负责范围矛盾的问题，紧急切断系统一直没有投用。

2. 泄漏监测

（1）得分情况

要素 4 的得分情况(%)见表 10-14 和图 10-15。

表 10-14　要素 4 得分情况

序号	要素名称	可能得分	审核得分	得分率%
1	4.1-可燃和有毒气体检测	2000.00	2000.00	100
2	4.2-装置建筑内的烟气探测	1200.00	0.00	0
3	4.3-视频监控	1800.00	1175.00	65.28
4	4.4-点火源控制	2400.00	2250.00	93.75
总分		7400	5425	71.83

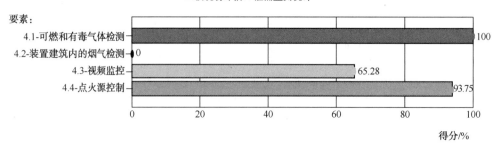

图 10-15　子要素 4 得分情况

（2）主要改进建议

① 装置建筑内的烟气探测。现场检查发现四个油库的办公楼、变配电间均未安装烟气探测器。

② 视频监控。现场发现四个油库的视频监控，均存在视频真空区，油罐罐区顶部监控设施无法监控；安全视频监控系统未选用云台摄像机，确保实现多角度摄录和自动归位；安全视频监控系统未采用主动监视方式，并与气体、火灾、周界等报警系统联动；安全视频监控系统未具备图像跟踪、越界报警灯智能化功能。

第十一章

仿真安全培训

一、典型事故

某化工企业炼油厂蜡油加氢装置停工检修。某日上午 8：30 左右，作业部设备管理人员安排装置安全阀的拆卸定压工作，并开具了相关检修作业票，同时安排操作工于某、柯某配合安全阀的拆卸定压工作。上午 8：40 左右，于某带领承包商作业人员王某、巩某，对需要拆卸的 64 个安全阀进行了现场交底。下午 14：00，作业人员王某、陈某、巩某 3 人到原料油反冲洗过滤器 V6502，进行三个过滤器安全阀的拆卸工作。15：40 左右，作业人员在拆卸 V6502B 过滤器的安全阀时闻到异味，立即撤离现场，并到蜡油加氢外操室将现场异常情况告知配合安全阀定压工作的于某、柯某，两人立即到现场检查确认。柯某到达第二层平台 V6502C 后突然倒地，跟随其后的于某立即呼叫，现场作业人员王某上平台配合于某进行施救。在施救过程中，两人也相继倒下。岗位其他人员闻讯后佩戴空气呼吸器到现场救援，同时拨打急救电话。15：54 左右，急救车赶至现场将 3 名中毒人员送至医院进行抢救。柯某因抢救无效，于当日 16：45 死亡，于某、王某经抢救后脱离危险。

1. 事故原因

（1）在拆卸原料油反冲洗过滤器 V6502B 的安全阀时，因安全阀出口至低压瓦斯管线的截止阀未关闭，作业人员拆开安全阀出口法兰后，导致含高浓度的硫化氢的低压瓦斯气体从拆开的法兰处倒串溢出。

（2）人员作业前未对作业条件进行确认，在没有通知监护人员到场监护的情况下就开始作业。

（3）炼油厂对在高浓度硫化氢介质区域内作业存在的高风险认识不足，检修作业票证办理把关不严，现场安全措施落实、确认不到位。

（4）操作工和作业人员的安全培训不到位，缺乏硫化氢中毒预防和救护的基本知识，安全意识和自我保护意识淡薄。柯某、于某、王某3人在没有佩戴空气呼吸器、便携式硫化氢检测仪的情况下，就到现场进行检查，在柯某中毒倒地时，于某、王某两人又盲目施救，导致同时吸入硫化氢中毒。

2. 教训与启示

化工企业安全事故的原因往往是多方面的。在作业之前，相关人员没有进行有效的风险辨识、没有对作业许可证严格把关、没有确认作业条件、缺乏基本安全知识。在作业过程中，监护人员未尽责任、作业人员违章作业。而在事发后，现场人员盲目施救导致事态进一步恶化。这些原因反映出企业的安全基础性工作存在薄弱环节，特别是基层岗位人员盲目蛮干、瞎指挥、有章不循、习惯性违章等"低标准、老毛病、坏作风"现象依然存在。同时，也说明了企业构筑的安全防控关口存有诸多漏洞，"安全第一、预防为主、综合治理"的方针没有自始至终贯穿到生产操作和现场作业的整个过程，事故隐患从一道道关口畅通无阻地穿行。如果有一个环节能够严格把关，就很有可能避免事故，或者至少不会发生恶性事故。

从安全培训的角度来看，虽然企业投入了大量的人力、时间组织员工进行安全培训教育，但事故中的相关人员对风险辨识、监护职责、过程管理、作业许可等理解不透彻，执行出现偏差，这暴露了个别企业安全培训工作还存在重形式、走过场的现象，没有结合岗位特点、分层次、有重点地开展针对性培训，部分员工还不清楚要干什么、应该干什么、如何去干。安全培训还没有真正转化为员工的安全意识和技能。

二、安全培训的重要性

1. 培训不到位是重大安全隐患

从近年石化企业的典型事故案例与员工违章行为的分析结果来看，安全培训的缺失或缺陷几乎是所有事故和违章的成因之一。这在化工企业历年安全生产事故的原因分析中得到了印证，国家领导人曾强调：所有企业都必须认真履行安全生产主体责任，做到安全投入到位、安全培训到位、基础管理到位、应急救援到位，确保安全生产。因此，企业必须认清安全培训的重要性和影响力，树立培训不到位是重大安全隐患的理念，系统策划、认真组织、全面落实员工的安全培训工作。

2. 国家对安全培训的高度重视

党中央、国务院历来重视安全培训工作，先后下发《国务院关于进一步加强企业安全生产工作的通知》（国发〔2010〕23号）、《国务院关于坚持科学发展安全发展促进安全生产形势持续稳定好转的意见》（国发〔2011〕40号）、《国务院安委会关于进一步加强安全培训工作的决定》（安委〔2012〕10号）、《关于印发化工（危险化学品）企业主要负责人安全生产管理知识重点考核内容等的通知》（安监总厅宣教〔2017〕15号）、《危险化学品安全生产"十三五"规划》（安监总管三〔2017〕102号）等，对安全培训工作提出明确要求。特别是在2014年4

月 8 日，国家安全监管总局召开了专题视频会议，对如何深入学习贯彻党中央、国务院重要指示精神，贯彻落实《国务院安委会关于进一步加强安全培训工作的决定》做出安排部署，提出安全培训工作要坚持五项原则，建成五个体系，完善五项制度。

这些文件是对安全培训工作的作用、地位和价值的高度提升，是引领今后安全培训工作的导向，也是对"安全第一、预防为主、综合治理"安全生产方针和"管理、装备、培训"三并重原则的深化和支撑，为开创安全培训工作新局面，构建安全培训发展新格局指明了方向。

三、安全培训的现状

1. 企业安全培训制度

近年来，随着职业健康安全管理体系、HSE 管理体系在国内化工企业的推行和实施，企业已按照体系的要求，编制了安全培训管理规定或制度，主要包含培训管理原则、管理职责、培训要求、管理要求、监督考核等方面内容，进一步落实了国家要求的企业持证上岗人员、各级领导班子成员、专业部门管理人员、安全监督管理人员、其他专业管理人员、一线生产作业人员、承包商人员、承运商及供应商人员等业务相关方人员的培训周期、频次和学时等，为企业安全培训工作的实施提供了制度支撑。

2. 安全培训计划及管理

大部分企业每年都制定安全培训计划、安全培训实施方案等。企业依据计划和方案，策划实施日常的安全培训工作。企业的安全主管部门往往是安全培训计划的编制者，并负责将该计划提交给企业人事管理部门审核，由人事管理部门纳入企业年度培训计划，统一管理。

3. 安全培训教材

在系统化培训思路的引导下，企业各层级人员安全培训教材建设有了较大发展。政府部门、企业、研究机构等编写了大量安全培训教材，教材内容充实、种类丰富、形式多样，如图书、课件、视频片等，这些教材被运用于员工日常自学、企业班组活动及培训项目实施等过程。对于基层员工而言，事故案例分享、岗位安全操作规程、安全作业指导书、《班组安全》杂志等，是日常学习的主要教材。

4. 安全培训师资

安全培训过程离不开培训师的正确引导、合理讲解和准确答疑。因此，安全培训师的授课能力和专业水平直接影响到安全培训的效果。当前，企业安全培训师资队伍由专职安全培训师和兼职安全培训师构成，其中专职安全培训师承担了主要的培训实施和管理工作，如教材开发、课件制作、课程讲授、学员管理等。兼职安全培训师主要由行业专家、学者，以及企业内部管理人员、技术人员等构成。

5. 安全培训装备

培训装备是培训技术转化、培训方式实现的物质基础。目前国内企业主要的安全培训方式是传统授课和案例教学。虽然实物模拟、实验演示、视频显示、虚拟仿真等相关技术发展迅速，但由于投入有限、人员缺乏等原因，只有少数企业建立了实物仿真培训装置、安全实训基地或数字化虚拟仿真系统。因此，作为传统授课方式的有力补充，实物仿真和虚拟仿真安全培训具有很大发展空间，相关培训装置或系统的研发将是近年培训技术发展的重点。

（1）实物仿真安全培训装备

目前企业实操培训装备建设主要包括自主研发和采购成套装备两种模式。受成本等因素限制，自主研发模式在企业实操安全培训装备建设中占有相当的比例，通常是利用报废或闲置的生产设备，经过适当改造之后，开展体验式安全培训。而采购成套装备模式主要是企业根据体验式安全培训需求，向供应商采购或委托供应商开发相应的体验式安全培训装备。

（2）虚拟仿真安全培训系统

相关调查显示，近年来企业在虚拟仿真安全培训系统开发方面的投入有所增加，部分企业已经在安全培训项目中添加虚拟仿真安全培训内容。据统计，目前已投用的虚拟仿真安全培训系统主要应用于安全操作培训、应急预案演练和事故场景回溯体验等，培训对象主要为基层操作人员。

第二节　仿真安全培训技术进展与要求

一、实物仿真安全培训

实物仿真安全培训是一种利用实物型或模具式的工业装置、设备，开展安全培训的方式。与传统的课堂讲授式安全培训相比，实物仿真安全培训强调学员亲身参与、动手实践，其要求最大程度调动学员的积极性。通过肢体、五官及内心感受，让学员认知生产过程中的风险、体验相关事故经过与后果、思考事故原因、掌握安全作业规程、明确应急处置流程等。

由于培训场景贴近实际、建设成本相对低廉，实物仿真安全培训被国外企业及政府机构广泛应用。在化工过程安全领域，实物仿真安全培训对于从业人员提高安全意识、强化安全技能具有重要意义。经过数十年来的研究和实践，实物仿真安全培训在化学品安全、化工工艺安全、机械设备安全、特殊作业安全等方面的应用愈发成熟。

中国石化青岛安全工程研究院将企业培训需求与技术研发工作紧密结合，梳理了石化企业实物仿真安全培训的八大内容模块，即现场作业环节安全、化学品安全、工艺安全、设备本质安全、个体防护、职业健康、应急救援、安全文化8个模块，形成了实物仿真安全培训大纲、培训矩阵及考核标准，将各类岗位人员与培训内容、考核要点相对应。同时，制作了各类实物仿真安全培训装置，设计了实物仿真安全培训基地或教室的整体布局及培训方案，打造出石化企业实物仿真安全培训的整体解决方案。

1. 设计方案

根据实物仿真安全培训的内容及功能，将培训装置或器材按所属专业或相似专业进行划分，集中设置于专项区域，并遵循一定的培训路线进行分布排列。这样既有利于空间的合理使用，又便于开展不同培训项目或课程。以下介绍了实物仿真安全培训室的典型设计方案。

（1）功能要求

根据实物仿真安全培训目的和大纲，结合建设面积及空间要求等客观条件，将一定数量的培训装置进行科学规划、合理布局，并梳理一条或多条培训路线。面向企业现场作业人员、基层管理人员以及承包商人员等，既可开展全面系统化培训，又能单独实施专业专项培训。

考虑到企业的实际要求以及员工的培训需求，实物仿真安全培训室的基本功能，主要是运用企业常用的安全设备设施、现场安全装置和个人防护用品等，模拟员工日常作业行为，通过学员的体验和观察，来发掘错误找出违章，探寻完善改进的途径，使学员掌握标准化作业程序、规程和具体要求。通过强化训练，帮助学员树立安全意识、完善安全技能。

（2）培训内容及形式

方案中的培训内容包括安全文化区、劳动防护用品区、安全标识区、高处作业区、用火作业区、受限空间作业区、起重作业区、临时用电区、消防应急区和危险化学品安全区等。培训展示形式以实物、图片（展板）、视频（立式触控一体机）等为主，参训或参观者不仅可以观看学习，还能进行操作演练。

① 安全文化、安全标识展区主要通过展板图片等展示；

② 劳动防护用品、高处作业安全、用火作业安全、受限空间作业安全、起重作业安全、临时用电安全、消防应急展区，通过实物装备或模型、展板图片和视频片展示；

③ 危险化学品安全展区以展板图片、实物为主；

④ 传统培训教室或隔间内以投影（投影机）为主。

（3）整体布局及效果

图 11-1、图 11-2 为实物仿真安全培训室的平面布置图及三维效果图。

2. 培训装备

（1）化学品安全

化工生产过程中涉及的原料、中间产物、产品，大多具有易燃易爆、有毒有害等特征。这些危害特征在正常生产过程中处于受控状态，很多从业人员对危害特征的敏感度和严重性缺乏认识。

近年来，受化学品性质测试实验的启发，部分安全培训机构尝试对实验仪器进行针对性改造，使其具有操作简单、情景真实、过程可控、效果可视等特点，从而符合实操安全培训的要求。此类演示性培训的常见设备有物质燃烧特征演示培训装置、可燃气体燃烧传播演示培训装置、油品静电起电实验演示培训装置（如图 11-3~图 11-5）等。这些装置的使用效果得到了学员的认可，其应用范围也在不断拓展。

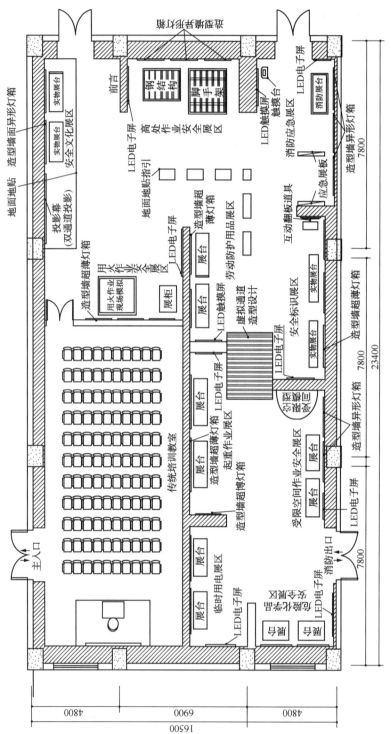

图11-1 实物仿真安全培训室平面布置图

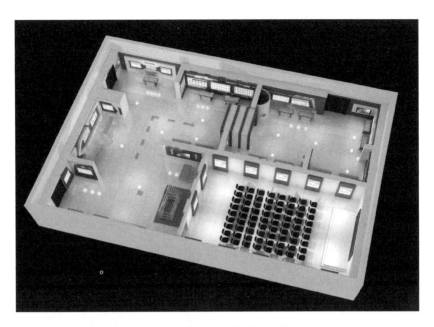

图 11-2　实物仿真安全培训室三维效果图

图 11-3　物质燃烧特征演示培训装置

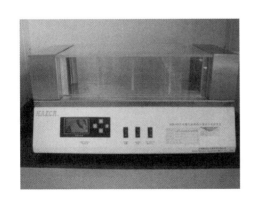

图 11-4　可燃气体燃烧传播演示培训装置

图 11-5　油品静电起电实验演示培训装置

（2）化工工艺安全

化工生产过程中产生的高压、高温是导致许多安全生产事故的重要原因。因此，在培训中展示高压和高温的危害后果，或者在安全范围内让压力、温度直接作用于人体，将有助于帮助学员建立对于化工反应压力、反应温度等参数的感知，提高安全意识。

另外，很多生产过程的化学反应比较剧烈，一旦操作不当，就可能导致反应失控，造成严重的安全事故。在实物仿真安全培训中，培训装置在模拟实际生产过程的同时，通过采取本质安全型设计，允许学员误操作或违章操作，并实时反馈失误或违章所导致的反应失控、泄漏、火灾等后果。同时，利用空气、水等介质，配合声光电技术，模拟事故场景，可以进行工艺安全相关的应急处置和事故救援训练，从而提升学员安全操作技能。图 11-6 为化工生产装置实物模拟安全培训装置。

（3）机械设备安全

机械设备是化工生产中不可或缺的重要组成部分。而机械伤害在安全生产事故总数中占有较大比例，且事故后果十分惨烈，如切割、卷入、挤压、冲击等。当机械伤害事故发生时，虽可采取紧急停车，由于设备惯性作用，仍能对操作人员造成伤害。

统计表明，操作及维护人员对机械设备的危害认识不足，是导致机械伤害事故的重要原因。在开展实物仿真安全培训时，通过构建机械切割、旋转、往复等典型工作情景，利用模拟假人、假肢或其他替代物，可以演示机械伤害事故发生过程，以及造成的严重后果。这将进一步加深学员对机械设备安全的认识。图 11-7 为机械设备安全模拟培训装置。

（4）特殊作业安全

在化工企业生产、检维修过程中，涉及大量的动火作业、受限空间、高处作业等特殊作业。由于作业量大、作业人员多、作业范围广等因素，特殊作业近年来始终是安全生产

图 11-6　化工生产装置实物模拟安全培训装置

图 11-7　机械设备安全模拟培训装置

事故高发环节。据某大型石化企业 2013 年 11 月至 2015 年 6 月的事故统计数据，发生在特殊作业环节的事故比例达到 66.7%。因此，提升特殊作业相关人员安全意识和作业能力，已经成为化工企业面临的重要任务。

传统的特殊作业人员安全培训主要采用课堂讲授方式，这种培训手段已不能完全满足企业安全生产需求。因此，针对特殊作业人员的实物仿真安全培训受到广泛关注，相关的培训装备开发和应用工作进展迅速。部分化工企业利用报废或闲置的生产设备，按 1∶1 比例建设实物仿真安全培训装置(见图 11-8)，可以开展特殊作业的仿真安全培训，如风险分析、措施落实、现场救护等内容的训练，且效果良好。但是此类培训装置也存在设备资源有限、占地面积较大等问题。

图 11-8　受限空间实物安全培训装置

针对这种情况，一些单位开发了特殊作业安全培训模具，用较低的建设成本和较小的占地面积，实现了与实物装置类似的安全培训功能(见图 11-9)。同时，培训模具可以根据具体需求，对场景进行调整，模拟出不同的作业条件，提升了培训的真实性和灵活性。

图 11-9　受限空间仿真安全培训模具

（5）个体防护装备

合理而规范地使用个体防护装备，是各岗位员工的基本安全保障。为了使相关人员了解个体防护装备对人体的保护作用、掌握个体防护装备的正确使用方法，部分企业及培训机构开发了个体防护功能体验装备（见图11-10），如坠物冲击安全帽、安全鞋防砸、高处坠落、高空行走、触电等。这些装备能够使学员真实感受现场作业过程中的典型危害因素，深刻认识个体防护装备的重要性。

图 11-10　个体防护用品功能体验装置

（6）应急救援

一旦发生安全生产事故，高效的应急救援工作是减少人员伤亡、降低事故损失的前提。面向生产和应急人员开展应急装备使用、应急救援流程模拟、应急处置演练、紧急医疗救护等内容的实物仿真安全培训是非常必要的，典型培训装备如图11-11所示。

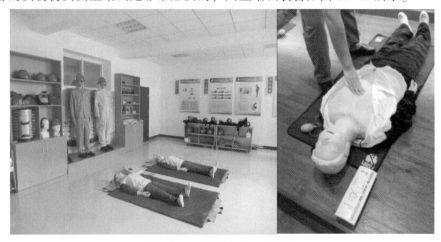

图 11-11　现场救护培训装备

二、虚拟仿真安全培训

随着全息投影、虚拟现实（VR）、增强现实（AR）、混合现实（MR）等技术的发展，虚拟仿真培训课程、装备的研发和应用备受关注。在安全生产领域，运用数字化虚拟仿真的优势来弥补传统授课方式的不足，已成为未来安全培训工作的发展趋势。

1. 石化装置模拟操作培训系统

石化装置模拟操作培训系统通过构建与石化装置真实环境一致的三维数字化虚拟场景，以角色扮演、交互操作、情景体验为主要形式，为企业员工搭建出近似真实的作业环境，并可开展工艺流程、开停车、日常巡检等虚拟仿真培训。

（1）工艺流程

以装置技术文档及工艺流程图（PID 图等）为参照，对装置工艺流程中介质流向、反应过程、关键参数、注意事项等内容进行展示性学习及模拟操作考核（见图 11-12），帮助员工熟悉石化企业生产装置所采用的工艺方案、装置内各主要设备之间以及物料之间的关系。

图 11-12　工艺流程展示学习及模拟操作考核

（2）开停工操作

以装置技术文档为参照，对装置开车、停车操作（以外操人员为主）进行展示性学习及模拟操作考核（见图 11-13）。其中，展示性学习主要以动画的方式对开停车操作的操作步骤、关键工艺状态与参数等内容进行讲解；虚拟操作考核则采用单人及多人协作模式，班组不同成员通过控制不同虚拟角色，以主动参与的方式（开关泵、开关阀门等）共同完成开停车操作的全部过程，考核成绩由系统进行记录并保存在基础数据库中，考核过程应具有多样性，系统可以对误操作、漏操作等异常操作进行判断与处理，并展示可能出现的后果。

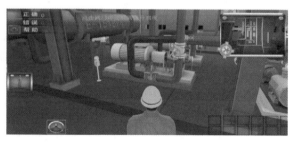

图 11-13　开停工操作展示学习及模拟操作考核

（3）设备结构剖析及检维修操作

选取石化企业典型设备，对设备的结构、拆装过程以及专用工器具使用等进行展示性学习及模拟操作考核（见图11-14）。

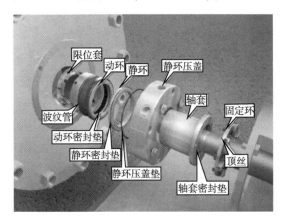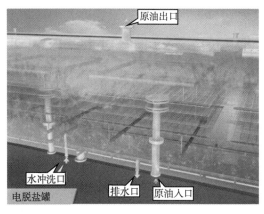

图11-14　设备结构展示学习及模拟操作考核

以动画（视频）为主要表现形式，对检维修各工种、常用设备的检维修方法及验收标准、设备检维修中的上锁挂牌、设备安装维修的标准化作业过程等进行展示性学习及考核（见图11-15）。

图11-15　检维修操作展示学习及考核

（4）日常巡检

以各个装置岗位标准化巡检操作为参考，对巡检路线、巡检时间、巡检内容、巡检标准、设备结构原理、工段工艺特征、巡检结果、处理措施、关键操作、关键数据、关键设备、关键危险点等内容进行展示性学习及模拟操作考核（见图11-16）。

2. 典型事故情景下应急演练与推演仿真培训系统

该系统集三维场景、人物角色、应急装备、事故模拟、救援操作、协作与沟通为一体，通过分析典型事故案例及其情景要素，构建典型事故情景及相关培训课程，实现典型事故情景下多角色一体化协同演练及推演，为应急救援培训提供一种逼真有效的模拟仿真训练模式。

图 11-16　日常巡检展示学习及模拟操作考核

（1）典型情景构建

分析典型事故案例及其情景要素，形成典型事故情景三维模型库，包含石化企业相关人物、车辆、环境、事故特征等模型，见图 11-17。以装置模型及各类辅助资源模型为基础，构建相关场景的典型事故培训情景，构建典型事故情景数据库。

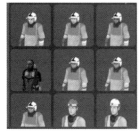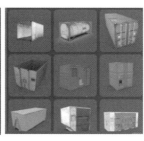

图 11-17　典型事故情景三维模型库

（2）石化企业典型事故情景应急演练

典型事故情景应急演练以真实发生过或可能发生的灾害事故（典型事故情景）为仿真训练背景，通过对事件进行分析，生成训练目标和训练脚本。通过事件的可视化动态模拟，根据不同的任务进行团队或个人知识技能的培训考核（见图 11-18）。同时，通过在训练过程中，借助实时的交流与沟通反馈出各角色在任务执行中做出的反应和操作是否具备了事件处理相应的知识技能。在不断地训练与评估体系下，提高学员的知识技能。

图 11-18　典型事故情景应急演练场景

协同演练与评估训练分为团队训练模式与单人训练模式两种。协同演练与评估训练具有控制端和训练端两种，控制端用于培训师设计训练场景及事件等信息，训练端用于学员基于控制端设置的事件进行模拟训练操作。

（3）石化企业典型事故情景桌面推演

采用多视角、多角色实时参与的方式，通过对真实状态的高度仿真，实现突发险情的应急处置推演训练、不同角色在虚拟场景中的协同推演训练、各种模拟操作（如灭火、汇报反馈、救援设备设施的操作、危险气体测量等）、训练过程的实时交流与沟通、训练过程监控以及训练后评估考核等功能。

3. 典型炼化装置仿真安全培训系统

该系统是基于炼化装置特点及岗位安全操作要求，运用三维仿真及虚拟现实技术构建的炼油化工装置虚拟仿真安全培训平台（见图11-19）。系统以三维虚拟仿真为主要表现形式，将炼化企业常减压、加氢裂化、催化裂化、催化重整、延迟焦化等典型生产装置的安全技术要求、安全管理流程和岗位安全操作说明等内容融入安全培训系统，真实模拟典型炼化生产装置及现场环境，搭建人机交互式的培训考核平台。该系统能够实现工艺流程介绍、设备结构原理讲解、风险信息提示、安全操作引导等培训功能，还可以开展日常巡检、特殊作业模拟、应急处置演练、事故过程回溯等仿真操作训练。

图11-19　典型炼化装置仿真安全培训系统

4. 消防模拟训练系统

通过电子屏幕、头戴式显示设备等媒介，消防模拟训练系统构建了基于虚拟仿真技术的石化企业典型火灾三维模型，为员工呈现生动形象的虚拟训练场景，见图11-20。学员通过无线传感定位的灭火器、VR数据手套、VR手柄，实施火灾场景中的移动和灭火操作等训练。

灭火剂喷射点判断是消防模拟培训系统的关键技术之一，目前主要包括激光点捕捉、传感器定位两种形式。激光点捕捉形式采用摄像头捕捉灭火器发出的激光点位置进行判断。传感器定位形式通过对位移、方向传感器的数据进行固定算法计算，判断灭火剂喷射点。

三、仿真安全培训实施

仿真安全培训的实施具有较强的系统性，为了达到良好的培训效果，仿真安全培训强

图 11-20 消防模拟训练系统

调基于情境体验的综合能力培养，需要综合应用包括实物仿真培训、实物演示培训、虚拟仿真培训等在内的多种形式。因此，实施仿真安全培训前必须根据培训对象和目标，系统策划仿真安全培训内容，使学员感知仿真情境中的潜在危害以及可能导致的后果。在此基础上，通过课堂讲授或在线学习等方式，使实践体验与理论学习有机结合，提升安全培训的效果。

以下将高处作业的仿真安全培训作为案例，详细介绍仿真安全培训的实施过程和内容要点，同时阐述了仿真培训如何在实际应用中与传统培训相结合。

（1）培训对象

现场作业人员。

（2）培训目标

掌握高处作业过程中潜在的危害因素，体验可能导致的典型危害后果，掌握相应的安全控制措施，了解采取有关安全控制措施的必要性，增强安全作业意识。

（3）培训流程

① 准备仿真安全培训装备。

a. 高处作业仿真安全培训模具：利用模具构建的典型高处作业场景，进行高处作业隐患查找、安全措施制定、应急预案推演等交互式训练等；

b. 高处坠落体验装置：体验从高空坠落的感觉，使学员理解高处作业过程中正确使用安全带的必要性等；

c. 三维虚拟高处行走体验装置：体验大风、大雨、大雾等环境条件对高处作业的影响，提升高处作业人员安全意识等；

d. 标准脚手架：使学员掌握标准脚手架的基本安全要求，了解主要结构件的功能，提升高处作业隐患识别能力等；

e. 高处作业安全实训塔：体验高处作业异常状况的应急救援过程，提高作业人员应急救援能力等。

② 培训实施。

学员到达后，由培训师进行基础安全知识教育，使其掌握现场作业基本常识和企业有关安全管理规定，并了解相关仿真安全培训装备的使用注意事项。

在培训师的指导下，首先将学员分组，分别利用各个仿真安全培训装备进行实际体验，感知高处作业过程中的潜在危害因素及相应的安全控制措施，利用高处作业安全实训塔等装备进行应急救援训练。整个培训过程需要在培训师的监护指导下实施。

高处作业仿真安全培训结束后，培训师组织学员集中观看高处作业典型事故案例，并结合仿真安全培训内容进行集中讨论，使学员深切感受严格执行高处作业安全管理规定的重要性。在集中讨论的基础上，培训师以课堂讲授方式，组织学员观看学习高处作业安全培训视频课件，系统学习高处作业安全管理规定和安全作业知识。

（4）培训考核

仿真安全培训的考核可以沿用传统的笔试考核方式，也可以采用实践考核和笔试考核相结合方式。在本实施案例中采用后者进行考核，其中实践考核利用高处作业仿真安全培训模具实施，分数占比40%，学员分组接受考核。在实施考核过程中，培训师利用仿真安全培训模具首先搭建高处作业情境，并预置物的不安全状态和人的不安全行为等场景，以小组为单位，全部识别为满分，反之按项扣分。

此种考核方式与单纯的笔试考核相比，提高了考核的实效性和针对性，便于全面而客观的检验安全培训效果。

第三节　仿真安全培训应用案例

仿真安全培训的设计与应用是一项系统工作，既包含仿真安全培训装备的研发、改造及引进，也包括具体培训项目的整体策划和运行，甚至还涉及专业师资培养和培训教材开发。以下介绍了场地固定的仿真安全培训基地、移动式仿真安全培训车的应用案例。

一、仿真安全培训基地

某大型石化企业为全面提升基层操作人员和承包商作业人员的安全意识和安全技能，建设了以特殊作业安全实训为重点的仿真安全培训基地，占地面积近1000m²，主要包括以下培训功能区。

1. 安全文化展区

良好的安全文化是企业安全生产的可靠保障。而让企业员工和承包商作业人员通过各种媒介接触、学习、体验安全文化，是安全文化入心入脑的有效途径。为此，安全文化展区（见图11-21）作为开展仿真安全培训的必修科目，系统展示企业发展历程和安全工作业绩，集中介绍企业安全生产方面的目标、理念、管理要求，以及安全先进人物事迹等。

（1）安全文化展示的内容要点

① 企业的安全理念、方针、目标；

② 企业安全业绩、先进典型；

图 11-21   安全文化展区示例

③《安全标志及其使用导则(GB 2894—2008)》中有关石化行业生产及施工作业的安全标识;

④ 石化行业安全管理规章制度体系;

⑤ 安全管理规章制度全文;

⑥ 重点规章制度解读等。

(2)设计目的

① 提高学员对企业安全文化的认同感;

② 使学员能够迅速、准确识别安全标识;

③ 熟悉安全管理规章制度体系;

④ 掌握安全管理要求,了解安全行为规范等。

(3) 实训形式

① 安全文化视频片;

② 安全文化内容展板;

③ 安全标识展板;

④ 安全标识图案与含义匹配类虚拟交互游戏;

⑤ 展板展示安全法律法规、制度标准体系框架;

⑥ 触屏电脑或其他形式,展示安全管理规章制度全文;

⑦ 规章制度解读视频,知识问答类虚拟交互游戏等。

2. 安全警示教育区

安全警示教育区以典型安全生产事故案例为主线，通过展板、事故残骸、视频等手段，让学员系统了解安全生产事故发生的原因、过程和结果。基于 4D 技术的事故场景重现体验，展示英国邦斯菲尔德油库爆炸火灾事故等案例，通过震撼的体验效果，提升学员安全意识，见图 11-22。

图 11-22　事故展板和 4D 展示

（1）安全警示教育区的内容要点

① 分类展示、系统剖析石化行业安全生产典型事故案例；

② 海因里希法则等安全管理法则和定律等。

（2）设计目的

通过警示教育，提升学员安全意识等。

（3）实训形式

① 典型事故案例视频；

② 与典型事故案例相关的事故残骸实物或模型；

③ 事故案例信息展板等。

本项布局方案可根据需求，选择集中展示或按专业分散展示。

3. 个体防护与应急装备体验区

该区域主要包括成套个体防护用品展示、典型个体防护用品体验、典型应急装备展示，以及典型应急救援技术体验等培训内容。学员既能通过教学视频学习个体防护用品和应急装备的使用方法和适用范围，也可以尝试使用个体防护用品，亲身感受消防灭火、心肺复苏等典型应急救援技术，见图 11-23。

图 11-23　个体防护与应急装备体验区示例

（1）个体防护装备分类展示与使用

① 内容要点

a. 个体防护装备的基本防护原理、适用范围；

b. 生产、施工作业以及应急救援情景下，个体防护装备的正确选择；

c. 典型个体防护装备的使用方法等。

② 设计目的

a. 熟悉个体防护装备的作用和效果；

b. 具备正确选择、使用个体防护装备的能力等。

③ 实训形式

a. 个体防护装备实物分类展示与使用训练：头部防护、呼吸防护、眼部防护、耳部防护、手部防护、脚部、躯体防护；

b. 应用条件和使用方法的展板、视频；

c. 安全帽冲击体验；

d. 安全鞋冲击体验等。

（2）特定环境个体防护装备成套展示

① 内容要点

进入现场的基本防护套装，焊接作业防护套装，电气作业防护套装，化学品作业防护套装，消防基本套装，火场防护套装等；

② 设计目的

使学员掌握特定环境下的成套个体防护装备标准等。

③ 实训形式

人体模型佩戴各种防护套装进行实物展示等。

4. 特殊作业安全实训区

特殊作业是石化企业安全生产事故的高发环节，也是实施仿真安全培训基地建设的重点。在案例中，特殊作业安全实训区主要包括动火作业、高处作业、受限空间作业、起重作业、临时用电作业、动土作业、盲板抽堵作业七个模块。本区可以实施工作安全分析、安全隐患互动排查与考核、应急预案桌面推演等培训内容。

（1）高处作业安全实训模块

高处作业安全实训模块通过采用高处坠落体验、高处行走体验等实物仿真装备，再现高处作业过程典型危害，使学员体验高处坠落，以及恶劣天气条件对作业的影响，以提高学员高处作业的安全意识，提升高处作业危害识别能力，示例见图11-24。

除以上室内实训项目外，高处作业安全实训模块同时设置室外体验项目，如标准扣件脚手架、等比例高处作业安全实训塔等，使学员在完全真实的环境中，进行系统化的高处作业危害体验和应急救援演练。

① 内容要点

a. 高处作业典型危害体验；

b. 高空攀爬、行走安全防护训练；

c. 作业风险分析与作业许可管理训练；

d. 作业安全措施落实训练等。

② 设计目的

a. 提升学员安全意识；

b. 具备作业风险分析能力；

c. 具备规范落实安全措施能力等。

③ 实训形式

a. 安全带悬吊体验装置：通过电力、液压等驱动，将穿戴各种类型安全带的学员吊起，并通过人工控制，产生短距离坠落，体验各种类型安全带的防护效果；

b. 利用实物进行脚手架搭建实训等。

（2）受限空间作业安全实训模块

该模块系统展示受限空间作业的潜在危害、安全控制及应急救援措施。通过搭建室内专用受限空间模具，或者设置室外典型受限空间实体如小型储罐等，学员可进行受限空间作业的风险分析、作业训练、救援演练等，示例见图11-25。

图11-24　高处作业安全实训

图11-25　室内受限空间作业安全实训

① 内容要点

a. 受限空间的类型及危害因素；

b. 进入受限空间作业过程的安全控制；

c. 作业风险分析与作业许可管理训练；

d. 作业安全措施落实训练等。

② 设计目的

a. 提升学员安全意识；

b. 具备作业风险分析能力；

c. 具备规范落实安全措施能力等。

③ 实训形式

a. 利用展板或模型展示受限空间的类型及危害因素；

b. 以储罐及罐顶平台为主体搭建进入受限空间作业场景；

c. 各类气体检测仪实物展示等。

（3）动火作业安全实训模块

动火作业安全实训内容主要从提高作业人员安全意识、明确动火作业范围、掌握安全防护措施等方面入手。本案例除应用交互式动火作业安全培训模具外，引入化学品燃爆演示培训装置，直观展示典型化学品发生燃爆所需的点火能，以强化作业人员的安全用火意识，示例见图11-26。

图 11-26 动火作业安全实训

① 内容要点

a. 规范化用火作业现场展示；

b. 作业风险分析与作业许可管理训练；

c. 作业安全措施落实训练等。

② 设计目的

a. 提升学员安全意识；

b. 具备作业风险分析能力；

c. 具备规范落实安全措施能力等。

③ 实训形式

a. 利用实物及模型搭建用火作业现场；

b. 有缺陷的典型用火作业工具实物展示等。

（4）起重作业安全实训模块

该模块以模具形式展示了各种类型的起重机械、起重吊索具以及标准化的起重作业场景，学员可以重点学习起重作业的安全管理要求和各种安全技术措施。此外，"虚实结合"的交互式起重作业安全模拟装置（见图11-27）提供了典型起重作业虚拟操作场景，学员可亲身体验起重作业过程中典型违章行为的危害后果、熟练掌握安全操作流程、明确安全注意事项等。

图 11-27　交互式起重作业安全模拟装置

① 内容要点

a. 起重设备设施类型、安全附件及其安全管理；

b. 起重作业典型违章及其后果；

c. 作业风险分析与作业许可管理训练；

d. 作业安全措施落实训练等。

② 设计目的

a. 提升学员安全意识；

b. 具备作业风险分析能力；

c. 具备规范落实安全措施能力等。

③ 实训形式

a. 利用实物或展板展示各类起重设备设施及安全附件、吊索具；

b. 利用实物操作与虚拟情景相结合，实现起重设备安全操作训练功能等。

（5）临时用电作业安全实训模块

该模块利用实物形式展示了典型的三级配电流程，展示"一机一闸一保护"的安全管理

图 11-28 触电体感装置

要求。除了交互式安全培训模具，学员也可以通过触电体感装置（见图 11-28），亲身体验安全电压下的触电感觉，观察电线过载、插头结垢等安全隐患的危害后果。

① 内容要点

a. 规范化临时用电作业现场展示；

b. "一机一闸一保护" 和 "三级配电两级保护" 安全管理要求；

c. 作业风险分析与作业许可管理训练；

d. 作业安全措施落实训练等。

② 设计目的

a. 提升学员安全意识；

b. 具备作业风险分析能力；

c. 具备规范落实安全措施能力等。

③ 实训形式

a. 利用实物及模型搭建规范化临时用电作业现场；

b. 触电、过载、短路危害体验装置等。

（6）动土作业安全实训模块

动土作业安全实训模块利用模具、视频、展板等，系统展示动土作业典型危害及安全控制措施，可替换的模具允许学员进行交互式体验学习，示例见图 11-29。另外，三维交互式挖掘模拟体验装置也可提供动土作业虚拟操作场景，学员能够亲身体验典型违章行为的危害后果。

图 11-29 动土作业安全实训

① 内容要点

a. 规范化动土作业现场展示；

b. 典型作业危害因素及违章行为；

c. 作业风险分析与作业许可管理训练；

d. 作业安全措施落实训练等。

② 设计目的

a. 提升学员安全意识；

b. 具备作业风险分析能力；

c. 具备规范落实安全措施能力等。

③ 实训形式

a. 利用实物及模型搭建动土作业现场；

b. 利用展板展示典型危害因素及违章行为等。

（7）盲板抽堵作业安全实训模块

该模块以虚拟场景和实物结合方式，展现典型石化企业盲板抽堵作业场景，展示标准化盲板抽堵作业安全管理要求和安全控制措施。同时，学员也可利用模具进行交互式体验学习，见图11-30。

图 11-30　盲板抽堵作业安全实训

① 内容要点

a. 典型危害因素及违章行为；

b. 作业风险分析与作业许可管理训练；

c. 作业安全措施落实训练等。

② 设计目的

a. 提升学员安全意识；

b. 具备作业风险分析能力；

c. 具备规范落实安全措施能力等。

③ 实训形式

a. 利用实物设计简化的工艺流程，进行盲板抽堵作业安全实训；

b. 利用展板展示典型危害因素及违章行为等。

二、移动式仿真安全培训车

相对于固定的仿真安全培训基地，移动式仿真安全培训车具有灵活、便利、维护简单等特点(示例见图 11-31、图 11-32)，解决了部分企业作业面广、人员分散、缺乏培训场地等难题，可以在学员最方便的时间、合适的地点开展仿真安全培训。

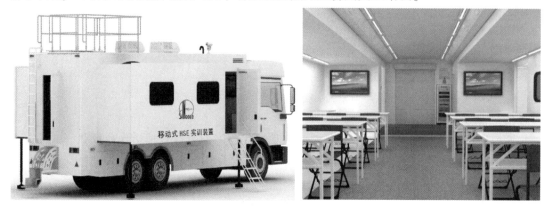

图 11-31　移动式仿真安全培训车效果图

图 11-32　移动式仿真安全培训车现场应用

以某化工企业为例，由于厂区面积较大、作业点分散、工作任务重等原因，企业选择移动式仿真安全培训车开展日常培训，由培训部门会同安全监管部门、生产运行调度部门等，制定详细的仿真安全培训计划。培训之前，培训部门将再次与生产运行调度、参训单位确认时间，然后准备仿真安全培训装备，并提前将移动式仿真安全培训车开赴参训单位人员集中的场地，按计划实施培训。

本质上，移动式仿真安全培训车是一种可以移动的仿真安全培训平台，能够开展的仿真安全培训项目与其内部配置的培训装备密切相关。在本案例中，中国石化青岛安全工程研究院将培训车内部的培训装备设计为可拆卸式，便于企业在培训之前根据培训目的，部署相应的仿真安全培训装备。移动式仿真安全培训车可以开展个体防护用品、应急装备、特殊作业实物仿真安全培训，以及消防模拟演练等虚拟仿真安全培训。

第十二章

应用实例——罐区安全

由于大型石油储存区涉及的介质都是易燃易爆危险化学品，而且石油储罐向着规模化、大型化、集群化不断发展，其固有的泄漏、火灾等风险显著提高。故需要提高罐区风险防范意识，完善罐区安全管理，增强罐区安全防护技术。

第一节 罐区安全技术现状

一、罐区风险因素

1. 储罐分布集中

如果发生大型储罐的重大火灾事故，很可能造成火烧连营的局面，造成数目惊人的经济损失。印度斋普尔油库火灾事故和英国邦斯菲尔德油库火灾事故等惨痛的事故教训充分说明了这点。

2. 罐区整体安全技术水平不高

很多老旧油库因资金不足、生产任务紧等客观原因难以紧跟科学技术进步的步伐，很多石油库仍然使用着落后的技术和产品，这造成了潜在的火灾风险增大。

3. 罐区总体设计标准偏低

罐区设计水平偏低主要体现在罐区平面布置、设备配置、环保设施、消防配置等方面，不满足油库大型化、规模化带来的消防、环保等方面的要求。现有以防御一般事故为基础的技术标准已无法满足实际需求。

4. 消防应急能力不足

大型石油库尽管都有专职消防队、消防车、移动消防装备等应急配置，但总体能力偏低，应急层次不高，仅能应对一般规模的火灾，而针对大型石油储存区中储罐全面积火灾甚至群罐火灾，缺少有效的控制手段，难以形成区域性高水平的救援作战力量，主要体现在大流量消防喷射装置和远程供水装置缺乏、泡沫液运输车等配套车辆不足等方面。

5. 安全管理水平有待进一步提高

安全管理人员存在侥幸心理，对重大事故风险认识不足。对大型储罐重大事故隐患辨识不清，缺乏保护层安全理念和大型储罐安全系统论思想。

二、近年国内事故案例

1. 黄岛油库事故

1989 年 8 月 12 日，黄岛油库发生特大火灾爆炸事故 19 人死亡，100 多人受伤，直接经济损失 3540 万元，胶州湾被污染。

事故直接原因：由于非金属油罐本身存在缺陷，遭受对地雷击，产生感应火花引爆油气。

间接原因：黄岛油库区储油规模过大，生产布局不合理；油罐本身存在严重缺陷，消防及防雷设计不足；安全管理存在漏洞。

2. 北京东方化工厂事故

1997 年 6 月 27 日，北京东方化工厂储运分厂油品车间储罐区特大爆炸火灾事故，事故造成 9 人死亡、39 人受伤，直接经济损失 1.17 亿元。

事故直接原因：工艺操作失误，造成石脑油储罐冒顶，遇明火燃爆。

间接原因：工艺管理、安全管理存在漏洞；储罐没有高液位报警及联锁。

3. 大连中石油国际储运公司事故

2010 年 7 月 16 日，大连中石油国际储运公司发生输油管道火灾爆炸事故，引发罐区大火并造成大量原油泄漏，导致油罐、管道和设备烧损，泄漏原油流入附近海域造成污染。事故造成 1 人失踪、1 名消防战士牺牲和 2 人受伤，直接财产损失为 22330.19 万元。

事故直接原因：管道内注入含有强氧化剂的原油脱硫剂，造成输油管道内发生化学爆炸。

间接原因：对罐区的工艺、设备缺乏科学有效的风险评估；油罐区安全管理混乱事故造成电力系统损坏，应急和消防设施失效，罐区阀门无法关闭；危险化学品大型储罐集中布置，造成连锁性事故。

4. 福建古雷爆燃事故

2015 年 4 月 6 日，福建古雷对二甲苯装置爆燃事故，6 人受伤，先后引发 4 个储罐起火，罐区火灾最终在大约 56h 被扑灭。

事故直接原因：二甲苯装置燃爆，引发罐区连锁性火灾。

间接原因：安全管理混乱；罐区离加热炉太近，规划布局不合理。

5. 江苏靖江仓储罐区火灾事故

2016 年 4 月 22 日，江苏靖江仓储罐区发生火灾，事故造成 1 名消防员牺牲，事故正在调查中。

事故直接原因：在泵房进行管道焊接作业时，严重违反动火作业安全管理要求，电焊明火引燃现场地沟内的油品。

间接原因：安全管理不严现场初期着火后，阀门未能及时关闭，造成事故扩大。

石油储罐区重大火灾事故的特点有：

（1）大型罐区的重大火灾事故具有多米诺效应，原油储罐火灾的沸溢容易导致储罐区火烧连营。

（2）基于储罐本身弱性和储存介质易燃易爆的特点，一旦储罐区发生重大火灾事故，难以扑灭，造成的严重后果和社会影响巨大。

（3）由量变到质变。安全管理全面滑坡、安全文化衰败，最终导致事故保护层全部同时失效，造成灾难性事故的发生。

三、罐区安全管理

1. 安全理念

（1）防护层理论

防护层理论核心是"系统安全、层层防护"的理念。为保证储罐区的整体安全，针对风险评估识别出来的能够导致重大事故的危险，需要从核心到外围，逐步完善和设立防护层，防止和减少风险，避免事故的发生。

（2）风险概率理论

风险的定义是发生事故的可能性。安全生产事故是小概率事件，不能以历史推断未来。如果某储罐区过去未发生过重大火灾事故，不代表将来不会发生。

（3）系统论

大型罐区的重大火灾事故一般为多因素作用结果，量变到质变；大型罐区安全是系统工程，难以实现本质安全，需要不断优化和修正原有系统，降低风险。

2. 事故风险评价指标体系

通过建立过程安全管理体系审核体系，对过程安全管理体系进行评估，确定其风险等级。首先，针对事故初始事件、点火源、升级影响因素，从预防、控制和减缓等方面，建立重大事故风险评价要素。其次，量化不同风险评价要素对重大事故风险的影响，结合标准规范要求，确定重大事故风险评价指标。最后确定大型原油罐区整体风险分级标准。

3. 应急能力评价指标体系

（1）应急能力量化评估

从企业整体应急能力和关键岗位应急能力两个角度，用应急能力关键指标进行量化评估，将应急能力用应急能力指数进行量化表征。

（2）应急管理建议

从应急预案优化、应急物资配备等角度提出具体的建议。利用相应的应急能力评估指标体系对大型油库整体应急能力与关键岗位应急能力进行量化评估，可以提出基于典型情景的预案优化方案、应急物资配备建议以及其他应急管理措施。

四、国外罐区先进技术和实践

1. 风险评估技术

国际上对重大事故风险评价指标的建立，逐步由侧重于对安全管理体系的评估向管理系统评估和硬件设施评估相结合转变，由定性分析向定量分析转变，更注重于对装置本质安全设计和危害预防和减缓措施评估。

陶氏化学的活性化学品/工艺危害分析（RC/PHA）检查表，从工厂安全布局和建筑物设计、本质安全设计、风险评估、工艺设备评估、活性化学品数据、化学存储和处理、点火源控制等多个方面进行检查评估，确定工厂的安全运行水平，并给出改进建议。

巴斯夫建立的安全与环境审核检查表，分别对工厂、现场安全和供应商等，从组织机构、产品管理、运输安全、职业安全、工艺安全、环境安全、应急响应和安保等多个方面开展检查，给出相应的建议措施。

美国石油学会对炼化企业管理建立了评价打分表，分别从领导和管理、工艺安全信息、工艺危害分析、变更管理、操作规程、安全作业、培训、机械完整性、开工前安全审查、应急措施、事故调查、承包商、安全生产管理系统评估 13 个方面进行打分，确定企业安全管理水平。

国际上一些安全咨询机构也开发了安全管理评估工具。挪威船级社（DNV）开发的国际安全评价系统（ISRS）和资产完整性评估系统（AIMs），从领导、规划和行政、风险评价、人力资源、合规保证、项目管理、培训和能力、沟通和推广、风险控制、资产管理、承包商管理和采购、应急准备、事件学习、风险监控以及结果和评审等 15 个要素，评估过程安全管理的技术及管理系统。此外，DNV 还采用物理屏障评估（PBA），量化评价现场生产过程安全设备设施物理屏障的绩效。

2. 风险控制技术

国外原油储罐区环境风险防控总体思路是将风险防控的理念贯穿于选址、设计、施工、运行的全过程，通过严格有效的 HSE 管理，实现储罐的安全运行，最大可能地避免事故发生；通过加强应急能力建设，提高事故时的应急处置能力，最大可能地减轻环境污染事故后果。环境风险相关防控措施主要是通过标准进行规定。如 NFPA30 要求当原油储罐防火堤不能满足最大储罐容量的 110% 时，应设事故存液池。通过对地面防渗性能的要求来避免对土壤和地下水造成污染。关于海上溢油的研究，欧美国家从 20 世纪 60 年代就开始对海上溢油进行预测。

3. 异常分析与智能预警技术

对异常工况分析与智能安全预警管理技术的研究是近年来国际安全工程研究的一个热点。1997 年，Honeywell 公司联合 7 个石油公司、2 个著名软件公司和 2 所大学宣布成立全球性异常工况管理（Abnormal Situation Management，ASM）技术联盟。1994~1998 年该联盟进行了一项开创性的研究计划 AEGIS（Abnormal Event Guidance and Information System），即非正常事件指导和信息系统，该系统深度运用了动态仿真技术、定性仿真技术和人工智能技术，是国际上第一套基于综合诊断技术协同作用的 ASM 系统。此外，欧盟在近两年也开展了类似项目研究，其研究重点在于提出用于石油与化工行业的过程监测、数据与事件分析、操作辅助等方面的高级决策支持系统。目前 ASM 已在 Amoco、British petroleum、Chevron、Exxon Mobil、Shell 和 Texaco 等石油公司内推广应用。

4. 雷电预警系统

雷电灾害是"联合国国际减灾十年"公布的最严重的十大自然灾害之一，近年来频繁发生，极大地影响了人们的生产、生活。目前，广泛使用的雷电监测预警方式主要有雷电定位、大气电场监测、卫星闪电监测、气象雷达雷暴监测等。雷电定位就其定位原理可分为磁定向法、达到时间差法、时差定向混合法等，一般在几百公里至上千公里的范围内布设多个雷电定位仪组成雷电定位系统，适应于大范围的雷电监测，在气象和电力部门应用较广，这类雷电定位系统适合大范围雷电监测。大气电场是一个非常重要的雷电参数，雷电的发生总是与大气电场密切相关，要发生雷电，大气中电位梯度需达到大气击穿电位梯度。据研究，近地面层干空气的击穿电位梯度约 3×10^6 V/m。在雾中，空气击穿电位梯度约 10^6 V/m。当大气电位梯度达到大气的击穿电位梯度时，将会有雷电的发生。因此，大气电场监测是现代雷电监测中很重要的一部分。大气电场仪是用来测量大气静电场及其变化的设备，利用导体在电场中产生感应电荷的原理来测量电场，可以对局部地区潜在的雷暴活动及静电击的危险性做出短期预报。大气电场仪探测范围约为几公里，根据测量得到的大气电场变化曲线可以监测几公里范围内的雷暴活动，提前 5～30min 发出雷电预警信息。大气电场仪适合小范围雷电监测预警，在气象、军事、航天部门应用较多，也非常适合石油化工园区雷电监测预警使用。大气电场仪多采用单站使用方式，对雷电的预警是一种无定向方式的预警，现有的大气电场幅值预警方式也有较大的局限性，其预警时间短、虚警率较高。近年来，有少数单位尝试采用多站大气电场仪联网进行雷电预警，其预警效果相对单站使用有较大提高，但数据一致性难题一直无法解决，同时还存在数据共享问题，大气电场信息仅能在同一网段局域网内使用，使得预警信息的发布不及时。

主要发达国家已基本上建立了雷电自动监测网，用于大区域雷电监测预警业务，同时为雷电的防护及科学研究提供有用的信息。如美国、加拿大、法国、英国、日本等国家都相继建成了闪电定位网，累积了丰富的雷电参量观测资料，促进了这些国家在雷电防护、短时天气预报与服务、云物理和化学研究等领域的发展。

北美(美国、加拿大)约有 187 个测站组成的雷电监测站网。该雷电监测网还可以采用广域网的定位工作方式，联合法国、日本、巴西等国家和地区的雷电监测网，在互联网上提供实时的全球雷电定位数据。

日本气象协会从 1995 年开始在关东地区启动了雷电监测系统，提供雷电实时监测及雷电信息服务。日本气象协会利用法国 Dmiensinos 公司生产的 SAFIR 进行两种雷电活动适时预报：地闪预报和地闪的移动、发展预报。

目前气象、民航、军队建立的雷电监测预警系统，主要是通过多普勒雷达和卫星等实现雷电监测，这类系统适合大区域、大范围的雷电监测预警。局部雷暴来得快、突发性强、危害大。现在还没有什么手段对短时雷暴在什么地点、什么时间发生进行准确预报。这种局部雷暴对石化企业、油库、加油站具有很大的危害，特别是易燃易爆场所更是十分危险。大范围雷电、雷暴云预警由多普勒雷达和卫星进行，对于局部的雷电、雷暴云预警、预报处于空白阶段。目前的局部雷暴预警是单点进行，即独立雷电预警装置。以装置为中心构成的测量半径，测量雷暴云的电场强度信号，能够给出本地测量半径内是否发生雷电、雷暴预警，但不能给出雷暴将发生在测量半径内的具体位置以及雷暴云的走向，预报精度受到限制。

此外，在石化行业石油储备罐区、石油化工装置等场所，地势位于开阔区域，重要设施暴露在外部，目前市场上的机械式雷暴预警装置造价高，防水防尘、防腐等级较低，每年需要数次检修，不能适应开阔地及户外长期监测使用。

5. 储罐安全监测技术

（1）浮盘状态监测技术

目前国外油库，在油罐顶部安装摄像头，对油罐浮盘进行动态监视，或采用雷达测液位装置进行油罐液位及浮盘倾角的监测。如图12-1所示，在储罐浮盘上呈120°对称安装3个雷达测液位装置，通过3个不同位置的液位高度确定浮盘的倾角是否在安全范围内。

(a)罐壁顶部安装摄像头　　　　　(b)雷达无线传输液位测量装置

图12-1　浮盘状态监测装置局部示意图

（2）储罐中央排水管故障监测装置

在油库排污井中安装油品探测装置，通过对排污井中的污水进行油品探测，确定储罐中央排水管是否发生泄漏。

另有一种技术，在中央排水管的出口处安装具有油品探测的阀门，通过该阀门的水中油品一旦超标，该阀门将会触发报警，如图12-2所示。

(a)罐壁顶部安装摄像头　　　　　(b)泄漏监测阀门

图12-2　中央排水管故障监测阀门

（3）储罐底板腐蚀监测技术

采用特殊材料吸油后体积膨胀和电阻率变化的特点，在储罐底板敷设泄漏监测分布式传感器（见图 12-3），对储罐地板腐蚀泄漏进行实时监测。

图 12-3　地板腐蚀泄漏监测分布式传感器

（4）光纤温度监测装置

该技术采用光纤传感传输原理进行油库罐区储罐温度的检测，由于该技术传感器采用无源信号，传感和传输过程都不带电，非常适合应用于油库易燃易爆场合，如图 12-4 所示。

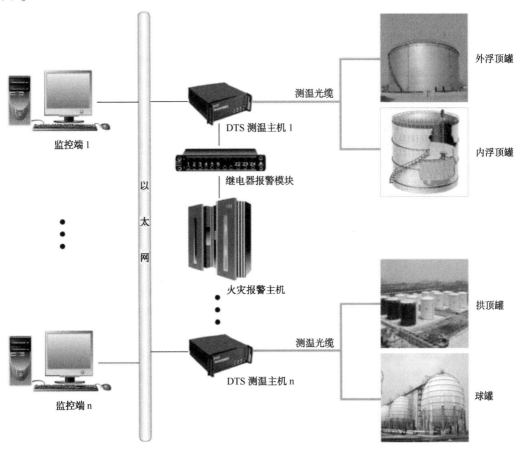

图 12-4　储罐光纤测温系统

（5）储罐壁厚检测

英国银翼公司生产了超声波扫描自动爬行储罐壁厚测定系统，可在线检测，沿任意方向前进或后退，不需搭设脚手架即可到达任意位置。扫描宽度达 600mm，精度最高可达 1mm×1mm，如图 12-5 所示。

图 12-5　英国银翼公司生产的自动爬壁测厚系统

英国银翼公司生产了 FLOORMAP 2000VS 型罐底板漏磁扫描仪，能快速获知罐底板靠土壤一侧的腐蚀状况，通过自带的软件分析，准确确定底板腐蚀的程度（面积和深度）及其位置，以不同颜色区分腐蚀的深度，以坐标表示其位置和大小。可在电脑屏幕上直观地观察检测结果，亦可形成书面检测报告。扫描宽度为 250mm，最大扫描长度为 15m，扫描速度为 0.5m/s，最大扫描厚度为 12.5mm，最大精度为 10%。

6. 消防应急系统

国外大型储罐区消防系统设计基于风险评估结果，标准规范仅是提供设计参考，设计方案多样化，有的罐区设置了固定式和半固定式泡沫系统，有的罐区依靠移动式消防装备实施保护。从国外对大型储罐全面积火灾的事故统计分析可以看出，大型浮顶储罐全面积火灾的成功扑救与消防装备、泡沫液类型与质量、泡沫液供给强度、供给时间、燃烧时间、储罐液位高度、储罐罐壁高度、油品特性、灭火战术、灭火后勤保障、天气条件等因素关系密切，其中泡沫原液的储备量、泡沫质量、泡沫供给强度、后勤供应和灭火战术对大型储罐的成功灭火尤为重要。对大型储罐全面积火灾研究较多的公司有 Williams 火灾控制公司（WFHC）、Mobile 石油公司、瑞典国家实验与研究协会（SP）、日本消防厅等。

国外大型油库一般按最大储罐全面积火灾的扑救需求配置消防装备，主要消防设施是大流量泡沫炮，一般大流量泡沫炮的流量在 40000 L/min 以上，通过提高泡沫供给强度和改变泡沫的喷射方式进行灭火。

NFPA11 在 2010 年修订中已将压缩气体泡沫灭火系统纳入规范应用范围，其泡沫供给强度远低于负压式泡沫系统，较常见的有压缩空气泡沫消防车、便携式压缩空气泡沫灭火器等。欧洲、美国等多家公司开发了多种移动式、半固定式和固定式压缩气体泡沫灭火装置，在仓库、加油站和油库等多个场所进行了应用。

截止目前，我国尚未发生过大型浮顶储罐的全面积火灾，扑救这类特大火灾的经验几乎空白。

7. 数字化油库

国外油库的数字化水平较高，尤其是美国、加拿大、日本及欧洲国家，基本实现了数字化油库，即在收发作业、检测、计量和统计管理工作方面已完全实现了自动化，并利用网络实现了实时信息的远程共享。如日本鹿岛炼油厂对油罐温度、液位测量、事故预报和油品输入输出的控制管理，整个系统由中央控制室、罐区检测控制分控制室、油品输入输出管理分控制室组成。系统采用巡回检测方式，检测一个油罐需要 25ms，检测整个罐区需要 3s。大型油罐使用此系统可及时掌握油品收支情况和各种设备操作情况，基本上杜绝了抽空和溢罐事故。在国外的管理系统领域，比较成熟的 Honeywell 的油库自动化系统 TAS（Terminal Automation System）在世界各地得到了广泛的应用，先后为 Caltex、BP、Shell 等 60 多家各国主要石化仓储公司实施了全面的自动化系统，并且显著地提高了储运公司对市场的反应能力，同时加强了自身的安全，提高了效率，降低了运营成本。与公司总部信息系统集成的 TAS（Test And Set）系统，可以使总公司根据数据信息提前合理安排上游炼厂和化工厂的生产计划，以取得最优的经济效益。

第二节　大型罐区安全防护成套技术

一、罐区防腐技术

1. 罐底腐蚀介绍

我国石油化工行业大量进口含硫/高硫油，使得储油材料在服役过程中遭受严重的腐蚀，从而影响到油品的储运安全。储罐底板一旦腐蚀穿孔就会导致原油的泄漏，由于初期渗漏量小，不易被发现，渗漏的油品可进入地下，这不仅会对环境产生污染，甚至还会随油品渗漏量的积累导致火灾和人员伤亡等事故。储罐底板腐蚀形貌如图 12-6 所示。

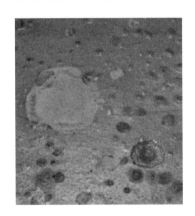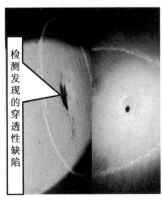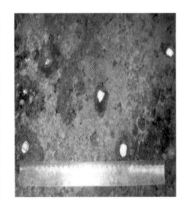

图 12-6　储罐底板腐蚀图

罐底板防腐传统方法是牺牲阳极和涂层联合保护，但罐底腐蚀依然不断暴露出来，储罐底板依旧处于较为恶劣的腐蚀环境下。研究高性能的防护涂料能从本质上延长储罐服役时间，提升罐体本质安全水平。石墨烯涂料是近年来典型的高性能涂料。

2. 石墨烯涂料防腐技术

石墨烯是已知的世上最薄、最坚硬的纳米材料，具有优异的化学稳定性、突出的力学性能、对腐蚀介质优异的阻隔性能、良好的润滑和耐磨减磨性能等。在涂料中添加石墨烯得到的石墨烯涂料对腐蚀介质具有优异的阻隔性能，具有较好的机械性能，能导静电，且性价比高，其价格每吨仅增加不到一千元的成本，其防腐效果却增加 4 倍以上。

为适应罐内和罐外不同腐蚀环境，石墨烯基重防腐涂料通常设计成三层，设计防腐年限为 15~20 年。第一层为底漆，用石墨烯代替富锌底漆中绝大部分锌粉，做成石墨烯-锌防腐底漆，有较强的底漆附着力、耐阴极剥离和阻隔腐蚀介质性能，还可以发挥锌的牺牲阳极保护作用；第二层为中间漆，通过微量石墨烯综合调控涂层的耐蚀、电阻（$10^9 \sim 10^{12}\Omega$可调）和力学性能；第三层为面漆，具有耐老化性能，同时兼顾绝缘、装饰和保护作用。

3. 石墨烯涂料工程实践

2014 年国内制备出第一代石墨烯涂料，其盐雾测试结果如图 12-7 所示，其中图 12-7（a）是不含石墨烯的涂料样板，图 12-7（b）是含石墨烯的涂料样板。经过 200h 盐雾试验后，含石墨烯的涂料样板在划痕处没发生任何腐蚀，而不含石墨烯的涂料样板却发生了明显的腐蚀现象，这说明石墨烯涂料具有较强的防腐效果。

(a)不含石墨烯涂料样板(E44)　　　(b)含有0.5%石墨烯质量分数涂料样板
(E44+分散剂+0.5%石墨烯)

图 12-7　石墨烯涂料防腐效果对比图

将石墨烯涂料与市场上其他常用的防腐涂料进行比对，测试结果如表 12-1 所示。石墨烯涂料盐雾腐蚀实验进行到 5000h 时，还依然对金属基体起到较好的防护效果。

表 12-1　不同防腐涂料的盐雾腐蚀时间

产品	富锌漆	环氧沥青	佐敦涂料	氟碳漆	LAM-212	石墨烯涂料
盐雾时间/h	1000	129	2000	150	3000	5000

2016 年开发出第二代石墨烯防腐涂料，在国家海洋防腐工程中心对涂料的物理和化学性能进行全面测试。图 12-8 显示涂料抗流挂性能较好，适应施工要求。图 12-9 为石墨烯涂料附着力测试，百格法测试底漆和中间漆，都是 0 级（最高级）；采用拉拔法测试，底漆

与钢材基地的附着力为 10MPa，中间漆与钢材基地的附着力为 5MPa，底漆与中间漆的附着力为 5MPa。图 12-10 为酸碱盐测试，测试时间为 2000h，其中耐碱实验温度是 60℃，完成了耐酸、耐碱、耐盐水实验浸泡工作。图 12-11 为 5000h 耐盐雾测试中，采用国标 GB/T 1771 进行的耐盐雾性能测试。

(a) 石墨烯中间漆，涂膜厚度150um　　(b) 石墨烯涂层抗流挂性能

图 12-8　石墨烯涂料抗流挂性能测试
（抗流挂性能较佳）

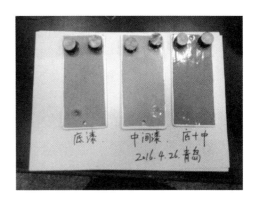

图 12-9　附着力测试(底漆与基体的
附着力达到最高级 0 级)

图 12-10　进行耐酸碱盐测试中，计划测试
时间为 2000h，其中耐碱实验温度是 60℃

图 12-11　进行 5000h 耐盐雾测试中，采用国标
GB/T 1771 进行耐盐雾性能测试

　　在国家电网和太阳能发电架上进行了户外石墨烯涂料工程示范应用检验，如图 12-12 所示。在模拟油罐上完成石墨烯涂料涂装，效果如图 12-13 所示。

(a) 全国智能电网试点海盐供电局35kV
变电站隔离开关防腐涂装现场施工

(b) 云南太阳能发电支架

图 12-12　在国家电网和太阳能发电架上进行户外石墨烯涂料工程示范应用检验

图 12-13 在模拟油罐上完成石墨烯涂料的涂装效果图

二、外浮顶储罐浮盘状态监测技术

采用光纤光栅传感原理的浮盘状态监测装置，能够对外浮顶储罐浮盘积液、温度和倾角进行监测。该技术同时利用光纤作为传感和传输载体，本身不带电，不受电磁干扰，其自身也不会成为火灾隐患，克服了传统电信号传感技术由于自身以电为载体，存在火灾隐患，可靠性差的缺陷。

1. 外浮顶储罐浮盘状态监测装置

外浮顶储罐浮盘状态监测装置分为光纤传感器模块、下位机数据采集模块、无线传输模块和上位机图形化显示模块等，安装整体布局如图 12-14 所示。

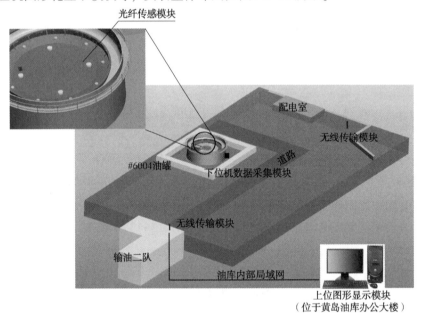

图 12-14 外浮顶储罐浮盘状态监测装置整体方案布局图

光纤传感器模块：在油罐浮盘上安装 4 个呈"十字型"分布的光纤传感器。

下位机数据采集模块：在油罐罐壁底座处安装下位机装置，通过罐壁镀锌管和防爆挠性管将传感器与下位机连接。

无线传输模块：在如图 12-14 所示的配电室附近安装 4m 长金属杆，在该金属杆上安装无线中继装置；在输油二队建筑物顶端安装 1.5m 长金属管，在该金属杆顶端安装无线信号接收装置，该无线接收信号通过网线进入油库内部局域网。

上位机图形化显示模块：调度室内的上位机电脑中安装浮盘状态监测图形化显示软件，通过油库局域网络实时读取浮盘监测数据。

2. 外浮顶储罐浮盘状态监测装置实施案例

外浮顶储罐浮盘状态监测装置主要由下位机模块、传感器模块、无线中继模块Ⅰ、无线中继模块Ⅱ、上位机图形化显示软件等构成，如图 12-15 所示。

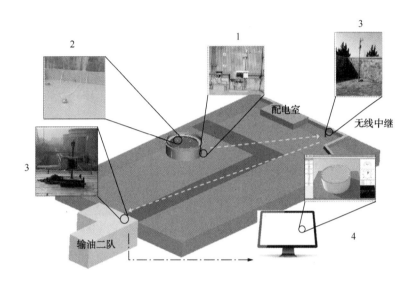

图 12-15　浮盘状态监测装置具体实施案例

1—下位机模块；2—传感器模块；3—无线中继模块Ⅰ和无线中继模块Ⅱ；4—上位机图形化显示软件

（1）下位机模块

下位机位于储罐罐壁底部外侧，通过镀锌管和防爆挠性管到达浮盘，然后将光纤沿泡沫挡板敷设，与传感器连接，实现数据采集，如图 12-16 所示。

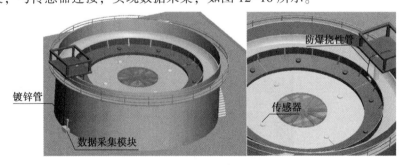

图 12-16　下位机和光纤传感器的布局图

下位机的现场安装如图 12-17 所示，下位机的光纤通过左侧镀锌管连接浮盘传感器，从镀锌管到传感器都采用光纤传输，没有任何电信号，唯一存在电信号的地方就是下位机的两个红色的箱体防爆电源。

图 12-17　下位机现场图

（2）传感器模块

在浮盘上确定 4 个可供安装的位置，成十字状分布，如图 12-18 所示。该传感器本身不带电，浮盘上的光纤固定在泡沫挡板上方。

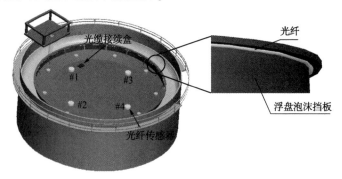

图 12-18　光纤传感器布局

（3）无线通信模块部分

无线通信模块为本质安全型，采用电磁波传输，电磁波不会引燃油气，如图 12-19 所示。

图 12-19　无线通信模块

（4）上位机图形化显示软件

下位机将采集到浮盘运行状态信息通过无线通信基站传输到上位机图形化显示报警系统，上位机对数据进行处理，当没有报警信息时，上位机对数据进行存储，一旦发现数据异常，图形化显示软件进行声光报警，且系统发出短信提醒值班人员。上位机图形化显示报警模块如图 12-20 所示，在软件左端输出集成式传感器在浮盘上的安装位置及实时数据显示，在软件右端输出浮盘倾斜角度以及各传感器的最大值。

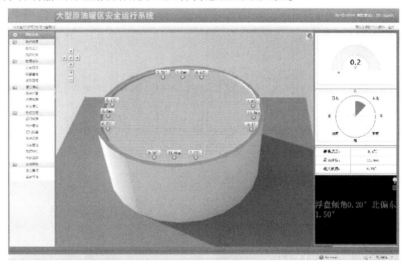

图 12-20　图形化显示报警系统

3. 外浮顶储罐浮盘状态监测装置安全性介绍

装置的信号传输采用光纤，为无源信号。整个装置有电源的地方有两处，其中一处为下位机，这里采用了防爆电源，不会引燃油气。另一处为无线基站，无线基站离油罐很远，且电缆采用埋地敷设方式，不会引燃油气。

光纤和传感器部分采用光信号传输，没有电信号。整个浮盘和油罐罐壁上都不存在电信号。

三、罐区雷电预警及防护技术

1. 蜂窝布局雷电预警技术

（1）无线传输蜂窝布局雷电预警系统

无线传输蜂窝布局雷电预警系统如图 12-21、图 12-22 所示。具有自动校准功能的新型固态雷电预警探测器，探测精度高，稳定性好，克服了机械式雷电预警装置造价高、防腐性差、维护困难的缺点。以动态电场的波动频率、幅值作为主要参数的预警判别方法，是基于闪电检测法雷电预警模型、稳态电场（雷云背景）和动态电场（闪电活动）信号分离技术而提出，克服了传统阈值法雷电预警算法误报率高、预警提前时间短的缺点，提高了雷电预警准确率。

现有雷电预警装置单站使用方式，无法实现雷云运动轨迹和趋势的判断。基于云计算和移动应用的雷电预警系统，实现了探测器自适应组网、异常工况点自动剔除、雷云运动

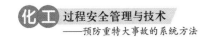

轨迹拟合及运动趋势预测等功能，提高了雷电预警有效率。

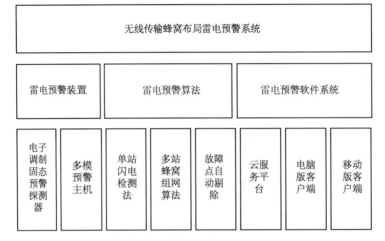

图 12-21　雷电预警系统构成示意图

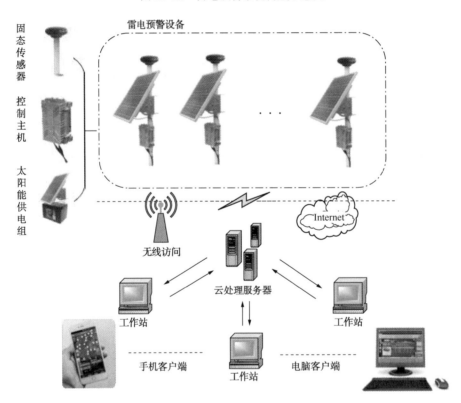

图 12-22　雷电预警系统结构图

（2）新型电子调制固态雷电预警装置

新型电子调制固态雷电预警装置，主要由电子调制固态雷电预警探测器和多模预警主机两部分组成。现有雷电预警系统的探测器采用机械式，无法满足石化企业防腐和防爆要求，而且系统造价高。

新型电子调制固态雷电预警探测器采用 PCB 平板电容检测电场值，集成电路自带精密基准的调制功能，荷采集板响应速度、探测误差控制等满足防爆场所的安全要求。

基于多通讯模式和多供电模式的雷电预警系统控制主机，主要功能是与新型电子调制固态雷电预警探测器的数据通信，实现电场数据的初步分析及处理，并与雷电预警系统服务进行数据交换。该主机供电方式可采用有线和太阳能供电的多电压等级供电模式，数据传输可采用有线和移动通讯等多种通讯模式，从而满足不同用户的需求。

（3）雷电预警算法

闪电检测法雷电预警模型克服了传统阈值法雷电预警算法误报率高、预警提前时间短的缺点。将稳态电场（雷云背景）和动态电场（闪电活动）剥离开，以稳态电场作为参考基准，在此基准上以动态电场的波动频率、幅值作为主要判别参数进行预警判断，显著提高了雷电预警的准确性。

对预警探测器部署结构、失效模式、安装组网形式等进行分析计算，建立了雷电预警系统蜂窝布局模型，实现了目标覆盖区域探测器的最优部署，如图 12-23 所示。

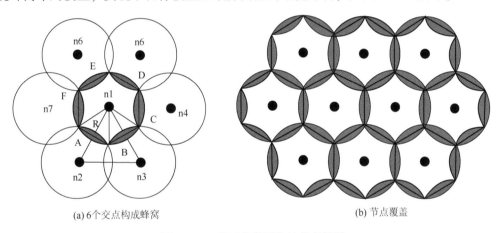

(a) 6个交点构成蜂窝　　　　　　　　　　(b) 节点覆盖

图 12-23　基于蜂窝网格的节点部署

雷电预警蜂窝组网计算模型，实现了探测器自适应组网、异常工况点的自动剔除、雷云运动轨迹拟合及运动趋势预测等功能，提高了雷电预警系统的可靠性和预警准确率，雷电预警有效率达到了 80%以上。

（4）雷电预警系统软件开发

蜂窝雷电预警系统云服务平台（如图 12-24所示），基于移动互联网和云计算技术而提出，具有中国石化内网和 Internet 网双网访问功能。该平台独享 100M 以上宽带，并且支持带宽和存储空间的扩展，能够满足 1 万台以上雷电电场数据输入和多数据处理，可以满足海量（2 万以上）客户查询和使用需求，实现了多站点数据共享和计算功能，提升了用户访问速度和用户体验。

图 12-24　雷电预警系统云服务平台示意图

基于云计算和移动应用的雷电预警系统操作软件(如图 12-25 所示),基于云平台,采用高级语言 C#开发而成,实现了探测器自适应组网、异常工况点自动剔除、雷云运动轨迹拟合及运动趋势预测等功能。

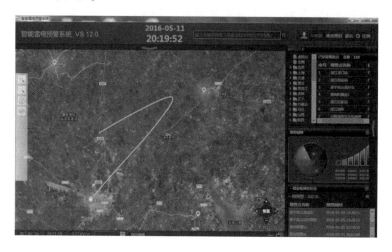

图 12-25 雷电预警系统电脑版客户端

(5)工业应用实践

雷电预警系统已经在青岛炼化、化学品登记中心、中国石化管道储运有限公司、茂名石油分公司、湛江石油分公司、青岛港实华原油码头有限公司、重庆石油分公司等推广应用了 220 多套。雷电预警系统自运行以来,运行情况良好,未出现任何故障,提升了企业的雷电预警能力,为企业的生产调度和安全管理提供有力依据。

2. 外浮顶储罐雷电防护技术

根据国外 1951~2003 年间统计的储罐火灾事故中,因雷击所造成的火灾数占总数的31%,国内近几年也连续发生了数起浮顶储罐雷击着火事故。为了从根本上减少或消除浮顶储罐的雷击事故,首先需要解决储罐浮顶与罐壁油气空间雷击火花放电的问题,避免浮顶与罐壁在油气空间雷击火花放电技术如下:

(1)取消二次密封上的导电片,如图 12-26(a)所示。

(2)浮顶与罐壁之间均布多个可伸缩式接地装置进行可靠电气连接,如图 12-26(b)所示。

(3)一次密封选用软密封,改变二次密封胶条厚度及形式,所有与浮顶连接金属部件与罐壁之间的距离大于 40mm,如图 12-26(c)所示。

(4)刮蜡器与浮顶利用软铜复绞线实现可靠的电气连接,如图 12-26(d)所示。

(5)量油孔、导向柱采用 40mm 厚四氟绝缘板与浮顶电气绝缘,如图 12-26(e)所示。

(6)浮顶与罐体采用横截面不小于 $50mm^2$ 软铜复绞线进行电气连接,浮顶扶梯与罐体及浮顶各两处做电气连接,如图 12-26(f)所示。

(7)利用浮顶排水管线将罐体与浮顶做电气连接,如图 12-26(g)所示。

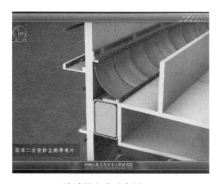

(a) 取消导电片示意图

(b) 浮顶与罐壁进行可靠电气连接示意图

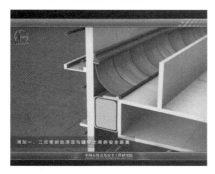

(c) 增加浮顶与罐壁之间的安全距离示意图

(d) 刮蜡器与浮顶进行可靠电气连接示意图

(e) 导向柱与浮顶电气绝缘

(f) 扶梯与罐体电气连接示意图

(g) 浮顶中央排水管电气连接示意图

图 12-26　避免油气空间雷击火花放电装置安装示意图

四、罐区静电安全防护技术

1. 可燃液体静电危险性分类

静电危险性分类是对罐区储存的可燃性液体介质的分类，依据闪点和电导率分为本质静电危险类、外部静电危险类和特殊工况静电危险类三类。油罐区重点可燃液体的静电危险性分类见表12-2。

表 12-2 可燃液体静电危险性分类

分　类	液体名称
本质静电危险类	石脑油、汽油、轻柴油、煤油、苯、甲苯、二甲苯
外部静电危险类	原油
特殊工况静电危险类	重柴油类

2. 油品静电在线监测系统

在石油化工行业的油品输运和装卸作业过程中，由于频繁地发生油料与管壁、容器壁之间以及油品物料粒子彼此之间的接触和再分离，以及机泵、过滤器等的作用，呈现明显的带电现象。带电的油品会随着静电的积聚，引发燃烧和爆炸。因此，及时准确地监测油品静电量，就成为了静电研究和工业控制领域十分关注的前沿课题。

目前，国内外油品静电的检测，大多在油罐、油舱等部位。检测参数的选择上，仅检测带电油品的静电电位。这种检测的主要缺点在于：难于实现在线检测，对于安全控制而言，略显滞后；检测参数静电电位，易受周围构件、环境、分布电容等因素影响。当前还没有成熟的直接检测油品电荷密度的仪器。

油品静电监控的智能系统，有四个优点：一是易于实现在线监测；二是安装部位提前至输油管道，可以使安全控制关口大大提前；三是监测参数设定为电荷密度，这就更能反映油品带电的本质，而且受周围条件的影响较小；四是利用微处理器来完成对油品静电参数的采集、存储以及实时监控等功能。

（1）杆球传感器

在静电安全防护的过程中，像输油管道、油库、油槽车、粉尘车间、军火生产等，各种参数测量与控制的成败与否可能直接关系到生产安全。所以，要防止静电造成危害，就必须把相关的静电参数控制在安全范围之内，静电参数准确测量是静电安全技术的基础。

国外大都采用振动电容式原理测量静电，国内静电测量方法大都采用直接感应式和旋叶式。电容式的传感器需要采用高阻输入的阻抗变换器接收，经阻抗变换后的信号输入给量程转换器后，经由交流放大器放大和检波后才能够表示，而且动态电容结构比较复杂，所以整个传感器也会比较复杂。

采用杆球传感器的智能静电监测系统克服了上述缺点，杆球传感器直接安装于输送油品管道的末端，位于管道的中心线上。管道内的油品流动一般为湍流，电荷密度视为均匀。由于管道长度远大于管道内径，因此可以将管道内油品看成无限长带电圆柱体，可使用高斯定理求解管道内的电场分布。通过测量管内中心电位得到油品电荷密度。当液体在管道内流动时，与管道绝缘的杆球被充电，电位逐渐升高，并开始向管壁泄漏。当充电电流等于泄漏电流，达到充放电的平衡时，杆球电位达到稳定值。为了测量管内中心电位，特设计了一种杆球传感器，如图 12-27 所示。杆球传感器的球状金属必须位于管道中心。整个杆球传感器与管道绝缘，并密封，防止油品外泄。

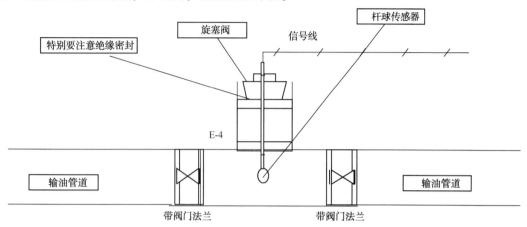

图 12-27　杆球传感器示意图

（2）防爆设计

新型在线静电监测系统主要应用于防火防爆的石油化工等防爆场所，按照国家技术标准要求进行了全面防爆设计。经国家级仪器仪表防爆安全监督检验站（NEPS）检验，符合下列防爆标准的要求：

① GB 3836.1—2010《爆炸性环境第一部分：设备通用要求》；

② GB 3836.4—2010《爆炸性环境第四部分：由本质安全型"i"保护的设备》；

③ NEPS 已对该监测系统核发了防爆合格证书，防爆标志为 Ex ib IIBT4 Gb。

（3）整体外观设计

静电在线监测系统整体外观设计如图 12-28 所示。杆球传感器内置于管道内，经过绝缘、防泄漏、屏蔽处理；信号采集、处理、显示部分整体呈竖直状置于管道上面，显示屏直接显示管道内油品的电荷密度（$\mu C/m^3$）。

图 12-28　静电在线监测系统外形图

3. 静电在线监测系统示范工程

在济南油库安装油品静电在线监测系统一套，在临沂油库安装油品静电在线监测系统两套。油品静电在线监测系统安装后，系统运行稳定，起到了油品静电风险预警的重要作用。

（1）济南油库示范工程

济南油库是山东石油分公司下属油库，位于济南市历城区飞跃大道东段。作为示范工程的一部分，在该油库汽油装油站台安装了油品静电在线监测系统一套。如图 12-29 所示，监测系统安装在 3 号装油站台下部，过滤器后的管道上。由于该处原安装了一个压力表，监测仪制作时增加了压力表安装点。

图 12-29　油品静电在线监测系统安装

（2）临沂油库示范工程

临沂油库是山东石油分公司一座重要的成品油油库，位于临沂市河东区正阳路北段。油库占地面积 195.5 亩，1989 年正式投入使用，经两次改造，目前总库容为 51500m³，年吞吐量 180 余万吨。经现场调研，确认了改造鹤位，计划安装两台静电在线监测仪。在混合器前安装一台静电在线监测仪，其直径为 100mm，长度 305mm；在乙醇汽油防静电混合器后安装一台静电在线监测仪，其直径为 100mm，长度 200mm，如图 12-30 所示。

图 12-30　静电在线监测仪现场安装图片

五、罐区火灾救援技术

1. 大型储罐全面积火灾灭火装置

（1）大型储罐全面积火灾特点

大型浮顶储罐发生全面积火灾主要有两种模式：一是密封圈火灾失控后发展为全面积火灾；二是浮盘沉没或倾斜后暴露的油面遇到点火源引发全面积火灾。

储罐发生全面积火灾后，着火罐壁受到强烈热辐射，在短时间内罐壁强度迅速下降，可能导致罐体塌陷、变形。长时间燃烧后，有些油料还会沸溢喷溅，罐顶火灾进而发展为储罐的立体火灾，并可能在防火堤内形成池火，飞溅出的燃烧液体还可能引燃邻近的储罐，形成群罐火灾。

当前，国内外扑救大型储罐全面积火灾的难点主要有如下几方面：

① 泡沫原液储备和供给强度不足；

② 泡沫层难以覆盖着火油面；

③ 消防设备设施配置不合理。

美国消防协会（NFPA）公布的 NFPA 11 消防标准是基于以往中小型的储罐火灾实验数据和有限的大型储罐火灾经验数据来推测大型储罐的火灾过程，以确定大型储罐的消防设计参数，参数值仅供参考，实际的泡沫供给强度往往大于推荐值。

（2）大流量压缩气体泡沫灭火装置

大流量压缩气体泡沫灭火装置能够用于扑救储罐区重大火灾，该装备发挥了压缩气体泡沫灭火快的技术优势，提高了灭火效率，降低了泡沫液和消防水消耗量，可实现大型浮顶储罐浮盘全表面覆盖。

在大流量压缩气体泡沫灭火装置中，泡沫混合液与压力气体按照一定的流量比例在一定压力下同时注入气液混合装置内，在混合装置内扰流器的作用下，两个流体进行混合，形成发泡的泡沫液，经过管道和喷射器输送至被保护对象处，如图 12-31 所示。压力气体可由压缩气体钢瓶、气体压缩机、制气装置等提供，气体可采用空气、氮气等，泡沫混合液可采用水成膜、氟蛋白等泡沫液。压缩空气泡沫的特点是泡沫混合均匀，发泡细腻，泡沫泡尺寸小，泡沫稳定，析液时间长，泡沫在管道内输送速度快，泡沫动能大，喷射距离远。

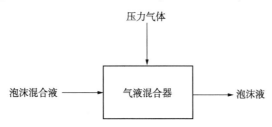

图 12-31　压缩空气泡沫灭火系统流程示意图

（3）压缩气体泡沫灭火装置工程应用

压缩气体泡沫灭火装置包括泡沫液容器、供气装置、气液混合装置、喷射系统、气液流量与压力控制系统等。

移动式压缩气体泡沫装置如图 12-32 所示，最大喷射能力取决于供气装置的供气能力。

供气装置可采用车载式空压机、高压气罐或其他产气装置，气液流量比最优是6~7。

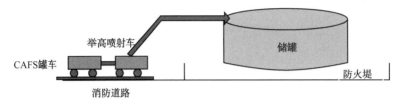

图 12-32　移动式压缩气体泡沫灭火装置在现场的应用示意图

图 12-33 为固定式压缩空气泡沫灭火系统示意图，针对 5000m³ 拱顶罐的实施方案，在消防泵房泡沫混合液出口主管线上根据主管管径设多个分支管线，支管的管口总横截面积

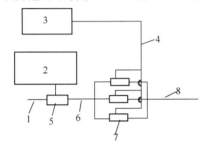

图 12-33　固定式压缩空气泡沫
灭火装置组成示意图

1—消防水入口；2—泡沫原液罐；3—空压机；
4—高压气体管线；5—泡沫比例混合器；
6—泡沫混合液主管；7—气液混合器；8—泡沫总管

与主管管线横截面积相同或相近。每个分支管线上设置一个气液混合器，里面的泡沫混合液由各个支管供给，高压气体统一供给，泡沫由泡沫总管输送到所保护的储罐。在储罐顶部布置泡沫喷射管，每个储罐可设一个或几个喷射管，喷射管口插入罐顶内部，泡沫直接喷射至液面上。考虑到泡沫在液面上的快速覆盖，多个喷射管口宜集中布置在储罐顶部的同一个位置，管口指向罐内液面的同一个位置。

2. 密封圈压缩空气泡沫灭火装置

压缩空气泡沫灭火技术应用于大型浮顶储罐密封圈火灾灭火，发挥其灭火快、泡沫消耗量低的优势，主要分为浮盘安装和地面安装两种方式。

（1）浮盘安装

浮盘上的压缩气体泡沫灭火装置是独立的泡沫灭火装置，每套泡沫装置独立运行，分别保护一定长度的密封圈，多套泡沫装置组合使用，完成整个密封圈的保护，如图 12-34 所示。每套压缩气体泡沫系统主要有 1 台泡沫储罐、泡沫分配管路、控制阀门和泡沫喷管等组成。该系统的灭火剂采用改性后水成膜泡沫预混液，泡沫分配管路上的控制阀门处于常开状态。每套泡沫装置的泡沫喷头穿过二次密封金属支撑板插入一次密封与二次密封之间的空间内。

图 12-34　密封圈灭火系统在浮顶储罐应用示意图

当密封圈发生燃烧时，密封圈内的易熔塞喷头受热熔化，泡沫管路迅速泄压，管路内的氮气喷出抑制火焰，泡沫液储罐内的泡沫液通过管道从熔化的喷头喷至密封圈内灭火。

以 $5×10^4m^3$ 浮顶储罐为例，其密封圈周长是 188.4m，泡沫管线内残留泡沫液约 152L，因此泡沫混合液的总充装量是 1605L。假定泡沫液储罐残留 10%，则泡沫液的总需求量是 1784L，泡沫液储罐的充装系数取 0.7，则泡沫液储罐的总容积为 2549L。鉴于泡沫液储罐标准化的考虑，根据市售推车式水基型泡沫灭火器的储罐型号，可选用容积 65L、135L 和 200L 的泡沫液储罐。表 12-3 给出了选择不同容积泡沫液储罐的方案汇总。

表 12-3　浮盘 CAFS 装置安装方案汇总

项　目	65L 泡沫液储罐	135L 泡沫液储罐	200L 泡沫液储罐
单台储罐的泡沫液充装量/L	45	94	138
泡沫液储罐数量	40	19	13
泡沫液储罐单台保护距离/m	5.5	10	17
泡沫液储罐单台质量/kg	60~70	125~135	185~200
罐内初始充装压力/MPa	1.3（氮气）		
启动方式	易熔合金遇热熔化开启		

在日常运行中，需定期到浮盘上检查各个泡沫液储罐的罐内压力。在南方高温地区的泡沫液储罐，每台泡沫液储罐顶部可设置一个遮阳罩，减少日光对泡沫液储罐内气相空间的影响。

（2）地面安装方式

泡沫预混液储罐设在防火堤外的地面上，泡沫从罐内喷出，分别经过储油罐罐壁外侧的立管和沿浮盘扶梯敷设的泡沫管道输送到浮盘中心的泡沫分配器，然后通过各个分支管线喷射至二次密封金属支撑板与罐壁之间的空间内，通过淹没密封圈进行灭火，如图 12-35 所示。

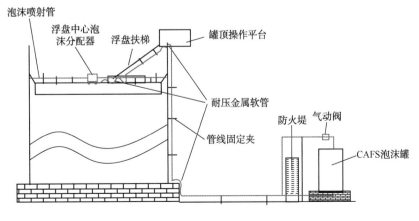

图 12-35　地面安装应用示意图

以油库的最大储罐容积设计计算泡沫混合液储罐的容积，一台泡沫混合液储罐最多可同时保护两个相邻罐组。压缩空气泡沫灭火装置已经在某油库一台 $5×10^4 m^3$ 浮顶储罐进行了试点应用，所配置的泡沫混合液储罐容积是 $6m^3$，如图 12-36 所示。

图 12-36　现场安装图片

在人工确认某储罐着火后，远程启动该泡沫混合液储罐出口阀门和相应的储罐泡沫管线阀门，泡沫混合液储罐内即向着火储罐内喷射泡沫，直到该泡沫混合液储罐内泡沫完全喷射完毕为止。喷射完毕后，需重新充装泡沫混合液和压缩气体。

3. 原油储罐罐前电动阀门被动防火工程

储罐发生地面池火后，罐底的阀门和管道等容易被火焰包围或受到强烈的热辐射影响，导致阀门的执行机构损坏。在灭火救援时，往往需要开启阀门进行罐内油品转输作业。为了保证罐底阀门在池火发生后有充足的时间和合适的作业条件进行启动，阀门执行机构外侧需要设置一个防火罩。防火罩分为刚性防火箱和柔性防火罩。

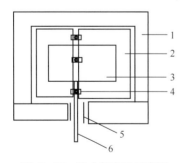

图 12-37　防火箱应用示意图

1—防火箱箱壁；2—防火箱门；3—防火箱内
的阀门执行机构；4—防火箱门的紧固件；
5—防火箱与执行机构杆之间的密封垫；
6—阀门执行机构杆

刚性防火箱包括多个密封面，在至少一个密封面上设有箱门，相邻的密封面之间设置阻燃橡胶密封条，每个密封面均为夹层板组成，如图 12-37 所示。不锈钢绝缘板（外侧）位于耐烧抗高温材料夹层的外部，直接与火焰接触，不锈钢绝缘板（内侧）位于耐烧抗高温材料夹层的内部，紧邻保护对象，耐烧抗高温材料夹层包括钙/硅酸盐纤维、石棉、金属丝、高温黏结剂，夹层中的金属丝为石棉和钙/硅酸盐纤维提供支架，石棉层与钙/硅酸盐纤维层相间配置，金属丝将石棉层与钙/硅酸盐纤维层穿连在一起，形成一个完整的夹层板，高温黏结剂涂覆在石棉层与钙/硅酸盐纤维层之间，形成一个完整的夹层。图 12-38 为刚性防火罩的现场应用示意图。

图 12-38　刚性防火罩的现场应用示意图

柔性防火罩的相邻两个密封面的连接处采用金属丝缝制连接，同时在连接处敷有阻燃粘结剂涂层。相邻密封面上设置金属卡扣，以将两个密封面连接在一起。每个密封面均为夹层板组成，每个柔性密封面的夹层主要包括内侧织物、复合夹层和外侧织物。柔性防火罩外形如图 12-39 所示。

图 12-39　柔性防火罩安装示意图

在火焰持续作用下刚性防火箱和柔性防火罩可保持充足的刚性和完整性，满足在烃类火 1093℃和喷射火 1300℃下不燃烧、不变形，并耐受 0.29MPa 的爆炸冲击，箱体内部温度不超过 50℃。

六、基于声发射（AE）检测的储罐风险评估技术

1. 声发射（AE）检测原理

材料中局域源快速释放能量产生瞬态弹性波的现象称为声发射（Acoustic Emission，AE），声发射是一种常见的物理现象，大多数材料变形和断裂时有声发射发生，但许多材料的声发射信号强度很弱，人耳不能直接听见，需要借助灵敏的电子仪器才能检测出来，用仪器探测、记录、分析声发射信号和利用声发射信号推断声发射源的技术称为声发射技术。

采用声发射检测时，从声发射源发射的弹性波最终传播到达材料的表面，引起可以用声发射传感器探测的表面位移，这些探测器将材料的机械振动转化为电信号，然后再被放大、处理和记录，人们根据观察到的声发射信号进行分析与推断，以了解材料产生声发射的机制。

声发射检测是常压油罐总体检测的一个组成部分。声发射检测的目标主要是针对设备中的活性缺陷，它可以在压力(或状态)变化过程中，利用少量固定不动的换能器，就可获得活性缺陷的动态信息，而活性缺陷即声发射源的位置可通过时差定位、区域定位等方法来确定。采用声发射技术可以达到提高检测速度，节省检测费用，保证储罐安全使用的目的。

按美国石油学会的 API 653 标准("地上储罐的检测与维修")的要求先在不开罐的情况下对储罐进行各项检验，同时采用声发射监测的方法对油罐底板的腐蚀状况和泄漏与否进行分级判断。将外检的结果、声发射的检测结果及该设备的运行记录综合进行风险评价，确定是否进行进一步的开罐检测。对于评价结果良好的储罐不需要进行开罐检测就可安全使用到下一个检验检修周期，而需要开罐检测的设备将在清罐后进行罐底漏磁扫描检查及其他常规无损检测方法的检验，得到最终的检测评定结果。

声发射在线检测与评定属于动态检测方法，较其他常规无损检测方法，声发射检测的优势有：活性缺陷检测与定位较准；可以覆盖整个被检结构；检测系统可快速安装；可以在压力或状态变化过程中检测；对储罐进行在线检测和分类，按储罐状态制定合理维修计划；检测费用和劳动强度低，检测速度快。劣势有：结构须有力或处在状态的变化过程；声发射活动性同材料、环境相关较大；容易受到背景噪声的干扰；不能确定储罐上缺陷的尺寸；解释测试结果需要丰富的检测经验和背景知识；在线检测需要满足一定的条件。

2. 应用实践

声发射技术在储罐(压力和常压)检测和结构完整性检测与评价的应用分为三个方面：一是新制储罐的声发射检测与评价；二是在用储罐的声发射检测和评定；三是储罐的声发射在线检测和安全性评定。其中，第二方面的应用效果最理想，我国许多单位已采用这种方法，检测和评定在用承压储罐数千台，保证了储罐的安全运行，取得显著的经济效益和社会效益。在第三方面的应用最具优势。经过中国特种设备检测研究中心承担的国家"十五"课题研究及多年的现场检测，在机理、方法研究和现场应用等方面取得多项研究成果，并提出"常压立式储罐在线声学检测与评价方法"，成功应用于 2000m³、10000m³ 和 20000m³ 原油罐，以及 2000m³ 和 7500m³ 低温液氨储罐等。

声发射在线检测与评定方法是保证储罐安全运行的有效手段之一。

参 考 文 献

［1］基于风险的过程安全［M］.CCPS［美］编著．白永忠，韩中枢，党文义，译．北京：中国石化出版社，2013.

［2］徐钢、李雪华等．危险化学品活性危害与混储危险手册［M］.中国石化出版社.2009.

［3］吴晓惠．有机过氧化物之不相容性与失控反应危害评估［D］.台湾：国立联合大学，2006.

［4］何洁．有机过氧化物的热危险性分析［D］.南京：南京理工大学，2008.

［5］GrewerT. The rmalhazardsofehemiealreactions［M］.Lsted. The Netherlands：Elservier Seienee B. V，1993：365-380.

［6］StrozziF，ZaldivarJM. A method for assessing thermalstability of batehreactors by sensitivityealeulationbasedon-Lyapunovexponenis［J］.ChemiealEngineeringSeienee，1994，49（16）：2681-688.

［7］Lu Y，Ng D，Miao L，et al. Key observations of cumenehydroperoxide concentration on runaway reaction parameters［J］.ThermochimicaActa，2010，501（1）：65-71.

［8］Valdes O J R，Moreno V C，Waldram S P，et al. Experimental sensitivity analysis of the runaway severity of Dicumyl peroxide decomposition using adiabatic calorimetry［J］.ThermochimicaActa，2015，617：28-37.

［9］Zhu Y，Chen Y，Zhang L，et al. Numerical investigation and dimensional analysis of reaction runaway evaluation for thermal polymerization［J］.Chemical Engineering Research and Design，2015，104：32-41.

［10］CopelliS，Derudi M，Cattaneo C S，et al. Synthesis of 4-Chloro-3-nitrobenzotrifluoride：Industrial thermal runaway simulation due to cooling system failure［J］.Process safety and environmental protection，2014，92（6）：659-668.

［11］Rossi F，Copelli S，Colombo A，et al. Online model-based optimization and control for the combined optimal operation and runaway prediction and prevention in（fed-）batch systems［J］.Chemical Engineering Science，2015，138：760-771.

［12］Copelli S，Torretta V，Pasturenzi C，et al. On the divergence criterion for runaway detection：Application to complex controlled systems［J］.Journal of loss preventionin the process industries，2014，28：92-100.

［13］Casson V，Lister D G，Milazzo M F，et al. Comparison of criteria for prediction of runaway reactions in the sulphuric acid catalyzed esterification of acetic anhydride and methanol［J］.Journal of Loss Prevention in the Process Industries，2012，25（1）：209-217.

［14］Jiajia J，Juncheng J，Zhirong W，et al. Thermal Runaway Criterion for Chemical Reaction Systems：a Modified Divergence Method［J］.Journal of Loss Prevention in the Process Industries，2016.

［15］Guo Z C，Bai W S，Chen Y J，et al. An adiabatic criterion for runaway detection in semibatchreactors［J］.Chemical Engineering Journal，2016，288：50-58.

［16］Stoessel F. Thermal Safty of Chemical Processes［M］.WILEY-VCH Verlag GmbH&Co. KgaA：Weiheim，Germany，2008.

［17］Barton J，Rogers R. Chemical Reaction Evaluation［M］.Institution of Chemical Engineers：Warwickshire，UK，1997.

［18］Daniel A C，Joseph F L. Chemical Process Safety Fundamentals with Applications ［M］.PrenticeHall PTR，2002.

［19］Kletz T A. A Handbook for Inherently Safer Design ［M］.Taylor & Francis，1998.

［20］王海福，冯顺山．防爆学原理［M］.北京：北京理工大学出版社，2004.

［21］赵衡阳．气体和粉尘爆炸原理［M］.北京：北京理工大学出版社，1996.

［22］杨东来．FAE 爆炸场特征和毁伤效应研究［D］.南京：南京理工大学，2002.

［23］Kersten C. Investigationofdeflagrationsanddetonationsin pipesandflamearrestersbyhigh-speedframing［J］.Journalof Loss Preventioninthe Proeess Industries, 2004, 17: 43-50.

［24］Sochet, I. Gardebas, D. Calderara, S. Blast Wave Parameters for Spherical Explosives Detonationin FreeAir ［J］. Safety Science and Technology, 2011(1): 31-42.

［25］Peide S. Studyon the mechanism of interaetionfor coalandmethanegas［J］. Journal of Coal Seienee & Engineering, 2001, 7(1): 58-63.

［26］李志义, 喻健良. 爆破片技术及应用［M］. 北京: 化学工业出版社, 2005.

［27］黄思才. 化学反应工程［M］. 北京: 化学工业出版社, 1996.

［28］H. K. Fauske. Generalized Vent Sizing Monogram for Runaway Chemical Reactions［J］. Plant/Operations Prog. , 1984, 3(4): 213-215.

［29］Leung J C. Simplified vent sizing equations for emergency relief requirements in reactors and storage vessels ［J］. AICHE Journal, 1986 (a), 32 (10): 1622-1634.

［30］Leung, J. C. A generalized correlation for one-component homogeneous equilibrium flashing choked flow. AIChE J. , 1986, 32(10): 1743-1746.

［31］Leung, J. C. The Omega method for discharge rate evaluation. Runaway Reactions and Pressure Relief Design. Int. Symp. , Boston. (1995).

［32］Leung, J. C. , and H. K. Fauske. Runaway System Characterization and Vent Sizing Based on DIERS Methodology［J］. Plant/Operations Prog. , 1987, 6(2): 77-83.

［33］Leung J C. Venting of Runaway Reactions with Gas Generation ［J］. AICHE Journal, 1992, 38 (5): 723-732.

［34］H. K. Fauske. Properly Size Vents for Nonreactive and Reactive Chemicals［J］. Chemical Engineering Progress (February), 2000, 17-29.

［35］Leung J C. Revisiting DIERS Two-Phase Methodology for Reactive Systems Twenty Years Later. Process Safety Progress (September), 2006, 25(3): 180-188.

［36］H. K. Fauske. The Reactive System Screening Tool (RSST): An Easy, Inexpensive Approach to the DIERS Procedure. Presented at the 1998 Process Safety Symposium, October 26-27, 1998, Houston, Texas.

［37］周建东. 化学反应失控紧急泄放研究［D］. 大连: 大连理工大学, 2000.

［38］蒋灵慧, 钱新明, 傅智敏. 反应性液体紧急泄放面积设计进展［J］. 安全与环境学报, 2004, 4(2): 86-89.

［39］Guidelines for pressure relief and effluent handing systems ［M］. CCPS/AIChE, 1998. ISBN: 08169004766.

［40］H. K. Fauske. Emergency relief system design for runaway chemical reaction: extension of DIERS methodology ［J］. Chem. Eng. Res. Dev. , 1989, 67: 199-201.

［41］API 521—2007, Petroleum and natural gas industries-pressure-relieving and depressuring ［S］.

［42］中国石油化工集团公司安全监管局, 中国石化安全工程研究院. 中国石化典型生产安全事故案例汇编［M］. 中国石化出版社, 2016.

［43］国家安全监管总局. 国家安全监管总局关于加强化工过程安全管理的指导意见［Z］. 安监总管三［2013］88 号, 2013.

［44］EPA Method 21, Determination of Volatile Organic Compound Leaks［S］, CFR40, Part 60, 1999.

［45］United State Environmental Protection Agency. Protocol for Equipment Leak Emission Estimates［S］, 1995.

［46］Title 40: Protection of Environment Part 60—Standards of Performance for New Stationary Sources［S］. Subpart GGG-Standards of Performance for Equipment Leaks of VOC in Petroleum Refineries for Which Construction, Reconstruction, or Modification Commenced After January 4, 1983, and or Before November 7, 2006.

［47］Title 40: Protection of Environment Part 60—Standards of Performance for New Stationary Sources［S］. Subpart GGGa-Standards of Performance for Equipment Leaks of VOC in Petroleum Refineries for Which Construction, Reconstruction, or Modification Commenced After November 7, 2006.

[48] Title 40: Protection of Environment Hazardous Air Pollutants for Source Categories[S]. Subpart H—National Emission Standards for Organic Hazardous Air Pollutants for Equipment Leaks.

[49] 北京市环境保护局. DB 11/447—2015 炼油与石油化学工业大气污染物排放标准[S]. 北京：中国标准出版社，2015.

[50] 中国石油化工集团公司. Q/SH 0546—2012 石化装置挥发性有机化合物泄漏检测规范[S]. 北京：中国石化出版社，2012.

[51] 中国石化能源管理与环境保护部. 中国石化泄漏检测与修复(LDAR)操作手册(试行)[M]. 北京：中国石化出版社，2015.

[52] 中国石化青岛安全工程研究院. 泄漏检测与修复(LDAR)技术问答[M]. 北京：中国石化出版社，2016.

[53] 邹兵，丁德武，姜素霞，等. 炼油装置挥发性有机化合物泄漏检测技术与应用. 第六届(2012)北京国际炼油技术进展交流会论文集[C]. 北京：中国石化出版社，2012.

[54] 邹兵，丁德武，朱胜杰，等. 石化企业 VOCs 泄漏检测与维修技术研究现状及进展[J]. 安全、健康和环境，2014，14(4)：1-4.

[55] 丁德武，邹兵，高少华，等. 危化品突发泄漏事故应急检测标准化作业研究[J]. 中国安全生产科学技术，2010，6(4)：61-64.

[56] 肖安山，姜鸣，丁德武，等. 泄漏检测与维修质量控制[J]. 安全、健康和环境，2014，14(4)：20-22.

[57] 丁德武，贾润中，高少华，等. LDAR 技术在石化企业应用中常见问题解析[J]. 安全、健康和环境，2016，16(11)：39-42.

[58] Roache, P. J., Verifi cation and Validation in Computational Science and Engineering, HermosaPublishers, Albuquerque, 1998.

[59] Roache, P. J. (2002), "Code Verification by the Method of Manufactured Solutions," ASME Journal of Fluids Engineering, Vol. 114, No. 1, March 2002, pp. 4-10.

[60] Knupp, P. and Salari, K. (2002), Verifi cation of Computer Codes in Computational Science and Engineering, CRC Press, Boca Raton.

[61] Roache, P. J. (2004), "Building PDE Codes to beVerifiable and Validatable," Computing in Science and Engineering, Special Issue on Verification and Validation,

[62] September/October 2004, pp. 30-38.

[63] Pelletier, D. and Roache, P. J., "Verification and Validationof Computational Heat Transfer," Chapter 13 of Handbook of Numerical Heat Transfer, Second Edition, W. J.

[64] Minkowycz, E. M. Sparrow, and J. Y. Murthy, eds., Wiley, New York, 2006.

[65] Eça, L. and M. Hoekstra, M. (2006), "On the Influence of the Iterative Error in the Numerical Uncertainty of Ship Viscous Flow Calculations," Proc. 26th Symposium on Naval Hydrodynamics, Rome, Italy, 17-22 Sept. 2006.

[66] STD-TEST-1：基于 V&V 的试验规划方法规范，2014.12.30.

[67] STD-TEST-2：基于 V&V 的试验设计方法，2014.12.30.

[68] GB/T 22724—2008：液化天然气设备与安装陆上装置设计. 中华人民共和国国家标准.

[69] 李生娟，毕明树，章正军，丁信伟. 气体爆炸研究现状及发展趋势[J]. 化工装备技术，2002，23(6)：15-19

[70] 李云雁，胡传荣编著. 试验设计与数据处理[J]. 北京：化学工业出版社，2008.

[71] 成岳编著，工程试验设计方法[M]（第2版）. 武汉：武汉理工大学出版社，2010.

[72] 王瑞利，温万治. 复杂工程建模与模拟的验证与确认. 计算机辅助工程，2014，23(4)：61-68.

[73] W. L. Oberkampe，C. J. Roy，Verification and Validation in Scientific Computing，Cambridge University，Press，2010.

[74] 孟亦飞，蒋军成. 基于事故后果的化工厂平面布局安全设计[J]. 化学工程，2009，37(3)：75-78.

[75] 宇德明. 易燃、易爆、有毒危险品储运过程定量风险评价[M]. 北京：中国铁道出版社，2000.

[76] 孟亦飞，赵东风. 石化企业平面布局安全设计中事故场景的选择研究[J]. 中国安全生产科学技术. 2011，7(2).

[77] 孟亦飞. 化工厂平面布局性能化安全设计研究[D]. 南京：南京工业大学，博士学位论文，2008.

[78] API RP752，Management of Hazards Associated with Location of Process Plant Permanent Buildings，Third Edition，2009，9

[79] Guidelines for Evaluating Process Plant Buildings for External Explosions and Fires，Second Edition，Center for Chemical Process Safety（CCPS），1996.

[80] Center for Chemical Process Safety of the American Institute of Chemical Engineers，Guidelines for Chemical Process Quantitative Risk Analysis，2nd ed.，New York，2000.

[81] Herrmann D. D.，Improved vapor cloud explosion predictions by combining CFD modeling with the Baker-Strehlow method. International Conference and Workshop on Modeling the Consequence of Accidental Releases of Hazardous Materials. 1999.

[82] Hansen O. R，Talberg O，Bakke，J. R. CFD-based methodology for quantitative gas explosion risk assessment in congested process areas：examples and validation status. International Conference and Workshop on Modeling the Consequence of Accidental Releases of Hazardous Materials. 1999.

[83] Windhorst J. C.，A Deriving Engineering Specifications from Release Dispersion and CFD Explosion. International Conference and Workshop on Modeling the Consequence of Accidental Releases of Hazardous Materials. 1999.

[84] P. Hoorelbeke，C. Izatt，J. R. Bakke，J. Renoult，R. W. Brewerton. Vapor Cloud Explosion Analysis of On-shore Petrochemical Facilities. American Society of Safety Engineers Middle East Chapter 7th Professional Development Conference Exhibition Kingdom of Bahrain. 2006.

[85] Dag Bjerketvedt，Jan Roar Bakke，Kees van Wingerden. Gas explosion handbook. 1997(52)：1-150.

[86] A. C. van den Berg. The multi-energy method. A Framework for Vapour Cloud Explosion Blast Prediction. Journal of Hazardous Materials. 1985(12)：1-10.

[87] 翟良云，赵祥迪，袁纪武，王正，姜春明. 石化行业控制室承爆风险评估方法研究. 中国安全科学学报，2004，14(8)：106-108.

[88] 孟亦飞，蒋军成. 化工装置火灾、爆炸、毒物扩散危险快速辨识方法[J]. 中国安全科学学报. 2007，17(6)：108-113.

[89] 白永忠，党文义，刘昌华. 特大型石油化工装置间安全距离[J]. 大庆石油学院学报，2008，32(6)：71~75.

[90] B. H. Hjertager，I. Moen，J. H. S. Lee，R. k. Eckhoff，k. Fuhre，O. krest. The Influence of Obstacles on Flame Propagation and Pressure Development in a Large Vented Tube. CM1 Report No. 803403-2，Chr. Michelsen Institute，Bergen，Norway（1981）.

[91] Baker，W. E.［美］. 爆炸危险性及其评估[M]. 张国顺译. 北京：群众出版社，1988.

[92] 中国石油化工股份有限公司青岛安全工程研究院. 石化装置定量风险评估指南. 北京：中国石化出版社，2007.

［93］张义军，周秀骥．雷电研究的回顾和进展［J］．应用气象学报，2006，17（6）：829-834.

［94］孟青，吕伟涛，姚雯等．地面电场资料在雷电预警技术中的应用［J］．气象，2005，31（9）：30-33.

［95］Xu P，Lyu G，Jiang X，et al. The Research of Large Oil Storage Tanks Inclination Monitoring Based On Optical Fiber Static Level sensor［J］. Pacific Science Review，2012，14（3）：229-231.

［96］Nowak M，Baran I，Schmidt J，et al. Acoustic Emission Method For Solving Problems in Double Bottom Storage Tanks［J］. J Acoustic Emission，2009，27：272-280.

［97］Nowak M，Baran I，Schmidt J，et al. Acoustic Emission Method for Solving Problems in Double-bottom Storage tanks［J］. JournalofAcousticEmission，2009.

［98］李佳润，袁起立，汪海波．原油储罐内壁的腐蚀与防护［J］．装备环境工程，2008，5（3）：63-66.

［99］赵雪娥，蒋军成，杨猛等．含硫油品储罐气相空间腐蚀机理研究［J］．材料保护，2007，40（12）：22-24.

［100］见雪珍，李华，房光强等．含碳纳米管、石墨烯的 PTFE 基复合材料摩擦磨损性能［J］．功能材料，2014，3：03011-03016.

［101］Lee CG，Wei XD，Li QY，et al. Elastic and Frictional Properties of Graphene［J］. Physica Status Solid B，2009，246：2562-2567.

［102］Lee CG，Li QY，William K，et al. Frictional Characteristics of Atomically Thin Sheets［J］. Science，2010，328：76-80.

［103］Ye ZJ，Tang C，Dong YL，et al. Role of Wrinkle Height in Friction Variation With Number of Graphene Layers［J］. Journal of Applied Physics，2012，112：102-116.

［104］胡海燕，刘宝全，刘全桢等．浮顶储罐二次密封油气空间放电分析［J］．中国安全科学学报，2011，21（3）：106-109.

［105］孙立富，秦国明，刘全桢等．可燃液体静电分类防护的探讨［J］．安全、健康和环境，2016，16（2）：18-20.

［106］刘全桢，孙立富，孙卫星等．静电在线监测的新突破——油品静电在线监测仪成功研发［J］．中国防静电，2013，4：11-25.

［107］孙可平，宋广成．工业静电［M］．北京：中国石化出版社，1994.

［108］李亮亮，孙立富，刘全桢等．加油站油流静电在线监测技术及应用［J］．中国安全生产科学技术，2016，12（1）：132-135.